清华大学自动化系核心课程系列教材

情感计算
理论与方法

陶建华　刘斌◎编著

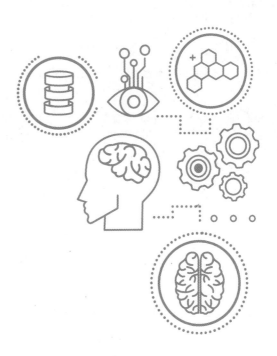

清华大学出版社

北 京

内 容 简 介

本书多层次、全方位、立体式地凝练和总结了近几年情感计算领域的主要理论和方法,内容涵盖情感计算的基础原理、前沿技术和应用等多层次内容,也包括了该领域前沿的最新研究成果。

本书共分为 8 章,内容讲解由浅入深,层次清晰,通俗易懂。第 1 章为情感计算背景介绍,重点介绍情感计算的内涵与情感计算的历史;第 2 章为脑认知与情感计算,探索脑认知与情感计算的关系,针对情感计算的理论取向、情感在神经学的区分、情感的脑神经结构和网络、基于脑认知的情感模型几方面展开详细介绍;第 3 章为情感计算模型,重点阐述了当前主流的离散情感计算模型和维度情感计算模型,并进一步拓展介绍了基于个性化的情感模型;第 4 章为情感特征,针对语音、视频、文本、生理参数等不同模态的数据,分析不同情境下的情感关联特征;第 5 章为情感识别,针对情感识别中现存的三类问题展开详细介绍,并拓展分析情感识别重要的外延性工作,包括微表情检测、人格分析、精神状态分析以及言语置信度分析等问题;第 6 章为情感倾向性分析,重点阐述文本情感分析的主流方法,然后进一步介绍舆情分析;第 7 章为情感生成,首先探索了情感诱发方法和数据有效性分析方法,在此基础上分别针对情感语音合成、表情生成、多模态情感生成中的关键问题进行阐述;第 8 章为情感计算的应用,介绍情感计算在情感机器人、医疗健康、社交媒体、公共安全、智能金融、智慧教育等不同领域的应用。

本书可以作为高等学校人工智能类专业各层次的教材,也可以作为人工智能从业者设计、应用、开发的参考用书。

图书在版编目(CIP)数据

情感计算理论与方法 / 陶建华,刘斌编著. -- 北京:
清华大学出版社,2024. 6. --(清华大学自动化系核心
课程系列教材). -- ISBN 978-7-302-66446-8

Ⅰ. TP387

中国国家版本馆 CIP 数据核字第 2024L25N43 号

责任编辑:赵　凯
封面设计:杨玉兰
责任校对:王勤勤
责任印制:丛怀宇

出版发行:清华大学出版社
　　　　网　　　址:https://www.tup.com.cn,https://www.wqxuetang.com
　　　　地　　　址:北京清华大学学研大厦 A 座　　　邮　编:100084
　　　　社 总 机:010-83470000　　　　　　　　　　邮　购:010-62786544
　　　　投稿与读者服务:010-62776969,c-service@tup.tsinghua.edu.cn
　　　　质量反馈:010-62772015,zhiliang@tup.tsinghua.edu.cn
　　　　课件下载:https://www.tup.com.cn,010-83470236
印 装 者:北京嘉实印刷有限公司
经　　销:全国新华书店
开　　本:185mm×260mm　　印　张:13.25　　　　　　字　数:324 千字
版　　次:2024 年 6 月第 1 版　　　　　　　　　　　印　次:2024 年 6 月第 1 次印刷
印　　数:1~1500
定　　价:49.00 元

产品编号:104226-01

前言

情感计算技术能够通过计算模型分析人们的情感变化,是人工智能的重要组成部分,在医疗、金融、媒体、安全、交互等领域发挥着重要作用。近几年,国务院、科技部和国家基金委等国家部委纷纷设立重大重点项目支持情感计算方面的研究。随着人工智能技术的发展,情感计算技术不断取得突破,学术界和工业界均对情感计算技术给予了极大的关注。情感计算技术为健康医疗、社会安全等国家重大需求提供有效支撑,促进了传统行业的智能化升级,同时也将为国家重大战略需求和相关产业生态链的形成奠定理论和技术基础。

本书多层次、全方位、立体式地凝练和总结了近几年情感计算领域的主要理论和方法,内容涵盖情感计算的基础原理、前沿技术和应用等多个层次内容,也包括了该领域前沿的最新研究成果。本书共分为8章,内容讲解由浅入深,层次清晰,通俗易懂。第1章重点介绍情感计算的内涵与情感计算的历史;第2章探索脑认知与情感计算的关系,针对情感计算的理论取向、情感在神经学的区分、情感的脑神经结构和网络、基于脑认知的情感模型几方面展开详细介绍;第3章重点阐述了当前主流的离散情感计算模型和维度情感计算模型,并进一步拓展介绍了基于个性化的情感模型;第4章针对语音、视频、文本、生理参数等不同模态的数据,分析不同情境下的情感关联特征;第5章针对情感识别中现存的三类问题展开详细介绍,并拓展分析情感识别重要的外延性工作,包括微表情检测、人格分析、精神状态分析以及言语置信度分析等问题;第6章重点阐述文本情感分析的主流方法,然后进一步介绍舆情分析;第7章首先探索了情感诱发方法和数据有效性分析方法,在此基础上分别针对情感语音合成、表情生成、多模态情感生成中的关键问题进行阐述;第8章介绍情感计算在情感机器人、医疗健康、社交媒体、公共安全、智能金融、智慧教育等不同领域的应用。

本书可以作为高等学校人工智能类专业各层次的教材,也可以作为人工智能从业者设计、应用、开发的参考用书。

本书由清华大学陶建华教授等编写。在编写过程中,作者参阅了大量教学、科研成果,同时吸取了国内外教材的精髓,在此表示由衷的感谢。在出版过程中,得到了清华大学出版社的大力支持,在此表示诚挚的感谢。本书的部分工作受到国家重点研发计划(2018YFB1005000)、国家自然科学基金(61831022 和 U21B2010)项目资助。

由于作者水平有限,书中难免有不妥和疏漏之处,恳请各位专家、同仁和读者赐教和批评指正。

陶建华

2024 年 5 月

目 录

■■■

第1章
情感计算背景介绍

人类情感是人们相互交往中主动选择和创造的结果,它是通过特定的人类行为和符号来表现、传达和呈现的。因此,"情感"实际上是社会意义和各种符号价值的载体与承担者。人类的认知、行为以及社会组织的任何一方面几乎都受到情感的影响。1985 年,人工智能的奠基人之一明斯基就明确指出:"问题不在于智能机器能否有情感,而在于没有情感的机器能否实现智能"。由于当时技术限制,赋予机器以类人情感的研究并未受到广泛关注。1995 年,情感计算的概念由皮卡德首次提出,并于 1997 年正式出版 *Affective Computing*。她在书中指出,"情感计算就是针对人类的外在表现,能够进行测量和分析并能对情感施加影响的计算",其思想是使计算机拥有情感,能够像人一样理解和表达情感。本章重点介绍情感计算的内涵与情感计算的历史。

1.1 情感计算的内涵

本节首先介绍情感计算的定义,然后分析情感是如何计算的,进一步阐述情感计算的作用。

1.1.1 情感的定义

情感计算是一个多学科交叉的研究领域,涵盖了计算机科学、认知科学、心理学、行为学、生理学、哲学、社会学等方面。不同学科从不同的角度对情感有不同的理解。

心理学将情感定义如下:"情感是指人对于客观现实事物的一种反映,是对客观事物产生的态度体验"。即情感是主观形式上的体验、态度或反映,归纳为主观意识范畴。情感可以概括为人对客观外界事物的态度体验,是人脑对客观外界事物与主体需要之间关系的反映。其特点包括以下 4 点:①情感是以人的需要为中介的一种心理活动,它反映的是主体需要与客观外界事物之间的关系;②情感是主体的一种主观内心的体验感受;③情感具有外部表现形式,包括面部表情、姿态线索和言语内容;④情感会引起一定的身体生理上的变化。

哲学上,情感是指人对所感受对象的主观体验,是人的需要得到满足与否的反映。人的情感虽由高等动物的情感发展进化而来,但又与高等动物的情感有着本质的不同。人的情感虽然有其客观的生理和心理基础,有其生物自然本性的一面,但由于人的情感是在社会生活中形成的,受社会生活所制约,因此具有社会性和历史性。情感是人性的重要组成部分,是人的本质力量之一。从价值上看,情感就是人类主体对事物的价值特性所产生的一种主观反映,其中包括对应于不同的人类主体(个人、集体和整个社会),形成不同的情感(个人情感、集体情感和社会情感)。例如,集体荣誉、集体意向、群体情绪等就是典型的集体情感,社会舆论、社会道德、民族感情等就是典型的社会情感。

另外,还可以从生物学、认知科学等不同学科对情感进行界定。生物学观点以伊扎德的分化情感理论为代表:神经过程的特殊组合,引导相应特定的感觉和特定的表达。机能主义观点认为情感是在有个人意义的事件中,行使适应机能的多成分多过程的有组织的总和。认知观点将情感建构为认知结果或者一种认知建构。社会文化观点强调社会文化对情感的发展和机能的贡献,认为情感具有社会文化建构的综合特性。

1.1.2 情感是如何计算的

情感计算的研究与发展,很大程度源自人工智能科学、认知科学与心理科学等研究领域在情感智能方面取得的长足进展。情感虽然是一种内在的主观体验,但同时伴随着各种外在行为,包括面部表情、姿态线索以及言语内容等。面部表情即面部肌肉变化所构成的各类组合,不仅是人们常用的一种情感表达方式,也是人们用以情感鉴别的主要依据。姿态线索,即所谓的肢体语言,通常随着交互过程的深入而动态变化,并传递着不同个体的相关情感信息。言语内容则是通过人们语音的抑扬顿挫、轻重缓急等不同表现形式,来反映说话人的情感波动。通过不同的仪器设备可以对各类表情进行深入研究。人们若是真笑时,其大脑左半球的电活动将增加,面颊会上扬,眼部周围的肌肉会推起;若是假笑时,则大脑左半球基本无电活动,面部仅有嘴唇肌肉活动,且下颚呈现出下垂状态。这些面部活动的细微变化都可以使用仪器设备进行记录监测。同时,通过各类传感器可以获取人们的生理信号,情感状态相关的生理指标包括心律、呼吸、血压、汗液分泌、皮肤电活动、皮质醇水平,抑或瞳孔直径、惊反射、脑电等,可以从中提取情感特征,并进一步分析人类情感与各类感知信号之间的关联程度。在此基础上,机器能够具备采集、识别、理解人类情感的核心能力,并能够针对用户的不同情感做出智能友好的反馈,支撑和谐无障碍的人机交互环境。

情感计算的处理过程,涉及情感信号的采集、情感状态的识别、情感含义的理解以及情感意图的表达等核心技术。情感信号的采集,主要是通过不同仪器设备对情感信号进行获取与存储。近年来各类可穿戴设备的相继问世,为面部表情、语音、姿态、皮肤电、脉搏、心律等情感信号的获取提供了极大便利。由于情感具有多项成分复合集成的属性,包括了主观体验、生理唤醒、行为表现等不同方面的内容,需要采用不同的传感器设备,在不同维度下同步记录各种情感信号状态。

对于采集的情感信号,需要进一步识别其内在的情感状态。为了有效解决这一问题,需要在情感信号与情感状态之间建立复杂的多对多映射关系。为了更为准确地识别交互对象的真实情感,需要有效地结合情境信息进行建模,通过不同传感设备,即时感知不同个体的情境信息与即时行为信息,构建并优化合理的模型,有效提升情感识别的准确率。

在情感信号采集与识别的基础上,进一步分析对不同情境下特定情感产生的原因,在此基础上给予及时有效的情感反馈,实现对情感变化含义的准确理解,有效提升机器对人的理解能力。只有机器具备这种能力才能实现类人的情感智能,从而能够真正给予用户舒心的情感体验与支持。

1.1.3 情感计算的作用

科技的发展促使传统的情感交互方式迅速发生改变。人们并不满足于与没有兴趣的电子产品打交道,而是希望将情感智能技术与电子产品有机地结合,使机器能够具备人与人之间情感交流相符的功能,让人机之间的交互更加友好。正如美国图灵奖获得者、人工智能创始人之一、麻省理工学院的明斯基教授于 1985 年在他的专著 *The Society of Mind* 中指出:"问题不在于智能机器能否有任何情感,而在于机器实现智能时怎么能够没有情感"。

传统的人机交互过程中,计算机具备了一定的"听""说""看""读"的能力,唯独缺少一颗善解人意的"心"。机器虽然能够精准执行用户发出的各类指令,但是难以理解人的情感。在人与人交流中,情感占据着重要的地位。机器也需要实现类人情感,才能主动地、智能地为人类服务。"情感计算"可以比作机器所寻求的"读心术"技能——拥有情感计算的能力,真正实现与人类的情感交互,具有近乎人类的智能水平。"情感计算"的问世,是计算机科学领域的研究者首次将探索目光汇聚至人类自身的内心活动。情感计算的最终目的就是通过赋予计算机系统类似于人类的观察、识别、理解、表达以及生成各类情感表现的能力,也就是让它能够理解人的情感,来构建起和谐的人机互动环境,从而令计算机系统具备更全面的智能。

情感对于人类智力、理性决策、社交、感知、记忆和学习以及创造都有重要的作用。情感不仅是"人情味"的主要来源,也是思维效率性的主要来源,还是行为自觉性、思维创造性、社交世故性、人格自尊性、精神信仰性等人性特征的主要来源,情感是人机之间的最后一条鸿沟,一旦跨越了这条鸿沟,人机将最终会融为一体。只要赋予了机器以类人的情感,机器不仅能够提高思维效率,同时能够在复杂的环境下,猜测人的价值取向、主观意图和决策思路,灵活地、积极地、创造性地进行活动,使其运行过程具有更明确的目标性、更高的主动性和更强的创造性,从而在更大的范围内有效地辅助人。

1.2 情感计算的历史

情感计算的概念是在 1997 年由麻省理工学院多媒体实验室皮卡德教授提出的,她指出情感计算与情感相关,源于情感或能够对情感施加影响的计算。自从情感计算提出以后,备受学术界和企业界的关注,相关专项研究、学术会议、系统研发工作如火如荼地开展。许多研究机构的学者纷纷投入情感计算研究领域的工作。麻省理工学院多媒体实验室成立了情感计算组。1972 年,威廉姆斯发现了语音基音轮廓与人的情感变化的相互影响;1990 年,麻省理工学院构造了一种"情感编辑器"用声学和语言学描述发音的计算机程序,合成了 6 种基本情感。1998 年,欧洲启动情感计算相关的系统和应用(Principled Hybrid Systems and Their Application,PHYSTA)项目,多个国家的研究机构合作研发了一种音视频融合的情感识别系统。国外著名的研究机构包括德国帕绍大学舒勒负责的复杂智能系统小组;埃尔朗根-纽伦堡大学巴特利纳负责的语音处理和理解小组;弗里堡大学兰热瓦尔负责的文档、图像与语音分析研究小组;日内瓦大学舍雷尔负责的情感研究实验室;布鲁塞尔自由大学的卡纳梅洛负责的情感机器人研究小组以及英国伯明翰大学斯洛曼负责的认知与情感研究小组。

我国对情感计算的研究始于 20 世纪 90 年代。清华大学蔡莲红教授与中国科学院心理学研究所傅小兰研究员等结合认知心理学和计算机科学,研究认知与情感的相互作用,对情感计算的理论和技术进行了深入探索。清华大学陶建华教授针对言语中的焦点现象,提出了情感焦点生成模型,为语音合成中情感状态的自动预测提供了依据,进一步结合高质量的声学模型,使得情感语音合成和识别率先达到了实用水平。陶建华和谭铁牛共同出版了著作 *Affective Information Processing*,书中对情感产生机理,以及人机交互中基于多模态信息的情感分析进行了全面阐述。北京科技大学王志良教授长期研究人工心理学,利用信息科学的手段对人的心理活动(情感、意志、性格、创造)进行智能化模拟,其目的在于从心理学广义层面研究人工情感、情绪与认知、动机与情绪的人工机器实现问题,并将上述技术应用到情感机器人。北京航空航天大学毛峡教授一直从事情感计算与人机情感交互领域研究工作,并著有《人机情感交互》。东南大学赵力教授对语音情感特征分析和建模进行了深入研究,并出版了《语音信号处理》。兰州大学胡斌教授在脑电情感分析方面有着多年的积累,形成了覆盖心理范式、数据、装置、算法的系统级研究方案。西北工业大学蒋冬梅教授围绕语音图像情感识别技术开展深入研究,关注于在精神疾病领域的应用。近年来,江苏大学、合肥工业大学也启动情感计算方面的研究。同时,我国台湾的一些研究机构和微软亚洲研究院也对该领域开展了深入研究。

当前国际人工智能领域对情感计算的研究日趋活跃。国际先进人工智能协会(Association for the Advancement of Artificial Intelligence,AAAI)在 1998 年、1999 年和 2004 年连续组织召开专业的学术会议对人工情感和认知进行研讨。2000 年,国际语音通信协会(International Speech Communication Association,ISCA)语音与情感研讨会在爱尔兰召开,会议首次把从事语音和情感计算研究的学者聚集到一起进行学术探讨,会议的顺利召开为推动情感语音分析的进一步研究发挥了关键作用。2003 年 12 月,中国科学院自动化研究所在北京举办了第一届中国情感计算及智能交互学术会议。2005 年 10 月,在北京主办了首届国际情感计算及智能交互学术会议(Affective Computing and Intelligent Interaction,ACII),它由国际先进情感计算协会(Association for the Advancement of Affective Computing,AAAC)发起,召集了世界一流的情感计算的著名专家学者,标志着我国在该领域的研究达到了新的高度,会议隔年举办一次,第六届国际情感计算与智能交互学术会议于 2015 年在中国西安顺利召开,目前已成功举办了九届。2018 年,首届亚洲情感计算及智能交互学术会议(2018 First Asian Conference on Affective Computing and Intelligent Interaction,ACII Asia 2018)在北京举办,与 ACII 隔年举办。情感计算领域最有名的期刊 *IEEE Transactions on Affective Computing* 于 2010 年首次发行,目前影响因子已达 13.99。2009 年,舒勒和斯坦德尔等举办语音情感识别算法竞赛(INTERSPEECH Emotion Challenge)。阿比纳夫和戈克等自 2013 年开始连续举办多届自然情境下的情感识别竞赛(Emotion Recognition in the Wild Challenge,EmotiW),比赛任务主要针对离散音视频情感分类。舒勒、兰热瓦尔等自 2011 年开始举办了音视频维度情感竞赛(International Audio/Visual Emotion Challenge and Workshop,AVEC),针对音视频连续情感识别任务,用于预测激活度、愉悦度等。清华大学陶建华教授利用 CHEAVD 数据库举办的多模态情感识别竞赛(Multimodal Emotion

Recognition，MEC）是首个基于汉语语料库的情感识别竞赛，包括音频情感识别、表情识别和音视频融合的情感识别三个子任务。国内外情感计算主要相关学会有国际先进情感计算协会、中国人工智能学会情感智能专业委员会、中国中文信息学会情感计算专业委员会、中国图像图形学学会情感计算与理解专业委员会。相关国际标准有 *W3C Emotion Markup Language*（EmotionML）1.0 和 *Information Technology-Affective Computing User Interface-Model*，相关国家标准有《人工智能情感计算用户界面模型》。

习题

1. 情感计算主要涉及哪些学科的交叉？
2. 描述情感计算的处理过程。
3. 情感计算有哪些主要作用？
4. 国内外有哪些开展情感计算研究的主要机构？
5. 列举情感计算相关标准。

第2章
脑认知与情感计算

▪▪▪

随着神经科学的发展,情感计算的研究取得了一系列突破性进展,国内外生理和心理学家对情感计算认知机制的研究兴趣不断增长。大量研究表明,情感在本质上并不比其他心理过程更主观。大多数心理学家认为需要结合心理学、神经学和行为科学,才是探索情感基本性质和认知机理的完整途径。本章从脑认知的角度解析情感的机理,分析产生某种情感时大脑中发生的现象,大脑通过怎样的机制让人类拥有情感并产生特定的行为。然后进一步介绍几种基于脑认知的情感模型。本章探索脑认知与情感计算的关系,针对情感计算的理论取向、情感在神经学的划分、情感的脑神经结构与网络、基于脑认知的情感模型几方面展开详细介绍。

2.1 情感计算的理论取向

本节主要介绍情感计算的理论取向,包括早期情感理论、生理激活说、认知评价说、情感现象说和情绪行为说。

2.1.1 早期情感理论

人类对于自身情感的研究,已经历了百余年的历史。在近代科学建立之前,早期哲学家们就对情感提出了理性主义学说。这一学说将理智与情感相对立,认为人基本上是明智的、有理性的。人必须克服自己品性中卑劣、低下的情感因素。而情感就是人们对环境刺激的一种内在的反应。柏拉图和亚里士多德是情感理性主义理论的创始人,该理论在17世纪由笛卡儿进一步拓展;笛卡儿认为情感控制着决定人类行动的活力因素,他提出存在6种基本情感:羡慕、爱、恨、欲望、愉快和悲哀。继而,达尔文于1872年在《人与动物的表情》一书中从情感的生理学角度出发,强调外显行为以及外界刺激的重要性。进化论则指出了人与动物之间在情感等方面的延续性。1884年,出现了与传统观念相反的首个系统的情感心理学理论,阐明了刺激、行为和情感体验之间的关系,对情感做出了三方面探讨:最常见的是把情感论证为一个独立的过程;其次,情感被认为是介于刺激和反应之间的中间变量;另外一种是直接用行为主义理论来解释情感。有学者认为,由环境激起的内脏活动,诱发了人类的情感;另一些学者认为,情感是由精神(皮层)活动或下丘脑活动产生的。行为主义心理学的创始人华生将情感定义为一种遗传的反应模式,包含整个身体机制,特别是内脏和腺体系统的深刻变化。上述研究是早期的情感理论。

2.1.2 生理激活说

自20世纪30年代起,研究者开始关注于生理激活的研究,分析生理激活在情感产生中的作用,把激活和唤醒概念纳入这种理论框架中,成为后来许多情感心理学家构思和概念形成的重要组成部分。基于动机、唤醒和生理等理论,达菲把情感变化分为多个组成部分:能量水平、组织作用、意识状态。宾德拉提出了情感和动机的神经生理理论,他认为情感和动机不可区分。支持行为主义理论的学者如哈洛、斯塔格纳认为,无条件情感反应是情感产生的根源,在对这些反应的条件化过程中形成了情感。精神分析和体验理论家拉帕波特认为:情感所依据的基础是无意识,并强调了冲突理论在精神分析的情感理论中的地位;当不同驱力症结相互冲突的过程中产生了情感。萨特以存在主义的观点对情感做出了解释,认为情感的主体和客体密不可分,情感是人们理解世界的一种方式,包含着对世界的改变。生理激活说的理论认为,并非一切情感都清晰可辨,情感能微妙地给人带来不快或顿悟的瞬间。

2.1.3 认知评价说

认知在情感分析中起着关键的作用。情感的认知理论认为,评价是情感必不可少的组成部分。沙赫特认为,在不同的情感状态之间,不存在生理上的差异,它们的差别只是以认知为基础。曼德勒认为情感包含着三部分:唤醒、认知和意识,他赋予认知在情感中以核心的作用。伊扎德认为情感是人格的五个相关子系统之一,它形成了人类主要的动机系统。认知评价说理论主要从以下三方面考虑:①集中研究各种线索,包括内部的和外部的,分析情感中内部和外部线索间的相互影响以便识别并理解情感状态;②设想认知引起生理和行为的变化,对情感认知分析的这方面研究来自评价的概念;③认为情感等于动机,二者均存在于认知的结构之内。判断对情感的认知探讨是否有价值是困难的,我们所面临的是介于刺激和反应之间的假设过程,有时难以直接验证一些假设。需要强调的是,在假设认知是情感的重要决定因素时应指出,它们可能仅适用于特定的情感类型和等级。认知评价说中论述的情感,通常是相对温和的情感,更极端的情感不在其关注范畴。

2.1.4 情感现象说

胡塞尔的理论为现代现象心理学的发展奠定了基础。现象心理学是介于行为主义和经验主义哲学之间的一种中间物。描述情感现象学的方式是由哲学家提出的,如区分情感和动机:在日常交流中,通常是在对行为寻求解释的情况下,人们才谈到动机。当人们被动地、并被情感征服时,才谈到情感。存在主义理论家萨特认为:情感意识是非反射性的,简单的行为并不能反映出真实的情感。例如,人们假装愤怒或高兴,这种情感称为伪造的或虚伪的情感。真正的情感需要伴随着一种可信的特质。为了确定它是真的,不同的情感自然能被体验到,这种体验并不能当人不愿意时就被简单制止,也不能当人不快时而被抛弃。同时,并非所有情感都是成熟的,敏锐的情感给人以瞬时感觉。

2.1.5　情绪行为说

莫勒认为,情感是具有特殊引发作用的驱动力。有 4 种基本情感:恐惧、希望、宽慰和失望。恐惧随着即将产生危险的某种环境刺激的开始而出现。当此刺激结束时,出现宽慰。随着预示安全时期的刺激出现,就体验到希望。当安全信号结束时,产生失望。挫折理论认为:挫折是一种障碍,它阻止需要的满足,以某种方式阻碍了动机。挫折-攻击理论包含两方面:①挫折提供了进攻的倾向;②攻击行为是挫折必然已预先出现的充分证据。可以从操作性质上定义挫折:挫折是当有机体在先体验到奖赏后,又体验到无奖赏时出现的情况。米伦森提出两个基本假设:①有些情感只是在强度上不同,如快乐和狂喜;②有些情感是基本的,另一些情感是它们的混合物。他把焦虑、欢快、愤怒视为情感的 3 种基本模式,同时提出用 3 种方法控制情感:①逐渐适应于持续展现的引起情感的刺激;②用相反的操作做出反应;③回避引起情感的情境。

2.2　情感在神经学的区分

神经科学家们正在仔细测量情感是如何从神经活动中产生的。虽然存在一些争议,但大多数学者都接受单一情感的神经学划分,如恐惧、愤怒、悲伤和快乐等;而对惊讶、厌恶、兴趣、爱、内疚、羞耻等情感的看法并不一致。一般来说,大脑的情感可以分为 3 个层次,该分类有两个注意事项:①分类只是利用神经结构的相似性或差异性进行区分,而不是神经学性质上的区分;②分类并不是截然分开,由于不同层次之间存在着许多复杂的神经关联,一些表达情感的神经活动会在不同情感类别中同时或连续出现,即这些神经活动之间的关联和影响尚难区分,并且作为主体的人难以明确感知。

2.2.1　一级水平:反射性情感反应

在突发情况刺激下直接发生的情感反应,如惊恐反射、气味厌恶、疼痛、体内平衡失调、对美味的愉悦等,具有相对简单的神经环路,它们不一定是经过思维加工产生的,但也可以与高级认知过程相关联,主要对应图 2-1 中的本能脑。

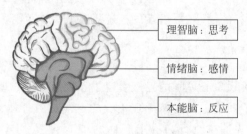

图 2-1　情感在神经学的区分

例如,对惊讶、厌恶、轻蔑等自发的情感反应附加社会意义,就会转化为包含社会意义的惊讶、厌恶和轻蔑。具体地,老人走下楼梯时踏空一步,立刻会有惊恐的反应,甚至会出冷汗,很快意识到自己踏空后,感叹自己的脚步不够坚定。像这样一瞬间发生的事情,首先是先天反射性反应,之后是经过认知评价的情感。这种情感反应的机制发生在包括脊髓、延髓、网状结构的脑干及其以下的部位,这些部位的神经通路保证信息的传递、能量的供给和反射的自动产生。只有神经冲动传递到高级边缘部位并传递到前脑部后,才能完成上述真正的感叹情感。

2.2.2　二级水平:一级情绪

这种情感产生在大脑中部神经环路的加工过程中,主要对应图 2-1 中的情绪脑。情绪环路包括扣带回、前额叶、颞皮质等高级边缘地带和中脑情绪整合地带。它们位于大脑核心部位,被称为感觉-运动情绪综合环路。这些部位的整合促使相关的生理、认知、行为和情绪相互协作。哺乳动物中产生的恐惧、愤怒、悲伤、爱好、愉快等情感,都属于这一类;这些是情绪的基本主体,也被称为基本情绪。这些情绪占据了边缘系统的大部分,是情感的核心机制。联系到上面的例子,真正的感叹情感就产生在这里。此环路具有两个特征:①它具有承上启下的功能,信息由最低级别的神经系统输入,经此传递到更高级别的中枢;②更重要的是,此环路本身具有复杂的加工机制,环路本身的加工和前脑的输入、输出相互连接,改变着情感的意义。这些机制实现了人类情感与认知的关联,以及人类情感的社会化。

2.2.3　三级水平:高级情感

高级情感的发生机制位于进化晚期扩张的前脑,主要对应图 2-1 中的理智脑。人类普遍存在的细腻而意味深长的社会情感,如耻辱、内疚、轻蔑、羡慕、嫉妒、同情等,就在此整合。它们必然与高级认知过程关联发生,其中一些被认为是由脑核心部位固有的环路传导到高级认知部位,有些则是由认知过程传导到情感核心部位,因此它们更多地被认为是学到的。例如,移情、害羞等情感可以在上述循环中直接发生,并且可以与认知相关联。但是人类对社会价值的渴望和向往、艺术的创造和追求等,则是人类独有的。从人类早期的原始或民间艺术到古典音乐、诗歌、舞蹈的变化,反映了高级认知情感与人类美感体验的结合。即使是原始人所拥有的艺术形式,也是他们简单的认知和情感的结合。

上述情感三级水平的划分,主要依据它们在大脑中的大致位置,每一类都可以区分,也可以连续存在。它们和其他心理活动一样,是一个过程,是一种情感流,发生在人的特定生活状况中,对人有一定的意义。因此,当它们进入人的意识中时会连贯起来,显示出一定的适应价值。"9·11"事件发生的瞬间,巨大的爆炸声给楼内的人们带来的首先是突如其来的震惊,其次是根据经验判断:地震!然后夺门而逃。这时人们承受着真正的应激情感。只有跑出大楼外,看到大楼在烟雾中倒塌,人们才在震惊中意识到事态的严重性:大量的人员伤亡、巨大的经济损失、对恐怖主义的强烈愤怒和受害者的持续创伤,从而引起人们政治上的长期思考。极端强烈的事件发生时,在一定时间内占据了整个人脑的情感-认知部位,而且各部位循环相互作用。

2.3　情感的脑神经结构和网络

自从詹姆斯提出情感是身体内脏的感觉-运动反应以来,坎农将情感定位于下丘脑的整合。在这些理论研究的基础上,帕佩兹提出了情感的"帕佩兹循环"理论。1949 年,麦克莱恩在这个循环中附加了几个核团,命名为"边缘系统",它包括皮质和皮质下结构、扣带回、海马皮质、丘脑和下丘脑等部位。在一段时期内,边缘系统对情感脑机制的解释占主导地位。但自20世纪80年代以来,情感机制的定位从下丘脑延伸至边缘系统和整个中枢神经系统的各水平结构,包括从前额叶皮质到脊髓。原始边缘系统,如海马和乳头体,被证明对认知很重要,其中杏仁核是情感机制的核心部分。本节将分别介绍脑神经结构中的杏仁核、眶额回皮质、扣带回皮质、背部神经核团、外侧下丘脑、腹侧黑质等神经学部位与情感的依存关系。

2.3.1　杏仁核

1. 杏仁核的情感功能性概念

杏仁核是埋藏在大脑颞叶深处的组织,在感知情感的过程中起着重要的作用。这个观点得到许多研究者的认同,例如,在人脑成像研究中,当人类体验到味觉、嗅觉和干渴时,杏仁核的正电子发射断层摄影(Positron Emission Tomography,PET)信号发生变化;当看到愤怒和恐怖的脸时,人类杏仁核血流发生变化;通过引入不愉快气味的刺激诱导杏仁核的功能磁共振成像(functional Magnetic Resonance Imaging,fMRI)信号,在健康个体中被抑制,在恐惧症患者中被增强。更多研究证明,杏仁核是确定刺激奖惩价值的关键结构,是对新刺激的条件性恐惧、自我奖励脑刺激以及脑刺激对自主神经系统和行为情感反应的关键部位。杏仁核的结构如图2-2所示。

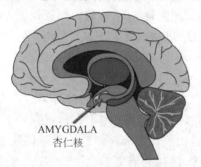

AMYGDALA
杏仁核

图 2-2　杏仁核的结构

杏仁核对情感的影响,最早是从灵长类大脑颞叶损伤引起的行为变化中发现的。但最近的研究指出,单独的杏仁核损伤并不能完全消除习得性情感和习得性奖励。条件恐惧反应可能是由杏仁核与其相关的其他系统共同影响的。例如,切除杏仁核会破坏感知刺激的情感意义,但这不等于破坏情感本身。情感的动机性标靶功能并没有被非情感过程所取代,这种功能是由注意机制进行的信息加工,具有自发性质。另外,条件反应的丧失可能解释杏仁核与大脑高级部位的联系。研究人员认为,杏仁核这一区域存在多个神经核团,每个核团的组合都有其独特的连接分支。这说明了情感神经组织的复杂性。

2. 情感的基本循环

杏仁核通过复杂的加工过程接受刺激。在这一加工过程中,杏仁核不应仅仅理解为情感的中心点,而应理解为构成情感的网络性组织。杏仁核的操作就像情感上的"计算机系统",具有复杂的传输通道,集成了内导、外导信息。结构上,刺激输入从感觉系统到杏仁核;输出从杏仁核上行到脑的高级部位下行到运动系统,通过这样的网络进行情感加工。

许多研究表明杏仁核具有情感整合作用,情感刺激是通过感觉丘脑皮质的视、听、身体、姿势等活动,传递到新皮质联合区。同时,情感刺激有直接从丘脑部位到杏仁核的通道。在该通道中,皮质图案化的视觉信息大多到达杏仁核,让我们了解它是如何与情感联系在一起的。例如,视觉区域神经元能够在纹状体皮质中引出简单的视知觉表象;但通过大脑的高级部位,可以解释为什么视觉高级认知信息与情感联系在一起。同样,在颞下回皮质中也可以整合比较高级的认知信息,这些与前脑皮质整合的视、听、身体、姿势等信息是一般的物体知觉和认知的必要结构。但是,伴随认知加工的情感需要杏仁核的参与。

情感信息传递给杏仁核,再传递给额叶、颞叶和顶叶这些高级复合模型联合区,这些复合模式区域的信息也投影到杏仁核和内嗅皮质上。内嗅皮质是通过杏仁核向海马组织传递信息的内导系统。海马是对各种高级认知过程,特别是在记忆和空间思维中起重要作用的部位。但是海马和杏仁核没有直接的联系,海马回下脚是海马的主要外导结构,通过海马回下脚,信息又可以投射到内嗅皮质,从而影响杏仁核。这就是情感和记忆可能联系在一起的机制。杏仁核与许多前脑部位构成了一个环。

杏仁核产生对感觉刺激的情感意义,取决于来自视觉皮质的输入模式。研究发现杏仁核神经元对享乐刺激也会产生愉悦的反应,杏仁核损伤会破坏学习中动物刺激与奖惩之间的联系。杏仁核对复杂的社会事件也有情感反应,这些反应是杏仁核与前脑新皮质关联的结果。

研究表明,来自新皮质的复合模式刺激是对杏仁核的投射,其中重要的功能之一是为确定更抽象过程的情感意义提供基础。例如,杏仁核接受来自海马的投射,包含空间或相关信息对情感意义的功能。研究人员肯定了海马在空间或相关信息加工方面的作用,最近一系列关于条件恐惧的研究表明,海马损伤不会影响对特定刺激的恐惧反应,但是会影响有关线索的恐惧反应。杏仁核在情感加工中的作用已经得到验证。

3. 双环路

近期的研究进一步确定杏仁核是情感的重要机制。勒杜描述了感觉刺激传递到杏仁核的另一途径。该途径表明,刺激是直接到达杏仁核,不需要先传递到新皮质,感觉刺激被输入到丘脑。这条路径可以初步了解听觉刺激模式。另一种路径是听觉刺激输入,同时传递到中央膝状体,到达前额叶内嗅皮质。该途径可对精细听觉进行行为识别。研究表明,在听觉皮质投射到达丘脑之前,仅通过丘脑-杏仁核之间的直接投射,就可以产生对听觉刺激的条件性情感反应。丘脑-杏仁核投射为"小路"或"近道",丘脑-皮质-杏仁核投射为"大路"或"迂回路"。双通道的作用是:①"近道"通道保证来自环境的威胁刺激更快地被激活,在低水平种属动物探测环境中起重要作用。②通过"捷径"评估信息是初步的,例如大声刺激足以在细胞水平唤醒杏仁核并预示危险。然而,直到听觉皮质精确分析刺激的位置、频率和强度,"捷径"才会确定这一威胁性信息的性质并开始防御反应。因此,只有双通道组合提供的信息,才具有集成的意义。③双通道干扰装置,通过杏仁核-皮质投射,转移皮质,集中注意外部危险刺激。来自皮质下和皮质两个通路的感觉信息,在来自听觉皮质的投影到达丘脑之前,都在杏仁核集中到中心核团。杏仁核中心核团的兴奋可再次投射到外侧丘脑上,激活自主神经系统而发生改变,使个体产生有评价意义的情感觉醒和行为反应。

总之,杏仁核在广泛范围内受到及时、想象、记忆的输入刺激,激活简单的物体特征和物体的记忆表象。所有这些都是激活情感的重要靶向信息,决定性地说明杏仁核在情感发生中的核心作用。简而言之,情感循环的路径是:情感刺激经过感觉丘脑皮质携带信息,先到达杏仁核,立即触发先天的大致情感。同时,刺激从感觉经过丘脑皮质,到达额叶等高级区域,加工信息,再向下传递到杏仁核,产生细腻的情感和对刺激事件意义的意识。

情感意义的信息有从杏仁核回到额叶内嗅皮质的通道,当信息从感觉皮质传递到额叶内嗅皮质时,加工后的信息同时传递到海马,在海马启动与当前信息相关的先前积累的信息,携带先前积累的信息,又返回内嗅皮质,进行进一步的加工。此时的认知,既与过去的记忆经验联系在一起,又具有情感化的体验。外界千变万化的刺激,最终与人的情感意义及以前的经验,在当前大脑加工中整合,产生认知决策并指导行动。

2.3.2 眶额回皮质

1. 眶额回皮质(前额叶皮质)的位置及其情感意义

前额叶皮质位于大脑的最前方。前额叶皮质腹侧前1/3处,称为眶额回皮质,位于眶额位置。眶额回皮质和杏仁核对奖励和惩罚、情感和动机的重要作用,表现为最初的强化作用。但是它们的重要性不仅表现为刺激的最初强化价值,而是执行着原始强化和二次强化之间的模式联系加工,从而影响到对情感和动机的刺激价值的加工。这意味着前额叶皮质是理解和解释刺激意义的高级机制。例如,达玛西奥说:"眶回或前额叶腹侧中部皮质对情感的特殊重要性在于,基本情感确实依赖于边缘环路、杏仁核和前扣带回。但基本的情感机制并不能包含情感行为的一切。这个神经网必须扩大,需要将前额叶和身体感觉皮质作为中介。"这一点上,可以将杏仁核对情感功能的理解与前额叶皮质对情感功能的理解结合起来。也就是说,情感循环对情感刺激的意义,是通过大脑前额叶皮质的加工来实现的。眶额回皮质的结构如图2-3所示。

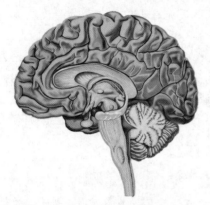

图 2-3   脑神经结构中的眶额回皮质

2. 眶额回皮质(前额叶皮质)的情感功能

眶额回皮质反应首先表现在感觉水平。前额叶皮质是杏仁核环路向新皮质输送感觉和情感信息的重要部位。多年的电生理研究表明,动物前额叶皮质受到有条件奖励和有条件联系刺激,特别是对味觉和情感享受性奖励或视觉刺激预期的奖励价值做出反应。当刺激预期的奖励价值变化时,眶额回皮质神经元随着刺激的变化而改变其反应。如果实验猴能吃饱,眶额回皮质就会停止对食物形状和气味的放电,表现为神经反应下降,与食物享受价值的消失相一致(动物不注意食物)。与此相反,许多大脑中的其他"奖励神经元"对这种情况保持着恒常的反应,即将味觉刺激的"感觉性质"进行编码而不是对"情感性质"进行编码,说明情感刺激(饱食享受)和感觉刺激在这里是有区别的。特别是在人类美味饱餐之后,食物不再出现在眼前,但人还是会报告食物的美味,前额叶皮质不再放电。根据人类 PET 和 fMRI 脑成像的研究,前额叶皮质的变化反映了愉快或不愉快的情感感觉,如味觉、嗅觉、触觉和音乐。例如,通过向受伤的士兵出示受伤时的痛苦照片,再次诱发士兵的前额叶皮质(PET 测定血流下降),再次产生应激性情感失调反应。

眶额回皮质对情感的发生是必要的。当眶前额叶皮层或整个前额叶皮层受到损伤时,会产生情感上的结果。作为引起情感事件的原因,眶额回皮质和前额叶皮质是不是必要的?如果是,那么失去前额叶皮质,许多情感体验和反应应该被完全破坏。但事实并非完全如此。前额叶皮质的功能不仅仅是在简单直接地调节情感。例如,随着前额叶受到损伤,特别是眶额回皮质损伤,会出现欣快症反应或情感冷淡反应。研究表明,欣快症与情感冷淡反应两者的矛盾现象,与前额叶皮质不同部位的损伤有关。情感冷淡,与前额叶皮质背部,尤其是前额叶背部中央皮质部位的损伤有关。欣快症、冲动性通常与前额叶腹部损伤,特别是腹部中央和眶额回皮质部位损伤有关,这些部位有杏仁核投射的途径。因此根据损伤部位的不同,引起的认知和情感的变化和缺损也不同。

眶额回皮质损伤后未丧失全部情感反应能力。对前额叶皮质损伤患者的研究,给患者进行输赢奖励的扑克牌游戏任务,为了战胜对手,患者必须采取最好的策略。结果发现,患者终于能想出最好的办法战胜对手,并做出明确的解释。但他们也表现出一些缺点:①健康者在游戏中,即使还不能清楚地说明下一步的策略是什么,也会比较快地制作下一步的策略。前额叶皮质损伤患者在能够描述这些策略之前,不能表现出这些"非意识倾向"。②即使患者能够清楚地描述这些策略,在游戏中也不能按照这些策略进行,有时会做出不明智的决定,导致失败。从某种意义上说,他们只是"知道"这些策略。③前额叶皮质损伤患者在玩该游戏时会产生低自主性皮肤电位反应。特别是当他们使用这些策略失败时,不像正常人那样在失败时会产生自发的皮肤电反应,并将其作为下一步的线索。对该结果的解释是,失去自发情感反应,意味着前额叶皮层损伤患者不能产生或追随作为标记情感结果的身体标志物的表情。而身体标记通常是在无意识感知的情感事件中产生的生理反应,该反应作为对进一步活动的重要信息的线索,它们可能会影响情感的最后意识体验。可以肯定的是,情感的身体符号指导了指定的行动策略。对情感身体符号的假设清楚地表明了前额叶皮质在情感中的作用。其损伤不同于一般的额叶损伤会引起情感丧失。在前额叶皮质受损后,人们也不能产生一些情感行为反应,无法调节他们自己的活动和这些情感结果之间的情感。但他们并没有丧失全部的情感反应能力,也没有丧失基本的情感,甚至没有丧失学习情感的能力。他们仍然是有情感的人,但有时他们的活动有些奇怪且不可理解。由此可知,与杏仁核相关的前额叶皮质的功能,在高等动物和人类中,超过了只为维持生存而发挥作用的大致情感功能。人类认知模式化的意义加工所赋予情感更高级的社会适应意义,是由前额叶皮质和其他大脑高级部位基于情感低级机制产生的粗糙情感实现的。

2.3.3　扣带回皮质

扣带回皮质在大脑两半球中央两侧前后的长条地带。其前部与情感极其相关,与临床上的抑郁、焦虑和其他痛苦状态反应有关。PET和fMRI的研究显示了各种形式的疼痛,会激活前扣带回右侧皮质的fMRI。在临床治疗中,给患者服用鸦片剂酚酞奴(麻醉剂,又名情感奖励剂),其扣带回皮质的PET信号增加,疼痛体验降低。奇怪的是,疼痛主观意识体验的减弱本身会引起扣带回的激活,而含氮氧麻醉剂会消除扣带回的PET激活的消痛。研究表明,针对疼痛和麻醉的神经编码可能有更复杂的机制。扣带回皮质的结构如图2-4所示。

但是,有研究报告称,在皮肤痛刺激中使用催眠术诱导无痛反应,可以减少扣带回皮质的电诱发。因此,对难以处理疼痛患者采用扣带回皮质外科的破坏手术,总是具有治疗效果;扣带回皮质切除术有益于多种心理失调,如抑郁症和强迫症。临床抑郁症和悲伤也与扣带回fMRI激活有关;消化性失调,使用不愉快浓盐水的治疗,也会激活扣带回皮质;人的干渴体验,会引起强烈的PET信号。由此可知,扣带回皮质往往作用于负面情感。然而扣带回皮层对其他情感脑成像的研究表明扣带回皮质对正性情感也有作用,可卡因、酚酞等情感奖励剂导致fMRI血流信号增强。

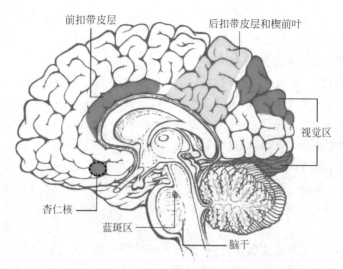

前扣带皮层　　后扣带皮层和楔前叶

视觉区

杏仁核

蓝斑区

脑干

图 2-4　脑神经结构中的扣带回皮质

2.3.4　背部神经核团

背部神经核团位于前脑皮质下前部,包含多巴胺和类鸦片传递系统,因此具有诱导正性情感的作用,常被神经科学家视为奖励和快乐系统的一般流通渠道,称为止性奖励的情感通路。千百年来,药品和毒品构成了人类自发的实验园地,采用药品和毒品的研究,支持中脑边缘系统,起到产生正性情感的刺激作用。

背部神经核团、下丘脑和杏仁核的一部分,以及脑桥侧臂核团的区域,是多巴胺的投射区域。多巴胺是大脑的愉快神经传递物质。长期以来,人们认为对大脑的奖励刺激是由中脑神经核团多巴胺系统调节的,但使用电刺激多巴胺投射时,只会产生微弱的神经活性;另外,阻断多巴胺受体会导致缺乏享乐感。这引发了对该区域的更多研究。

对药物中毒者进行多巴胺中脑神经核团的脑成像研究结果表明,药物能给这些中毒者很强的信号。正常人的娱乐活动,也会激活背部神经核团的多巴胺系统。在输赢游戏中,赢家脑背部神经核团释放出更大量的多巴胺,这是因为放射性药物的限制使多巴胺受体减少,产生了更多的多巴胺。这些结果似乎表明多巴胺并不等同于享乐感。贝里奇为此进行了动物实验。结果表明,抑制多巴胺递质,不能抑制动物对美味食物的享受的测定指标。由此我们意外地发现,多巴胺对食品奖励享乐影响并不是必要的,使用抗多巴胺药物或损伤多巴胺神经元,都可以继续产生对美食的情感反应。多巴胺在某些方面是必要的,贝里奇的假设是:"多巴胺对要求和需要是必要的,但对喜欢则不是必要的。"对吸毒者的实验表明,抑制多巴胺递质,不能抑制其吸毒的偏好。贝里奇还提出,在厌恶的情况下,当实验小鼠预期电刺激时,中脑神经核团多巴胺也会被激活,由此可见,大脑对情感的正、负奖惩作用有更大的复杂性。最近的研究表明,中脑神经核团下部有类鸦片受体,它可以增加美食享乐影响。注射吗啡激活受体,直接作用于背部和中部核团,足以增加正性情感反应。

2.3.5　外侧下丘脑

下丘脑是半个世纪以来首次被认定为与情感相关的脑结构,切除或损伤外下丘脑,对动物饥饿、性、情感动机丧失起重要作用。切除腹侧中央下丘脑可增加食欲、社交和攻击行为。近年来,使用电生理测量的外下丘脑,动物对饮食,甚至食物形状都引起一些神经元放电,实验猴在饥饿时,放电多于饱食后。这种饥饿-饱食敏感性表明,当人类和动物饥饿时,对食物主观或行为的享乐反应会增加。包括其他下丘脑研究产生的动机和行为,证明了下丘脑是产生动机的最原始物质。但是,电刺激下丘脑是否会产生快感还是个问题。例如,电刺激腹侧下丘脑,使其失去对甜食的正性情感反应,但在以前的实验中,动物是积极寻找和进食的。这一快乐与动机之间的矛盾现象提示,下丘脑可能不仅是感受快乐,还具有激发奖励和动机的更为复杂的心理成分功能。例如,刺激可能由中脑神经核团多巴胺系统调节,激活饮食"要求",而不是奖励的快乐享受。尽管这两个过程得到了相同的结果,但它们仍然具有不同的性质和作用方式。下丘脑的结构如图 2-5 所示。

2.3.6　腹侧黑质

腹侧黑质位于下丘脑的前下侧。近年来,对该研究的兴趣高涨,是因为它作为前脑的组织,是杏仁核的延伸,与杏仁核、神经核聚集体以及其他组织相关联。腹侧黑质与下丘脑相同,食物的形状和气味激活其神经元放电,其独特的作用是引起正性情感反应,当其神经元被破坏时,就会失去享乐而引起厌恶反应。如果切除背部的下丘脑并保持完整,就不会引起厌恶,它一旦被切除,就没有任何对甜食产生积极情感的奖励作用。这表明腹侧黑质神经元对甜食的积极情感起重要作用。关于对人的作用,由于解剖体积小,所以脑成像观察困难。现有的研究表明,它对人类的积极心境起作用,例如,黑质核团埋藏电极可用于治疗帕金森病,并可持续几天减少情感躁狂症的发作。通过诱导男性竞争和性觉醒的 PET 测定,发现血流量也会增加。总之,腹侧黑质在情感加工方面,特别是对正性情感状态,起着特殊的作用,且可能与许多情感有关。腹侧黑质的结构如图 2-6 所示。

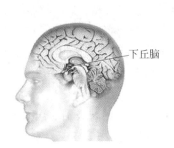

图 2-5　脑神经结构中的下丘脑

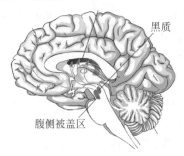

图 2-6　脑神经结构中的腹侧黑质

2.4　基于脑认知的情感模型

本节主要介绍基于脑认知机制的情感模型,包括基于情感(Emotion Mechanism,EM)模型、Roseman 情感模型、情感自适应(Emotion and Adaptation,EMA)模型和 Salt&Pepper 模型。

2.4.1　EM 模型

EM 模型由葡萄牙的库斯托迪奥等学者提出。如图 2-7 所示,该模型假定以两种不同方式处理接收到的外部刺激。首先是提取认知图像以匹配模式,图像中的信息足够丰富以重建原始的外部刺激,其次是创建感知图像。它包括一组简单、紧凑且简化的基本功能。这两种处理方法分别对应图中的认知层和感知层。应该强调的是,尽管只有感知层中含有"感知"字眼,但是这两个层都对感知的刺激做出响应,但是感知层的处理着重于从输入中提取的少量基本特征,而认知层则包含更多的基本特征和认知加工。除了感知图像之外,感知层中还存在外部刺激的另一种表示形式,这种表示被称为愿望向量(Desirability Vector, DV)。每个 DV 元素代表对外部刺激的评估,它们被激活或保持中性。如果是中性的,则意味着没有评估。当元素被激活时,则意味着外部刺激会触发某种判断(例如"好"或"坏")。一些基本的外部刺激可以激活 DV 中的适当元素。例如,威胁性刺激可以激活 DV 中的"恐惧"成分,并最终导致模型推断与恐惧相关的行为。

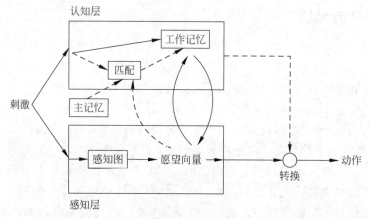

图 2-7 EM 模型

EM 模型的一般原理如下:认知层和感知层并行工作,以补充对外部刺激的响应。首先,在感知层中,外部刺激与 DV 之间存在直接映射。另外,认知层在主存中寻找匹配项。主记忆包含我们经历过的一些关联,但是与感知记忆不同,这些关联被单独地存储为有代表性的事件。这些关联不仅包括认知图像,还包括相应的 DV 图像和感知图像。这些 DV 主要来自感知层,如果需要,还可以考虑传播 DV 的其他关联。工作记忆包括输入的认知图像、DV(和可选的感知图像)以及匹配过程的结果(或任何其他更高级别的认知过程)。尽管认知层还提供了有关模型性能的一些信息,但大多数数据主要来自 DV。系统采取的措施可能会导致外部环境发生变化,然后可以再次注意到这些变化并称为反馈刺激。这一新的激励措施指示系统采取适当措施的结果,并且在收到反馈后,系统可以从该结果中自适应地学习。这种类型的学习可以在许多层次上进行:在感知层,它可以更新感知映射,使其对新的外部刺激更加敏感;在认知层,可以用 DV 以及引发环境反馈的动作对认知图像进行标记。

2.4.2 Roseman 情感模型

Roseman 情感模型在很大程度上依赖于心理学的评估理论。该理论认为个体是否会经历一种特定的情感主要取决于他自己对当前事件的评估或解释(即该事件对自己的利害关系),而不是事件本身。如果两个人对一个事件的评价相同,那么他们将具有相同的情感体验。例如,如果 A 和 B 都是 C 的好朋友,而三个人都非常亲密。假设 C 死于一场车祸,然后 A 和 B 判断这件事:人生中失去了一个好友,因此两人都会有十分悲伤的情感体验。显然,当两人对同一事件有不同的评估,或者同一人在不同时间对同一事件有不同的评估,均会导致不同的情感体验。因此,不同的科学家提出了不同的评估模型。Roseman 在 1984 年总结并归纳了各种研究人员提出的模型,并提出了具有以下 5 个维度的评估模型。

(1) 情景状态。该维度表示的是发生的事件是否与个体的动机相一致。若两者一致,则产生积极的情感,否则产生消极的情感。

(2) 概率。该维度表示的是事件发生后的结果所带来的不确定性。不确定性的结果导致希望或恐惧,而确定性的结果则导致喜悦或悲伤等。

(3) 代理。该维度表示的是什么因素促使了事件的发生。当事件的发生是由不可控的因素引起的,则触发悲伤;若是起因于他人,则触发愤怒;若是因为自己,则触发内疚。

(4) 动机状态。如果发生的事件与期望得到奖励的动机相一致,则会诱发高兴,反之则会诱发悲伤;如果发生的事件与避免惩罚的动机相一致,则会诱发宽慰,反之则会诱发痛苦。

(5) 控制力。在其他评估维度给定的情况下,如果认为自己软弱(而不是坚强)则会导致悲伤、苦恼或恐惧,而不是沮丧,不喜欢某人(不友好)而不是愤怒,内疚而不是后悔。

可以通过上述 5 个评估模式的结果的不同组合来获得不同的情感状态,如图 2-8 所示。Roseman 还通过使用上述模型扩展了他的理论,以解释另外 3 种情感状态(惊讶、厌恶和羞耻)。例如,像悲伤一样,厌恶被认为是由与个人动机不一致的事件引起的。羞愧则和内疚一样,个体认为当前发生的事件与自己的动机不一致,它由自己引起而且认为自己软弱以至于没能改变现实。

环境引起	积极情绪(动机一致)		消极情绪(动机不一致)			
	乐意	反感	乐意(强烈)	反感(强烈)	乐意(微弱)	反感(微弱)
不清楚	惊讶					
不确定	希望		失望		害怕	
确定	高兴	安慰			伤心	悲痛、恶心
他人引起	喜爱		生气		厌恶	
自己引起	骄傲		后悔		羞愧、内疚	

图 2-8　Roseman 情感模型

2.4.3　EMA 模型

南加州大学的格拉奇等提出了 EMA 模型。该模型建立在评估和应对理论基础之上,因此相较于之前 Roseman 模型中的评估理论,该模型增加了应对理论这一部分。EMA 模型的示意图如图 2-9 所示。

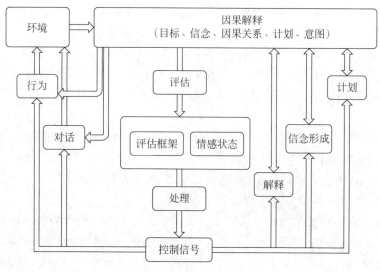

图 2-9　EMA 模型

具体来说，EMA 算法的步骤如下：

(1) 根据信念、欲望、计划和意图，对正在发生的事件进行因果解读；

(2) 生成多个评估框架，以根据相应的评估变量（维度）来描述上述的解读；

(3) 将每个评估框架映射到相应的情感实例；

(4) 将不同框架的情感实例聚合成当前的情感状态和全局的情感；

(5) 采取一个应对策略来对当前的情感状态进行响应。

其中有两种应对策略：一种是以问题为中心的应对策略，即直接面对问题，将模型的输出应用于环境，解决引起负面情感的问题，并提高模型决策的准确性；第二种是一种以情感为中心的应对策略，即不直接面对问题，而是通过改变模型对当前情形的评估来进行应对，比如忽视潜在的威胁或放弃珍视已久的目标。

EMA 模型的一大优势是它可以避免大量使用某一领域内特定的评估准则，这是因为该模型不直接对环境中发生的事件进行评估，而是将评估看成从领域无关特征到个体评价变量之间的映射，因而与具体领域有关的信息得以屏蔽。但是值得注意的是，该模型偏向于认知过程中基于情感的推理策略，没有考虑到个体的生理状态对情感的影响。

2.4.4　Salt&Pepper 模型

Salt&Pepper 模型由里斯本大学的博特略等提出。它用来自仿生代理的人工情感进行建模。Salt&Pepper 模型的示意图如图 2-10 所示。

Salt&Pepper 模型主要由三个模块组成，即认知和行为引擎、情感引擎和中断管理器。其中，情感引擎包括情感传感器、情感生成器和情感监视器。这三个要素共同作用以完成对情感产生过程的模拟。除了中断管理器之外，所有其他模块都包含认知和行为引擎。模型中的所有组件都是并行工作的，并且在很大程度上彼此独立。该模型以两种方式评估外部事件，其中由情感生成器进行的评估称为情感评估，而由工作记忆进行的评估则是认知评估。

在 Salt&Pepper 模型中处理情感信息的整个过程中，第一步是通过情感引擎中的情感

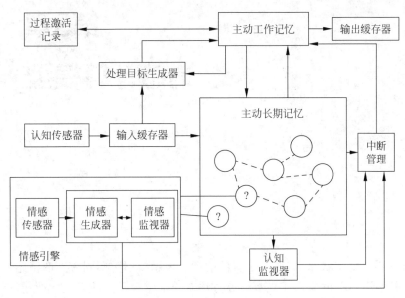

图 2-10 Salt&Pepper 模型

生成器对仿生代理的全局状态进行评估,如果一种特定情感的诱发条件达到后,则由情感生成器输出一个给定强度的情感信号,并执行相应的情感程序。第二步,由情感监视器在长期记忆中寻找相应的片段直到找到与生成的情感信号相匹配而且是最易访问的一个节点。然后,这个节点会被激活,且其激活水平是产生情感信号强度的函数。第三步,通过这一系列情感响应使得仿生代理的全局状态发生改变。

习题

1. 情感计算有哪些理论取向?
2. 简述情感在神经学上的区分。
3. 描述杏仁核的作用。
4. 列举几种典型的基于脑认知的情感模型。
5. 描述 Roseman 情感模型的机理。

第3章

情感计算模型

████

为了准确刻画情感状态,需要基于有效的情感表示模型对不同粒度的情感进行描述,在此基础上分析情感相关的属性。现有研究方法对于情感表示尚缺乏统一的定量测量评价标准,需要结合具体的目标设定。人类的情感可以通过行为表现、生理唤醒和主观体验进行体现,但是对于计算机而言,并不具有人类的上述特殊功能,难以对情感状态进行有效区分;情感的分类粒度、精确度以及覆盖程度很大程度上影响着情感分析的性能,它是情感计算领域急需解决的关键难题。本章重点阐述了当前主流的离散情感计算模型和连续情感计算模型,并进一步拓展介绍了基于个性化的情感模型。

3.1 离散情感计算模型

本节主要介绍离散情感计算模型,具体包括基本情感论、离散情感数据库、离散情感评价标准。

3.1.1 基本情感论

根据情感的纯度和原始度,情感可以分为两大类:基本情感和复合情感,这就是基本情感论。基本情感论认为人们与生俱来的情感在发生上有原型形式,即存在多种基本情感类型,每种情感类型都有其独特的体验特性、生理唤醒模式和外显模式。通常情况下,悲伤与丧失的知觉相关,恐惧与受到惊吓和身体受到伤害的知觉相关,生气与侮辱或不公平的知觉相关。不同形式的组合形成了人类的所有情感。国内外研究者对情感状态的分类有很长时间的争论,有4种情感得到了最为普遍的认同,它们是恐惧、愤怒、悲伤和高兴。近年来,很多研究者提出的基本情感类别存在差异,从2种到二十几种不等。情感表示如图3-1所示。

伴随人类认识客观世界的过程,基本情感可以通过多种方式定义。1962年,汤姆金斯提出有8种基本情感:恐惧、愤怒、痛苦、高兴、厌恶、惊奇、关心、羞愧。谢弗等学者认为情感有6种基本类别,分别是爱、喜悦、惊奇、愤怒、悲伤和恐惧。进一步将基本情感和对应的面部表情与其他属性相关联。表3-1列举了不同学者对基本情感的划分,其中,美国心理学家艾克曼提出的6大基本情感(生气、厌恶、恐惧、高兴、悲伤和惊讶)在当今情感相关研究领域使用较为广泛。

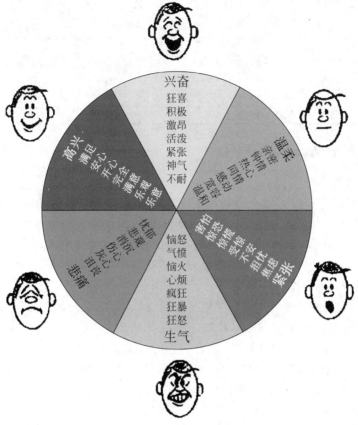

图 3-1　情感表示

表 3-1　基本情感的定义

编号	基本情感定义
1	满意、不满意
2	正面情感、负面情感
3	接纳、愤怒、期待、厌恶、喜悦、恐惧、悲伤、惊奇
4	愤怒、厌恶、勇气、心情低落、欲望、绝望、恐惧、仇恨、希望、爱情、悲伤
5	愤怒、厌恶、恐惧、快乐、悲伤、惊奇
6	欲望、快乐、兴趣、惊奇、悲伤
7	愤怒、恐惧、焦虑、喜悦
8	愤怒、轻蔑、厌恶、痛苦、恐惧、内疚、兴趣、快乐、羞愧、惊喜
9	恐惧、悲伤、爱情、愤怒
10	愤怒、厌恶、得意、恐惧、屈从、柔情、难怪
11	痛苦、快乐
12	愤怒、厌恶、焦虑、悲伤、幸福

　　除了前面介绍的将情感分为基本情感和复合情感,还有其他一些分类方法。福克斯提出的三级情感模型,按照情感中表现的主动和被动的程度不同将情感分成不同等级,如表 3-2 所示。等级越低,分类越粗糙,等级越高,分类越精细。过细的情感分类不一定对情感计算的研究有很大的意义。情感分得越细,情感特征会更加模糊,从而影响到情感分析的

性能。当前的离散情感模型,多采用4～6种情感类别。

表 3-2　情感三级分类模型

层　　级	情　　感					
1 级	接近			退回		
2 级	高兴	兴趣	愤怒	难受	厌恶	害怕
3 级	骄傲	关心	敌意	痛苦	藐视	恐惧
	祝福	责任	嫉妒	烦躁	怨恨	焦虑

3.1.2　离散情感数据库

1. 语音情感数据库

目前,语音情感数据库的建立尚缺乏统一标准,语音情感数据库可分为表演型、引导型、自发型。表演型情感数据库通常是让职业演员以模仿的方式表现出相应的情感状态,虽然表演者被要求尽量表达出自然的情感,但刻意模仿的情感还是显得有些夸大,使得不同情感类别之间的差异性比较明显。表演型的语音情感数据库有柏林 EMO-DB 德语情感语音库和 CASIA 汉语情感语料库等。早期对语音情感识别的研究都是基于表演型语料库,随着人们意识到引导型情感具有更加自然的情感表达之后,研究者们开始基于引导型情感数据库进行研究,比如 eNTERFACE。随着对自然场景下真实情感状态的分析不断深入,迫切需要一些自发的语音情感数据库,包含语音信息的自发型情感数据库包括 FAU Aibo 数据库、TUM AVIC 数据库、SUSAS 数据库、VAM 数据库、DES 数据库。常用的几个语音情感数据库如表 3-3 所示,表中描述了不同数据库在年龄、语言、情感、样本个数、记录环境和采样率之间的差异。

表 3-3　不同语音情感库之间的差异

语料库	年龄	语言	情感	样本个数	记录环境	采样率/kHz
FAU Aibo	小孩	德语	自发型	18216	正常	16
CAISIA	成人	汉语	表演型	9600	工作室	16
Emo-DB	成人	德语	表演型	494	工作室	16
eNTERFACE	成人	英语	引导型	1277	正常	16
SUSAS	成人	英语	自发型	3593	噪声	8
VAM	成人	德语	自发型	947	噪声	16
TUM AVIC	成人	英语	自发型	3002	工作室	44
DES	成人	丹麦语	表演型	419	工作室	48

下面详细介绍 3 种较常用的语音情感数据库。

(1) FAU Aibo 录制了 51 名儿童(10～13 岁,21 男 30 女)在与索尼公司生产的电子宠物 AIBO 游戏过程中的自然语音,并且只保留了情感信息明显的语料,总时长为 9.2h(不包括停顿),包括 48401 个单词。使用一个无线高保真麦克风收集语音,由 DAT-recorder 工具录制,语音格式为 48kHz 采样率,16bit 量化。为了记录真实情感的语音,工作人员让孩子们相信 AIBO 能够对他们的口头命令加以反应和执行;实际上,AIBO 则是由工作人员暗中人为操控的。标注工作由 5 名语言学专业的大学生共同完成,并通过投票方式决定最终标注结果,标注涵盖包括高兴、愤怒、生气、中性等在内的 11 个情感标签。

(2) CAISIA 汉语情感语料库是由中国科学院自动化研究所录制的。语料设计包含 6

类不同情感：高兴、悲哀、生气、惊吓、难过、中性。每种情感有 50 句语料，由 4 位录音人(2 男 2 女)在纯净录音环境中对 50 句语料赋予不同的情感演绎而得到。语音信号采用 16kHz 采样率以及 16bit 量化。经过听辨筛选，最终保留其中 1200 句语音样本。

(3) Emo-DB 是由柏林工业大学录制的德语情感语音库，由 10 名演员(5 男 5 女)对 10 个语句(5 长 5 短)进行 7 种情感(高兴、生气、焦虑、害怕、无聊、厌恶和中性)的演绎而得到，共包含 535 句语料。语音信号同样采用 16kHz 采样以及 16bit 量化。语料文本的选取遵从语义中性、无情感倾向的原则，且为日常口语化风格，无过多的书面语修饰。语音录制在专业录音室中完成，要求演员在演绎某个特定情感前通过回忆自身真实经历或体验进行情感诱发，以增强情感的真实性。经过 20 个参与者(10 男 10 女)的听辨实验，得到 84.3% 的听辨正确率。

2. 视频数据库

目前主要的视频情感语料包括：① HUMAINE 数据库；② SEMAINE 数据库；③IEMOCAP 数据库；④CHEAVD 2.0 数据库。主要的人脸表情数据库包括：①JAFFE 数据库；②Cohn-Kanada Facial Expression 数据库；③BHU 人脸表情数据库；④FEEDTUM 数据库；⑤MMI 面部表情数据库；⑥Oulu-CASIA 面部表情数据库。下面具体介绍上述的 10 个数据库。

(1) HUMAINE 是从诱导性数据中提取 50 个片段，内容包括身体姿势、面部、声音、言语内容等，说话者的性别以及文化背景都呈现多样化。

(2) SEMAINE 是一个相对较大规模的视频数据库，其中有 150 个参与者、959 个对话。有 6～8 位标注者对数据进行情感标注，共包括 27 个情感类别。

(3) IEMOCAP 是由南加州大学录制的情感数据库，包含约 12h 的视听数据。10 名专业演员(5 男 5 女)在有台词或即兴的场景下，诱发出情感表达。人工将每段对话切分成单句，每个单句至少由 3 个标注者进行类别标注。为了平衡不同情感类别的数据量，通常将高兴和兴奋合成高兴类别。由高兴、生气、悲伤和中性最终构成了 4 类情感识别数据库。

(4) CHEAVD 2.0 数据库由中国科学院自动化研究所建立，从电影、电视和综艺节目中剪辑出情感片段，共计 474min。依据以下几个原则选取数据：①待剪辑的视频面向日常生活场景；②避免选取有浓厚口音的片段；③避免选取表演痕迹过重的片段。数据库由 4 位标注者进行标注，共覆盖 11 种出现较多的情感类别以及出现较少的 11 种情感，具体分布如表 3-4 所示，数据库中几种典型的情感片段如图 3-2 所示。

表 3-4 出现较多的 11 种情感

出现较多的情感类别	片段数	出现较多的情感类别	片段数
高兴	400	生气	596
中性	679	焦虑	119
悲哀	351	害怕	35
厌恶	92	紧张	14
惊讶	74	无助	11
担心	62		

(5) JAFFE 数据库由日本 Kyushu 大学建立，该数据库是由 10 位日本女性在实验环境下根据提示做出各种表情，再由照相机拍摄获取人脸表情图像。整个数据库共有 213 张图

生气　恶心　害怕　高兴　伤心　惊讶　中性

图 3-2　中文多模态情感语料库几种典型的情感

像,每人做出 7 种表情,分别是悲伤、高兴、生气、厌恶、惊奇、害怕、中性。每组都含有上述 7 种表情,每种表情包括 3～4 张图像。每组有约 20 张图像,图片大小为 256×256,如图 3-3所示。

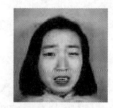

图 3-3　JAFFE 数据库部分表情

（6）Cohn-Kanade Facial Expression 数据库由美国卡耐基·梅隆大学机器人实验室建立。这个数据库包括 123 个被试个体、593 个图像序列,每个序列的最后一张图像都有活动单元的标记,在这 593 个图像序列中,有 327 个图像序列是有情感标签的,部分实例如图 3-4所示。

图 3-4　Cohn-Kanade Facial Expression 数据库中不同表情的样本图像

（7）北京航空航天大学毛峡教授团队建立的 BHU 人脸表情数据库是面向国内人群的数据库。数据库中包括 21～25 岁的 18 名女性和 14 名男性的 25 种面部表情,其中有 18 种单纯面部表情、3 种混合面部表情和 4 种复杂面部表情,相比较于其他数据库,该数据库中除了微笑、大笑、嘲笑、生气等 18 种单纯表情外,增加了惊奇-高兴、惊奇-悲伤、惊奇-生气等混合面部表情,部分实例如图 3-5 所示。

图 3-5　BHU 数据库中不同表情的样本图像

（8）FEEDTUM 数据库由慕尼黑大学的人机交互实验室建立，共包括 19 个被试个体，每个被试个体采集 21 张表情图像，数据库中包含 6 种基本表情，皆为 3 通道 RGB 格式，大小为 320×240，如图 3-6 所示。

图 3-6　FEEDTUM 数据库中不同表情的样本图像

（9）MMI 数据库由荷兰代尔夫特理工大学建立，提供 1500 多个表情正脸或侧脸的静态图像和图像序列，均为 3 通道 RGB 图像。参加采集的被试中 44% 是女性，年龄为 19～62 岁，来自欧洲、亚洲或南美洲。图 3-7 所示为 MMI 数据库中的示例图像。

图 3-7　MMI 数据库中的不同表情的样本图像

（10）Oulu-CASIA 数据集由中国科学院自动化研究所和芬兰奥鲁大学联合建立，包含 6 种基本表情：生气、厌恶、害怕、高兴、悲伤和惊讶。数据库中受试年龄分布在 23～58 岁，共包括 80 个受试者。图 3-8 所示为在明亮、弱光、黑暗 3 种不同光照条件下采集的数据，每种光照条件下包括 480 个序列（80 个受试分别采集 6 种不同表情）。所有表情序列都是从中性开始，到表情强度最大时结束。

图 3-8　Oulu-CASIA 数据库中的不同表情的样本图像

3. 生理信号数据库

在国际上被学术界公认的生理信号情感数据库主要有德国奥格斯堡大学建立的情感数据库和上海交通大学建立的脑电情感数据集 SEED，这些数据库均对受试者在不同情感状态下的多种生理信号进行采集并用于情感识别的研究。

（1）德国奥格斯堡大学建立的情感数据库是利用音乐对受试者进行不同类型的情感诱发实验，进而采集受试者在不同情感状态下的多种生理信号。该数据库是对单一受试者进行实验，为了让音乐能够有效唤起受试者的情感状态，要求受试者选择对其有特殊意义的歌曲，这些歌曲能够唤起受试者的特殊回忆进而能够较容易唤起受试者的不同情感状态。该数据库同时对维度情感状态和离散情感状态进行标注，通过效价度-唤醒度定义二维情感表示模型标注受试者连续情感变化，通过高兴、愤怒、悲伤、愉悦 4 种具有一定差异性且较常见的情感状态进行离散情感标注。受试者可以自己挑选对其具有影响性的音乐，同时受试者在听音乐过程中想象相应的场景,以便对受试者进行更加全面的情感诱发。当受试者聆听不同音乐进行情感诱发时,通过 4 通道的生物传感器对受试者的 4 种生理信号同时进行采集,分别为心电图(Electrocardiogram,ECG)信号、肌电(Electromyogram,EMG)信号、皮肤电(Skin Conductance,SC)信号及呼吸(Respiratory,RSP)信号。每种生理信号的数据采集时间均为 2min。不同生理信号的采样率不同,其中 ECG 信号的采样率为 256Hz,EMG 信号、SC 信号及 RSP 信号的采样率均为 32Hz。为了保证受试样本充足,需要连续 25 天对受试者进行情感诱发实验及信号采集,因此该数据库的样本量为 100,每种情感状态下各有 25 个样本。该数据库的详情见表 3-5。

表 3-5   德国奥格斯堡大学情感数据库内容

数据库内容	具 体 内 容
情感诱发素材	音乐＋想象
情感类型	高兴、愤怒、悲伤、愉悦
受试人数	1 人
采集天数	25 天
生理信号类型	心电(ECG)、肌电(EMG)、皮肤电(SC)、呼吸(RSP)
信号采样率	ECG:256Hz;EMG、SC、RSP:32Hz
样本容量	100(其中每种情感装备样本均为 25 个)

(2)脑电情感数据库 SEED 使用电影片段作为情感诱发材料,共分为 3 种情感类别:愉悦、平静、悲伤。每个电影片段时长大约 4min,每次实验由 15 个电影片段组成。在每次实验中,3 种情感状态的电影片段数量相等,均为 5 次。电影片段来自中文电影,在每段电影片段放映之前有 5s 的提示,放映之后有 45s 的反馈时间与 15s 的休息时间。有 15 名受试者(7 名男性、8 名女性,平均年龄为 23.27 岁)参加实验,受试者均具有正常的视听觉能力。在受试观看电影片段的同时,通过电极帽记录他们的脑电信号,脑电信号采样频率为 1000Hz。按照国际 10-20 系统,实验使用 62 通道的电极帽。每名受试参加 3 次实验,每次实验间隔为一周左右。将原始 EEG 降采样至 200Hz,然后经过 0.5~70Hz 带通滤波,得到预处理后的脑电数据。按照每秒信号划作一个样本,则每名被试共有 3394 个样本,且在 3 分类的情感识别任务中,每个类别的样本数目大致相等。

3.1.3   离散情感评价标准

离散情感识别所使用的评价指标主要有分类准确率、召回率、精确率、F 值等。设共有 A 和 B 两种类别,n_{TP} 是 A 类样本正确分类的样本数,n_{FN} 是 A 类样本错误分类的样本数,n_{TP} 是 B 类样本错误分类的样本数,n_{TN} 是 B 类样本正确分类的样本数,则整体分类准确率定义为

$$P_{acc} = \frac{n_{TN} + n_{TP}}{n_{TN} + n_{FN} + n_{TP} + n_{FP}} \tag{3-1}$$

A 类样本的分类准确率或召回率定义为

$$P_{re} = \frac{n_{TP}}{n_{TP} + n_{FN}} \tag{3-2}$$

A 类样本的分类精确率为

$$P_{\text{pre}} = \frac{n_{\text{TP}}}{n_{\text{TP}} + n_{\text{FP}}} \tag{3-3}$$

A 类样本的分类 F 值定义为

$$P_{\text{f}} = \frac{2P_{\text{pre}}P_{\text{re}}}{P_{\text{pre}} + P_{\text{re}}} \tag{3-4}$$

3.2　维度情感计算模型

3.2.1　维度情感模型

离散情感模型将情感状态标注为离散的形容词标签,只能表示出有限种类的、单一明确的情感类型。离散情感模型具有简单直观的优点,在情感计算领域得到了广泛的应用。但是它存在着以下缺点:①离散情感模型能够表示的情感范围有限,例如悲喜交加、喜极而泣等复合情感并不属于某一基本情感类别,从而限制了这类模型进一步应用的普适性;②不同情感类别之间存在着高度的相关性,离散情感模型难以对这种相关性进行度量;③情感的生成、演化与消失是一个连续化的过程,而离散情感模型无法描述细微情感的连续变化。

为了克服离散情感模型的缺点,研究者建立了维度情感模型。冯特最早在 1896 年提出情感维度的观点,为维度情感模型的提出奠定了基础。维度情感模型认为情感是一种高度相关的连续体,从情感的多个维度量化了复杂情感的隐含状态,运用各种取值连续的基本维度将情感状态描述为多维空间中的某一个坐标,每个维度是对情感某一方面的度量。维度情感模型的本质是将不同的情感状态映射为多维情感空间中的点,典型的情感维度包括激活度、效价度、控制维等,每个维度都是动态连续的,不同强度的情感在维度情感空间中被映射为不同的坐标点。与离散情感模型相比,维度情感模型对情感的描述方式与人类的自然情感状态更接近,在情感计算中同样得到了广泛的研究与应用。二维情感模型和三维情感模型是最常用的维度情感模型。

二维情感模型可以使用激活度和效价度两个维度来对情感状态进行描述,它们分别表示情感的激烈程度和情感的正负性。如图 3-9 所示,在这种二维情感模型中,以情感的激活度和效价度为坐标轴,坐标原点表示没有任何情感状态的中性情感。激活度是指与情感状态相关联的机体能量激活的程度,是对情感内在能量的一种度量,表征个体对于各种活动的参与性;效价度主要体现为情感主体的感受,表征情感的积极或消极程度、喜欢或不喜欢程度、正面或负面程度。这种

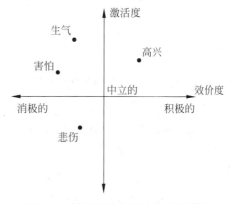

图 3-9　激活度-效价度二维情感模型

二维情感模型可以表示出多数基本情感状态,很多维度情感分析的研究都是在这两个维度

上进行的。

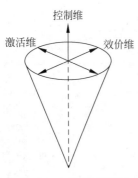

图 3-10　三维情感模型

在上述二维情感模型基础上增加一个控制维,从而构成了以激活度、效价度和控制维组成的一种典型的三维情感模型,控制维体现的是个体对情感状态的主观控制程度,用以区分情感状态是由主体主观发出的还是受客观环境影响产生的,比如轻蔑和恐惧,就处于控制维原点的两侧。如图 3-10 所示,以中性情感所在的原点为中心,沿着三条坐标轴方向延展,离原点越远说明情感的激烈程度越强,人对情感的控制能力越强,个体对情感的感受越强。

对于情感具有哪些维度,心理学家并没有统一的认识,其中认同度最高的一种模型为愉悦-唤醒-支配(Pleasure-Arousal-Dominance,PAD)模型,如图 3-11 所示。该模型将情感分为愉悦度、唤醒度和支配度三个维度。愉悦度也称作效价度,是对个体愉悦程度的度量;唤醒度也称作激活度,是对生理活动和心理警觉水平的度量,如睡眠、厌倦等为低唤醒,清醒、紧张等为高唤醒;支配度也称作注意度或能量度,是指影响周围环境及他人或反过来受其影响的一种感受,高的支配度是一种有力、主宰感,而低的支配度是一种退缩、软弱感。

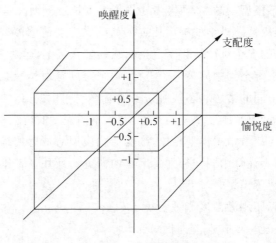

图 3-11　PAD 情感模型

PAD 情感模型中,每种情感状态都可以看作以 PAD 三维坐标系中的一个点。许多研究者通过实践总结出常见情感状态和对应的 PAD 坐标之间的映射关系,如梅拉宾研究了 12 种情感状态的 PAD 映射关系,德国的比勒菲尔德大学学者研究了 9 种情感状态的 PAD 映射,虚拟人则对 OCC 模型中的 24 种基本情感状态实现了基于 PAD 模型的情感表示。可以通过计算预测不同样本的 PAD 值与各种基本情感状态的 PAD 值的距离,判别待测样本的情感状态并分析其内在的情感组成,实现对情感状态的有效测量。中国科学院心理学研究所提出了汉化后的适用于评定汉语情感的 PAD 参考值,如表 3-6 所示。在 PAD 情感模型中,每种情感状态都可以与 PAD 空间的位置相对应,能够用唯一的三维坐标表示。

表 3-6　汉化 11 种情感语音数据的 PAD 得分

情感	语音评价结果([−1,1])			词汇评价结果([−1,1])		
	P	A	D	P	A	D
中性	0	−0.31	−0.06	0	0	0
放松	−0.01	−0.78	0.33	0.10	−0.31	0.26
温顺	0.27	−0.07	−0.14	0.24	−0.20	−0.37
惊奇	0.23	0.64	0.01	0.43	0.43	0.05
喜悦	0.66	0.74	0.32	0.69	0.30	0.36
轻蔑	−0.38	−0.70	0.60	−0.39	0.08	0.26
厌恶	−0.44	0.22	0.36	−0.45	0.10	0.17
恐惧	−0.33	0.65	−0.72	−0.23	0.32	−0.16
悲伤	−0.28	−0.36	−0.78	−0.22	0.04	−0.17
焦虑	−0.46	0.58	−0.13	−0.24	0.08	−0.16
愤怒	−0.86	0.66	0.91	−0.49	0.28	0.28

拉塞尔在对 PAD 模型进行深入研究时发现,支配度主要与认知活动有关,愉悦度和唤醒度两个维度就可以表示绝大部分情感状态。因此,他采用环状结构模型来表示复杂的情感状态,认为情感分布在一个以中性情感为圆心(自然原点)的圆形结构上。每个维度的取值极限构成一个圆,圆的中心表示中性情感,并以此为中心向周围不同方向扩展,逐渐指向8 种基本情感状态,在扩展的过程中呈现出不同强度的情感状态,情感点与自然原点之间的距离体现了情感强度。愉悦度和唤醒度是两个相互正交的维度。由于各种情感状态在自然原点的周围排成了一个圆形,所以这种对情感状态进行分类的方法叫作“情感轮”。对于任何一个情感样本,可以根据其情感强度和情感方向,在情感轮所组成的二维平面中用一维情感向量情感点和自然原点之间的情感向量 E 来表示。其中情感强度表现为这个情感向量的幅度值,而情感方向则表现为该情感向量的角度。

随后普拉奇克提出了以 8 种基本情感状态为原型的“情感轮”模型(图 3-12),8 种基本情感状态分别为喜悦、信任、害怕、惊讶、难过、厌恶、生气、期待。每种基本情感状态都有对应的颜色,并且根据颜色的深浅表示为 3 种强度,越邻近的情感状态越相似,距离越远则差异越大,互为对顶角的两个扇形中的情感状态则是相互对立的。圆形结构的中心为自然原点。在强度上延伸为三维椎体,强度越弱,情感的兴奋度越低,越消极;反之情感的兴奋度越高,越积极。普拉奇克的“情感轮”理论认为:①颜色的深浅代表情感状态的饱和度,如生气是愤怒的基本情感状态,暴怒是一种饱和状态,而烦躁则是一种不饱和状态;②相对的两种情感状态,在触发原因或者外在表现上通常是相反的,如喜与悲、爱与恨、怒与忧;③两种相邻的基本情感状态的结合,会产生一种复合的情感状态,而且这种情感状态的复杂性也体现了人类作为社会生物的高级状态。比如:一些外在刺激同时触发了个体的喜悦感和期待感,就会表现出乐观的倾向;而爱就是与喜悦和信任相关联的复合情感状态,这是符合人类认知心理的。

三维情感模型仍然不能表示人类所能体验的所有情感状态。为了更完整地描述情感,一些研究者将期望维作为第四个维度,强度作为第五个维度。期望维是对个体情感出现的突然性的度量,即个体缺乏预料和准备程度的度量;强度是指个体偏离冷静的程度。例如,在 PAD 模型的基础上引入期望维,能够将“惊讶”与其他情感类型区分开来,基本能够区分日常生活中的所有情感。

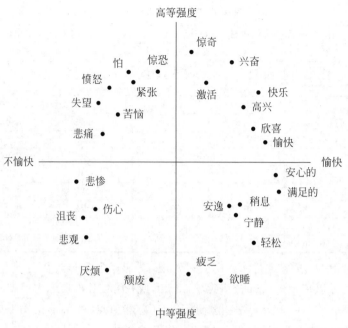

图 3-12　情感轮模型

近年来维度情感模型受到了越来越多研究者的关注,它的主要优势在于:①维度情感模型相比于离散情感模型具有更强的情感表达能力,尤其是在处理自然场景下的情感数据时有更加明显的优势,此时情感状态的范围非常广泛,难以用有限的几种情感类别来描述;②维度情感模型可以对不同个体的情感动态变化进行跟踪;③维度情感模型能够对情感的相似性与差异性进行精准度量;④心理学研究表明,人类的决策、推理、记忆、注意等认知都与维度情感模型存在着密切关系,例如在 PAD 模型中愉悦度决定着欲求动机系统和防御动机系统是否被情感刺激激活,唤醒度决定了每个动机系统被激活的程度。相比于离散情感模型,维度情感模型更加有利于促进机器充分地理解人的情感状态并做出合适的反馈。

从模型复杂度的角度分析,离散情感模型相对简洁易懂,而维度情感模型需要解决定性情感状态到定量空间坐标之间如何相互转换的问题;从情感描述能力的角度分析,离散情感模型的情感描述能力存在较大的局限性,仅能刻画出有限类别的情感状态,人们在日常生活中所描述的情感状态却是复杂多变的,维度情感模型能够从多个侧面连续地进行情感的描述,同时能够在很大程度上回避情感状态模糊性的问题。表 3-7 对两类情感模型之间的区别进行了总结。

表 3-7　两种情感模型的比较

考　察　点	离散情感描述模型	连续情感描述模型
情感描述方式	形容词标签	笛卡儿空间中的坐标点
情感描述能力	有限的几个情感类别	任意情感类别
被应用到语音情感识别领域的时期	20 世纪 80 年代	21 世纪初
优点	简洁、易懂、容易着手	无限的情感描述能力
缺点	单一、有限的情感描述能力,无法满足对自发情感的描述	将主观情感量化为客观实数值的过程是一个繁重且难以保证质量的过程

3.2.2　维度情感标注

维度情感标注不仅耗时耗力,而且是一个精细的过程,标注结果与标注者自身的偏好和经验都有着密切的关系。为了降低标注者自身因素对标注结果的影响,维度情感标注通常采用如下方法:①选择多个标注者共同完成标注任务;②选择与被标注对象具有相同母语的标注者;③在标注工作开始前对标注者进行培训,使其能够客观给出维度情感的标注,并且能够熟练使用维度情感标注工具;④对多个标注者的标注结果进行插值、标准化等一系列后处理,进一步减少标注偏差。

现有维度情感标注工作是基于情感量化理论实现的,目前并没有统一的方法。情感是一个不断变化的过程,为了对每个情感维度的取值进行实时跟踪,研究者开发了一系列标注工具。情感自我评估量表(Self-Assessment Manikin,SAM)系统是一种被大多数研究者所认可的维度情感量化方法,它基于PAD模型建立,使用卡通小人的形象来表示不同维度的情感取值。图3-13(a)～(c)分别给出了效价度、唤醒度和支配度的取值分布,以卡通小人眉毛和嘴巴的变化来表示效价度的取值;以心脏位置出现的振动程度以及眼睛的注视程度来表示唤醒度的取值;以图片的大小来表示受控制的程度。在某个维度标注的过程中,标注者只需从对应的卡通小人中选出当前最符合的情感状态即可。使用的卡通小人数目由不同维度的量化数目决定,通常为5个或9个。每个小人对应的具体数值没有严格规定,当使用9个卡通小人时,对应的9个数字可以是1～9的整数,可以是-4～4的整数,也可以是$[-1,1]$的9个等间隔的值。相比于其他情感量化方法,SAM系统具有简单、快速、直观的优点;避免了不同标注者对同一样本的不同理解所造成的差异,从而所获得的标注结果方差较小、不同标注者间的一致性较高,因此SAM系统经常被用于维度情感的标注任务。在

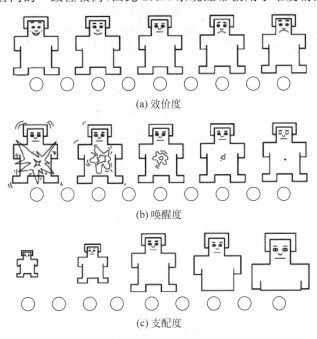

(a) 效价度

(b) 唤醒度

(c) 支配度

图3-13　SAM系统

每个卡通小人的下方标注数字并与卡通小人同时在屏幕上呈现,允许标注者点击两个数字之间的任意位置,便可以实现对目标维度的连续赋值。

Feeltrace 和 ANNEMO 是另外两个常用的标记工具。Feeltrace 是基于效价度-唤醒度模型建立的,如图 3-14(a)所示,将以效价度和唤醒度为主轴的圆在电脑屏幕上呈现,标注者只需根据自己所感知的情感用鼠标拖动圆形光标到合适的位置即可同时对效价度和唤醒度赋值。ANNEMO 是一种基于网页的维度情感标注工具,如图 3-14(b)所示,它将标注视频和标注光标同时在一个窗口显示,用户在观看视频的同时对视频中不同时间片段的情感维度进行连续标注。与 Feeltrace 相比,ANNEMO 使用更加方便,而且每次只对一个维度进行标记,所得到的结果更加精确。

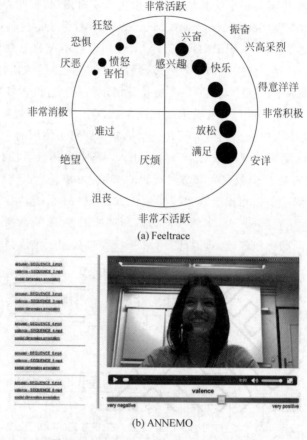

(a) Feeltrace

(b) ANNEMO

图 3-14 Feeltrace 和 ANNEMO 标注示例

3.2.3 维度情感数据库

近年来研究者们在多个场景下构建了多模态情感数据,并在不同维度上进行情感标注,常用的多模态维度情感数据库包括 SEMAINE、RECOLA、IEMOCAP、CreativeIT、DEAP、VAM 等。表 3-8 总结了常用的维度情感数据库的数据采集场景、参与者数目、覆盖的模态、标注的情感维度、标注者人数、使用的标注工具和标注方法、标签的取值范围和取值类型。

表 3-8　常用维度情感数据库总结

数据库	场景	参与者数目	模态	情感维度	标注者人数	工具和方法	范围与类型
SEMAINE	Solid SAL	24	Vi+Au	A、V、E、D、I	2～8 人	FEELtrace	[−1,1]的连续值
RECOLA	远程视频会议	46	Vi+Au+Ph	A、V	6 人	ANNEMO	[−1,1]的连续值
IEMOCAP	双人对话表演	10	Vi+Au	A、V、D	至少 2 人	SAM 系统	1～5 的整数值
CreativeIT	双人对话表演	16	Vi+Au	A、V、D	3～4 人	FEELtrace	[−1,1]的连续值
DEAP	观看音乐视频	32	Vi+Ph	A、V、D	1 人	SAM 系统	[1,9]的连续值
VAM	电视脱口秀	47	Vi+Au	A、V、D	6～34 人	SAM 系统	[−1,1]的5点等间隔值

注：Vi——视觉模态，Au——听觉模态，Ph——生理信号，A——唤醒度，V——效价度，E——期望度，D——支配度，I——强度。

下面详细介绍 6 种较常用的维度情感数据库。

（1）SEMAINE 数据库是为了实现人机之间进行流畅富有情感的对话而建立的。数据库是在人机交互的场景下获取的，该场景模拟了人机对话的过程，由人扮演机器角色并与用户进行对话。机器角色根据用户的情感状态选择相应的词语与用户进行对话，并将用户向某个特定的情感状态引导。共有 24 个用户分别与 4 个不同性格的机器角色进行对话，每次对话都记录了用户和机器角色的正面视频，以及用户的侧面视频。标注人员按照视频的帧率逐帧标注用户在对话过程中的情感状态，从唤醒度、效价度、支配度、期望度和强度 5 个维度上取值。

（2）RECOLA 数据库中共采集了 46 个参与者的情感数据，这些参与者两人一组被分成 23 组，每组通过远程视频会议讨论某个灾难场景下的逃生方案，并达成一致意见。数据库中包含所有参与者在讨论过程中的面部视频和音频数据，以及其中 35 个参与者的 ECG 信号、皮肤电活动（Electrodermal Activity，EDA）信号数据。标注人员按照视频帧率逐帧给出参与者前 5min 讨论过程中的情感状态在效价度和唤醒度的值。

（3）IEMOCAP 数据库共采集了 10 名演员（5 男和 5 女）的情感数据，这些演员男女组合被分成 5 组，每组按照脚本或即兴进行对话表演。同一对话内容由相同的演员表演两次，每次使用运动捕获设备记录对话一方的面部表情、头部姿势和手部运动数据，同时记录对话双方的音视频数据。数据库中共有 174 段对话，每段对话都被分割成多个单句，每个单句所呈现的情感状态在效价度、唤醒度和支配度 3 个维度上用 1～5 的整数值进行标记。

（4）CreativeIT 数据库中共采集了 16 名演员的情感数据，这些演员两人一组被分成 8 组进行即兴表演，共进行 50 次表演。每次表演过程中记录了表演双方的音视频数据，以及使用动作捕获系统获取的演员全身动作数据。标注人员按照视频帧率逐帧给出了每个演员表演过程中的情感状态在效价度、唤醒度和支配度 3 个维度的取值。

（5）DEAP 数据库中共采集了 32 个参与者在观看音乐视频时的 EEG 信号、外周神经生理信号，以及其中 22 个参与者的正面视频。每个参与者都观看了 40 段音乐视频，并将自己在观看音乐视频过程中所感受到的情感在唤醒度、效价度和支配度上给出 $1\sim 5$ 的整数值进行自我评估。

（6）VAM 数据库中的素材来自德国的电视脱口秀节目。数据分为三部分：VAM-video 数据集、VAM-audio 数据集、VAM-faces 数据集。VAM-video 数据集中的数据是从原始节目中分割出的 1421 条语句所对应的嘉宾视频。VAM-audio 数据集中的数据是从上述语句中选出的 1081 条语句所对应的语音信号。从 VAM-video 集中选取了大部分视频都是受试者正面人脸的视频，并从中提取出受试者的面部图像，构成了 VAM-faces 集，共包含 1867 张图片。由标注人员对每个样本所呈现的情感状态在唤醒度、效价度和支配度 3 个维度上用 $[-1,1]$ 的 5 点等间隔值进行标注。

3.2.4　维度情感评价标准

早期的维度情感性能评价通常采用均方误差（Mean Square Error，MSE）。设 $\hat{\theta}$ 是估计的标签，θ 是真实的标签，n 是样本数目，$\sigma_{\hat{\theta}}^{2}$ 和 σ_{θ}^{2} 分别是 $\hat{\theta}$ 和 θ 的方差，$\mu_{\hat{\theta}}$ 和 μ_{θ} 分别是 $\hat{\theta}$ 和 θ 的期望，则 MSE 的定义为

$$\mathrm{MSE}=\frac{1}{n}\sum_{f=1}^{n}(\hat{\theta}(f)-\theta(f))^{2} \tag{3-5}$$

MSE 描述了预测值与真实值的偏差，但 MSE 对于异常值敏感，且无法对 θ 和 $\hat{\theta}$ 的相对变化趋势进行描述，因此难以有效描述与真实值的吻合度。

鉴于 MSE 的缺点，Pearson 相关系数（Pearson Correlation Coefficient，PCC）被用于作为连续维度情感分析的评价指标，其定义为

$$\rho=\frac{\dfrac{1}{n}\sum_{f=1}^{n}\left[(\hat{\theta}(f)-\mu_{\hat{\theta}})(\theta(f)-\mu_{\theta})\right]}{\sigma_{\hat{\theta}}\sigma_{\theta}}=\frac{E\left[(\hat{\theta}-\mu_{\hat{\theta}})(\theta-\mu_{\theta})\right]}{\sigma_{\hat{\theta}}\sigma_{\theta}} \tag{3-6}$$

PCC 的取值范围是 $[-1,1]$，它反映了预测值与真实值具有线性关系的紧密程度。PCC 能够有效反映预测值与真实值的协同变化关系。由于 PCC 对预测的幅值不敏感，无法对 θ 和 $\hat{\theta}$ 的偏差进行度量，因此仍不能有效描述预测值与真实值的吻合程度。为了更为有效地描述预测值与真实值的吻合程度，一致性相关系数（Concordance Correlation Coefficient，CCC）作为预测性能的评价指标，其定义为

$$\rho_{c}=\frac{2\rho\sigma_{\theta}\sigma_{\hat{\theta}}}{\sigma_{\theta}^{2}+\sigma_{\hat{\theta}}^{2}+(\mu_{\hat{\theta}}-\mu_{\theta})^{2}} \tag{3-7}$$

CCC 结合了 PCC 与 MSE 的优点，既反映了预测值与真实值的协同变化关系，又反映了预测值与真实值的吻合程度，是目前广泛使用的连续维度情感分析性能评价指标，被多个国际情感识别竞赛所采用。

3.3　基于个性化的情感模型

个性与情感密不可分，个性主要影响情感状态的启动并控制情感强度。由于心理学中适合计算的个性化模型并不多见，直到最近几年，个性化情感模型的研究才得到发展。本节

重点介绍大五人格模型、Chittaro 行为模型、外向-担心-好斗（Extroversion-Fear-Aggression，EFA）性格空间模型、情绪-心情-性格模型等几种典型的基于个性化的情感模型。

3.3.1 大五人格模型

大五人格模型从开放性、认真性、外向性、宜人性和神经质 5 个维度描述人格特质。其中，开放性表示主体是否具有创造力、想象力，容易对事物产生兴趣；认真性表示主体是否具有责任心以及对事情关注的程度；外向性表示主体是否爱交谈、精力充沛；宜人性表示主体是否可信服、友好、具有合作精神；神经质表示主体是否缺乏安全感、情感易波动。这种通过不同维度值影响情感个性的建模方法能够有效赋予不同个体多样化的个性行为。目前在创建仿生代理时，常用的个性化建模方法是使用心理学家提出的基于维度的方法，其中每个维度对应个性的一个特质。大五人格模型如图 3-15 所示。

图 3-15 大五人格模型

3.3.2 Chittaro 行为模型

Chittaro 等构造了一个基于有限状态机的行为模型，它主要是通过个性选择来执行行为，体现出仿生代理不同的个性行为。在该模型中，每个状态表示主体的一个行为，个性表达采用大五人格模型。个性信息影响主体下一时刻以多大概率选择某个行为，而不是直接确定下一时刻要执行的行为。

3.3.3 EFA 性格空间模型

威尔逊在关于情感的论著中提出了一种 EFA 性格空间的构造方法。个性空间的三维分别是外向、担心和好斗。个性特征由它所处的个性空间的位置决定。例如，点坐标$(E-30,F+10,A-20)$表示和外向(E)相关程度有 30% 的减弱，与担心(F)相关程度有 10% 的加强，与好斗(A)相关程度有 20% 的减弱。而原点$(0,0,0)$则代表一种中性平和的个性，或者代表个体没有个性特征。个性空间的三轴具有不同的含义：与 E 轴的相关程度越大，则表明其个性越外向化，倾向于达到更大的积极情感；与 F 轴的相关程度越大，则表示其更可能会倾向于达到更大的消极情感；与 A 轴的相关程度则表示情感转移速度，A 值越大则速度越快，A 值越小则速度越慢。对于某个人而言，F 在性格空间中的位置影响着个体的积极与消极情感的变化范围和变化率。一个时间步长内，情感变化的速度以及变化到何种程度，均是以性格为变量的函数。EFA 性格空间模型如图 3-16 所示。

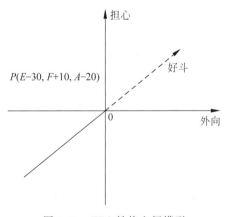

图 3-16 EFA 性格空间模型

3.3.4 情绪-心情-性格模型

多层情绪-心情-性格模型可以在人机对话系统中使用,该系统主要包括以下4个模块。

(1) 文本处理和响应生成模块:运用相关的自然语言理解理论提取用户输入的情绪信息。

(2) 性格模型:使用大五人格模型定义虚拟人的人格空间,针对每个因素构建贝叶斯信任网络,并通过调整5个因子的线性组合关系构造出具有不同性格的虚拟人,用来描述性格与心情之间的关系。使用贝叶斯推理规则,将当前的情绪状态(好、坏、一般)与前一个模块根据给定的人格类型生成的情绪信息进行组合,即可在下一刻获得情绪状态。

(3) 心情-情绪模块:情绪的转移主要取决于3个因素,即文本处理和响应产生模块产生的情绪信息,当前情绪状态和以前的情绪状态。为了连接这3个因素,该模块为每个情绪状态定义了一个情绪转移矩阵,采用24种情绪,并将这24种情绪简化为艾克曼所识别的6种基本情绪(高兴、悲伤、害怕、嫌恶、惊讶和生气)和中性情绪,由此得到的转移概率矩阵大小为7×7,计算每种情绪的转移概率,并令其中最大者作为下一时刻的情绪状态。

(4) 同步模块:完成情绪状态与表情的映射。

情绪-心情-性格模型如图3-17所示。

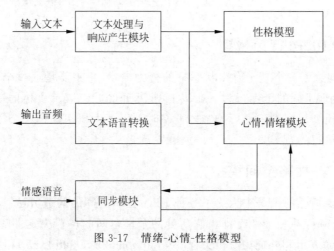

图 3-17 情绪-心情-性格模型

习题

1. 简述离散情感识别和维度情感识别的区别。
2. 列举3种典型的维度情感识别模型。
3. 什么是复合情感?
4. 离散情感和维度情感模型的评价标准有哪些?
5. 描述大五人格模型的特点。

第4章
情感特征

■■■

人们能够通过言语内容、表情动作、生理参数等线索捕捉到不同个体的情感变化是因为人类具备从不同模态信号中感知和理解情感信息的能力。为了使得机器有效模拟人类情感感知和理解的过程,需要从采集的多模态信号中提取多维度的情感关联特征集,并进一步挖掘不同模态情感特征与人类情感之间的复杂映射关系。如何有效抽取情感关联的特征并结合有效的情感计算模型定量分析这些情感特征和复杂情感之间的依存关系,是亟待解决的一个关键问题。本章针对语音、视频、文本、生理信号等不同模态的数据,分析不同情境下的情感关联特征。

4.1 语音情感特征

从情感语音中可以提取多种声学特征,用以反映说话人情感行为的特点。情感特征的优劣对情感最终识别的效果有非常重要的影响,如何提取和选择能有效反映情感变化的语音特征,是目前语音情感识别领域最重要的问题之一。在过去的几十年里,针对语音信号中的何种特征能有效地体现情感,研究者从心理学、语音语言学等角度出发做了大量的研究。通常选取的语音情感特征具有以下特点:①能够在同一情感中基本稳定表现;②对于不同的情感有明显的区别;③外界影响小;④特征之间的相关度降到最低;⑤对于特征的选取和测量不复杂,对于运算的时间复杂度不高。当前用于语音情感识别的声学特征大致可归纳为韵律学特征、基于谱的相关特征和音质特征这三种类型,此外功能性副语言特征也得到了学者的广泛关注。

4.1.1 语音韵律特征

韵律特征参数在语音领域有着广泛的应用,主要是指说话人说话时不同的语气,在声学参数上表现为发音速率、短时能量和基音频率随着时间的变化。"韵律特征"又叫"超音质特征"或"超音段特征",指的是语音中除音质特征之外的音高、音长和音强方面的变化。感知上的轻重缓急、抑扬顿挫,在声学上是通过基频、时长和能量参数实现的。与平静语音相比,带情感的语音在这3组参数上存在变化。一般认为基频是最重要的韵律参数,时长次之,能量最小。

1. 时长、语速和停顿

语句的发音持续时间指每个情感语句从开始到结束的持续时间,与感知的语速相对应,情感语音的时长构造主要着眼于不同情感语音的发话时间构造的差别,时长的分析常采用音节、句子为单元来测量。情感语句的语速差异是基于不同情感说话速率的不同。首先,应利用端点检测算法找到语句发音的起始位置和结束位置,去除无意义的静音和噪声部分。

语速特征是语音领域常用的特征之一(表 4-1,图 4-1)。语音可以反映说话者的情感状态,这从日常生活表达就可以看出来:当人的情感比较激动的时候,比如处于愤怒状态,语言的表达速度明显加快;相反在人的情感比较低落时,比如处于悲伤状态,语言的表达速度则明显较慢。对于汉语而言,一个汉字即为一个音节,所以用语音中的总音节数持续时间除以其所包含的元音数目,即得到语速:

$$t_{avg} = \frac{1}{m}\sum_{i=1}^{m} t_i \qquad (4\text{-}1)$$

式中,m 表示语音中所包含的元音数目,i 表示的是第 i 个元音,t_i 表示第 i 个元音的持续时间。

停顿也反映了情感信息,停顿指的是前一个音节与下一个音节之间无声的时间。

表 4-1 语速分析统计表

语速分析	男 生	女 生	语速分析	男 生	女 生
中性	0.277727	0.247991	厌恶	0.226605	0.18776
放松	0.283248	0.254769	恐惧	0.216044	0.166638
温顺	0.282933	0.217009	悲伤	0.298604	0.272157
惊奇	0.203258	0.160742	焦虑	0.202455	0.129901
喜悦	0.211128	0.169909	愤怒	0.184262	0.124355
轻蔑	0.249212	0.208296	—	—	—

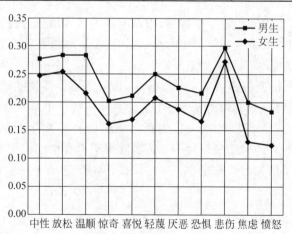

图 4-1 语速分析分布图

语速是语音的韵律特征之一,是构成语言节奏的基础,许多研究表明,语速的变化是表达情感的一个重要手段。它反映了一个人在不同环境、不同情感下说话时的心情急切度。语速用语音语句包含的字数与对应的语音信号持续时间的比值表示,从图 4-1 和表 4-1 中可以看出,人在焦虑和愤怒状态下,说话速度很快;惊奇和喜悦次之;而悲伤情感下说话速度最慢。

观察停顿分布图(图 4-2)、时长分布图(图 4-3)可以发现,不管是男性还是女性说话人,不同情感下,其停顿和时长之间对于基本类型的情感变化有一定的一致性,对于微妙复杂的情感两者的变化有一定的差异。对于中性情感,停顿分析中的值较低,但它持续的时间长度却较长,说明每一个字发音的时间长度较长。当然,性别的不同,也会引起一些情感之间特征的变化差异性。比如男性说话人在放松和温顺情感下的时长变化略不同于女性说话人,停顿分析中惊奇与喜悦情感在不同性别中的变化稍有不同,不是一致变化的(表 4-2,表 4-3)。

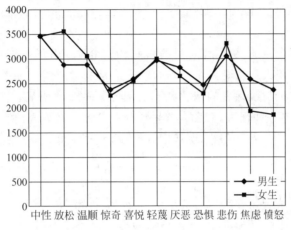

图 4-2 时长分析分布图

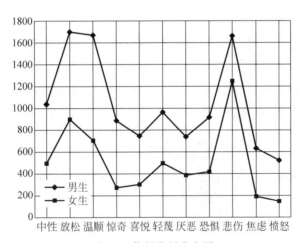

图 4-3 停顿分析分布图

表 4-2 平均时长分析统计表

时 长 分 析	男 生	女 生	时 长 分 析	男 生	女 生
中性	3435.966	3469.3265	厌恶	2811.828	2658.2083
放松	2880.84	3549.1429	恐惧	2478.209	2297.1458
温顺	2884.014	3051.9184	悲伤	3062.531	3294.5192
惊奇	2372.824	2260.6531	焦虑	2582.502	1920.5918
喜悦	2600.957	2561.102	愤怒	2364.342	1861.5208
轻蔑	2969.627	3006.7347	—	—	—

表 4-3　平均停顿分析统计表

停顿分析	男　生	女　生	停顿分析	男　生	女　生
中性	1037.076	503.22449	厌恶	743.1352	388.89583
放松	1696.455	899.34694	恐惧	919.9221	413.25
温顺	1667.248	703.06122	悲伤	1658.11	1243.6731
惊奇	888.1816	276.91837	焦虑	626.0097	192.53061
喜悦	746.463	299.46939	愤怒	522.5451	146.79167
轻蔑	959.7727	494.34694	—	—	—

2. 能量

能量表现为语音音量的高低,而音量的高低又是通过声音的响度大小来反映。能量与声音响度之间是依赖于人耳听觉系统对不同频率信号的敏感程度相关的,这种相关性并非简单的线性关系。能量与说话者的情感状态之间的关系非常明显,处于激动情感状态下的人和愤怒的人说话声音往往很大,声音大体现到语音参数中就是语音的能量高;而处于低落情感,如悲伤的人说话声音往往很小,也就是语音的能量值很低。短时能量的计算公式如下:

$$E_n = \sum_{n=-\infty}^{\infty} [s(m)w(n-m)]^2 = \sum_{m=n-N+1}^{n} [s(m)w(n-m)]^2 \tag{4-2}$$

式中,E_n 代表第 n 帧语音信号的短时能量值,$s(m)$ 表示输入语音信号,$w(n-m)$ 表示窗函数,m 表示第 m 个采样点,其窗长为 N。窗长的选择应当适当,如窗长过短,则信号包络的变化规律得不到很好的体现。

观察该能量分布(表 4-4,图 4-4)可以发现,不管是男性还是女性说话人,其中中性、放松、温顺情感的能量基本在同一水平,总体能量较低,其次是轻蔑和悲伤能量相近,惊奇、喜悦和恐惧能量处于一个水平,能量最强的属于愤怒情感,总体上符合我们日常生活中情感语音的表达规律。例如,当人愤怒或者惊讶时,说话的声音往往很大;而当人们沮丧或者悲伤时,说话的声音通常很低。

表 4-4　平均能量的统计表

能量分析	男　生	女　生	能量分析	男　生	女　生
中性	0.019611	0.0160504	厌恶	0.071423	0.0504586
放松	0.018883	0.0103627	恐惧	0.085798	0.0627066
温顺	0.019618	0.0107869	悲伤	0.043971	0.017968
惊奇	0.079974	0.0904563	焦虑	0.136972	0.0620825
喜悦	0.074057	0.09131398	愤怒	0.152434	0.1202182
轻蔑	0.033893	0.0154458	—	—	—

3. 短时过零率

短时过零率表示一帧语音中语音信号迫性穿过横轴(零电平)的次数。过零分析是语音时域分析中最简单的一种。对于连续语音信号,过零即意味着时域波形通过时间轴,而对于离散信号,如果相邻的取样值改变符号则称为过零,过零率就是样本改变符号的次数。

语音信号 $s_n(m)$ 的短时过零率为

$$Z_n = \frac{1}{2} \sum_{m=0}^{N-1} |\operatorname{sgn}[s_n(m)] - \operatorname{sgn}[s_n(m-1)]| \tag{4-3}$$

式中,N 为帧长,n 表示的是第 n 段语音信号,符号函数 $\operatorname{sgn}[]$ 关系式为

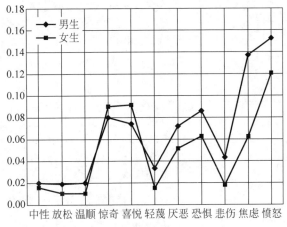

图 4-4 能量分析分布图

$$\mathrm{sgn}[x]=\begin{cases}1, & x \geqslant 0 \\ -1, & x < 0\end{cases} \tag{4-4}$$

4. 基音频率

通过对语音信号产生过程的了解,在发出浊音时,声门波形成的周期性脉冲,即声带的振动周期被称作浊音的基音周期,基音频率即为其倒数,简称基频,通常用 F_0 表示。基频值取决于声带大小、厚薄、松紧程度以及声门上下之间的气压差效应等。基音频率及其相关参数在语音领域具有重要的作用。在汉语中,基频的变化模式被称为音调。根据众多学者的研究发现,随着情感的不同,基音频率体现出以下规律:处在激动情感下如愤怒的人所表达出的语音的基频较高,变化范围较大;处于低落情感如悲伤的人所表达的语音的基频较低,变化范围较小;处于平静情感下的人所表达出的语音的基频则相对稳定。表 4-5、图 4-5 显示的两个不同情感的语句,但无论是中性语句还是喜悦语句,每个音节的基频曲线都表现出了相应的声调,同时两条基频曲线中各个声调曲线之间的连接关系也是相似的。对于喜悦情感的语句而言,这种情感使得基频升高,基频变化范围加宽,语速加快等;从细节上看,每个音节又有其自身的基频走势特点。这些特点使得对汉语情感语音声学特征的分析更加复杂,如图 4-6 所示。

表 4-5 平均基音频率的统计表

情感特征	性别	mean F_0	情感特征	性别	mean F_0
中性	男	117.4512	厌恶	男	177.36
	女	220.0244		女	282.61284
放松	男	127.9446	恐惧	男	206.9959
	女	238.73201		女	389.94216
温顺	男	125.7216	悲伤	男	143.7587
	女	262.61191		女	275.89825
惊奇	男	196.2227	焦虑	男	222.3937
	女	255.36221		女	257.60782
喜悦	男	187.515	愤怒	男	221.117
	女	249.06049		女	264.4724
轻蔑	男	137.2836	—	—	—
	女	223.66538		—	—

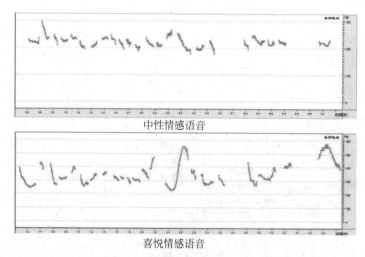

中性情感语音

喜悦情感语音

图 4-5   不同情感状态下的基频曲线对比

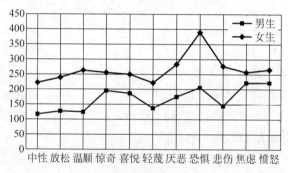

图 4-6   基音频率均值分布图

浊音信号的自相关函数在基音周期的整数倍位置上出现峰值,而清音的自相关函数没有明显的峰值出现。因此检测自相关函数是否有峰值就可以判断是清音还是浊音,而峰-峰值之间对应的就是基音周期。影响从自相关函数中正确提取基音周期的最主要因素是声道响应。当基音的周期性和共振峰的周期性混在一起时,被检测出来的峰值可能会偏离原来峰值的真实位置。另外,在某些浊音中,第一共振频率可能会等于或低于基音频率。此时,如果其幅度很高,它就可能在自相关函数中产生一个峰值,而该峰值又可以同基音频率的峰值相比拟。

对于离散语音信号 $s(n)$,它的自相关函数定义为

$$R(k) = \sum s(n)x(n-k)$$

(4-5)

如果信号 $s(n)$ 具有周期性,那么它的自相关函数也具有周期性,而且周期与信号 $s(n)$ 的周期性相同。自相关函数提供了一种获取周期信号周期的方法。在周期信号周期的整数倍上,它的自相关函数可以达到最大值,因此可以不考虑起始时间,而从自相关函数的第一个最大值的位置估计出信号的基音周期,这使自相关函数成为信号基音周期估计的一种工具。

由于语音信号的低幅值部分可以提供很多共振峰信息,而高幅值部分则可以提供比较多的基音信息,因此采用中心削波函数对低幅值部分利用非线性方法进行削减和抑制,可以

有效地提升利用相关法计算基音频率的性能。中心削波函数如下：

$$y(n) = \begin{cases} s(n) - T, & s(n) > T \\ s(n) + T, & s(n) < -T \\ 0, & |s(n)| < T \end{cases} \tag{4-6}$$

式中，$s(n)$ 表示输入信号，T 表示削波电平，$y(n)$ 表示削波所获得的序列。削波电平的取值对于削波函数非常重要，一般为 $60\% \sim 70\%$ 最大幅度。

语音信号是非平稳的信号，所以对信号的处理都使用短时自相关函数。短时自相关函数是用短时窗截取一段信号计算自相关函数 $R_n(k)$：

$$\begin{cases} R_n(k) = \sum_{m=0}^{N-k-1} S_n(m) S_n(m+k) \\ S_n(m) = s(n+m) w_1(m) \\ S_n(m+k) = s(n+m+k) w_2(m+k) \\ w_1(m) = 1, \quad 0 \leqslant m \leqslant N-1 \\ w_2(m) = 1, \quad 0 \leqslant m \leqslant N-1+k \end{cases} \tag{4-7}$$

式中，$S_n(m)$ 表示经过加窗函数处理的语音信号；$w_1(m)$ 和 $w_2(m)$ 为窗函数，窗长分别为 N 和 $N+k$，n 表示第 n 段语音信号。通过自相关函数可获得基音频率，进而计算出基音频率的值。若短时自相关函数的最大值小于短时能量的 25%，则基音周期为 0，否则基音周期为自相关函数取最大值时的 k 值。

本节针对时长、语速、停顿、能量、基音频率等不同的声学特征与情感状态之间的关联程度采用一个典型数据库进行定性与定量的分析，虽然在不同数据库上得到的分析结论会存在一定差别，但总体分布比较接近。

4.1.2　语音谱特征

语音韵律特征主要是基于时序信号进行计算的，时域分析具有简单、运算量小、物理意义明确等优点，但它的缺点是不能压缩维数，且不适于表征幅度谱特性。基于谱的相关特征被认为是声道形状变化和发声运动之间相关性的体现。语音中最重要的感知特性反映在其功率谱中，它对于语音分析来说更为有效。例如，频谱、频谱包络、倒谱系数、共振峰等。语音中的情感内容对频谱能量在各个频谱区间的分布有着明显的影响。例如，表达高兴情感的语音在高频段表现出高能量，而表达悲伤的语音在同样的频段却表现出差别明显的低能量。

1. 线性预测倒谱系数

线性预测分析从人的发声机理入手，通过对人的声道的短管级模型的研究，认为系统的传递函数符合全极点数据滤波器的形式，从而某一时刻的信号可以用之前若干时刻的信号的线性组合来估计。通过使实际语音的采样值和线性预测采样值之间达到均方误差最小，即可得到线性预测系数。

在语音信号的线性预测模型中，语音信号样本 $s(n)$ 可以由如下差分方程构建：

$$s(n) = \sum_{k=1}^{p} a_k s(n-k) + Gu(n) \tag{4-8}$$

式中，$u(n)$为激励函数，G是增益，$\{a_k, k=1,2,\cdots,p\}$是线性系数，相应的数字滤波器传递函数 $H(z)$ 为

$$H(z) = \frac{S(z)}{Gu(z)} = \frac{1}{1-\sum_{k=1}^{p}a_i z^{-k}} \tag{4-9}$$

其中，$S(z)$为信号$s(n)$在Z域上的变换，$u(z)$为激励函数$u(n)$在Z域上的变换，p为线性预测器的阶数。

根据最小均方误差对该模型参数进行估计，就得到了线性预测编码算法，求得的参数即为线性预测系数。更常用的是基于线性预测系数进一步得到的线性预测倒谱系数，它是一种同态信号处理方法。既然线性预测也是一种参数谱估计方法，而且其系统函数的频率响应 $H(e^{j\omega})$ 反映了声道的频率响应和被分析信号的谱包络，因此用 $\log|H(e^{j\omega})|$ 作反傅里叶变换求出的倒谱系数，是一种描述信号的有效参数。基于线性预测系数分析的倒谱系数可以用以下公式进行标识，a_k 表示线性预测系数，G 为增益，p 为线性预测器的阶数，线性预测倒谱系数为

$$c(n) = \begin{cases} 0, & n < 0 \\ \ln(G), & n = 0 \\ a_n + \sum_{k=1}^{n-1}\left(\frac{k}{n}\right)c(k)a_{n-k}, & 0 < n \leqslant p \\ \sum_{k=n-p}^{n-1}\left(\frac{k}{n}\right)c(k)a_{n-k}, & n > p \end{cases} \tag{4-10}$$

线性预测倒谱系数与线性预测系数的不同是在倒频域做了截短，相当于在频域进行了倒谱窗平滑，使共振峰展宽了。其主要优点是比较彻底地去掉了语音产生过程中的激励信息，主要反映声道响应，而且往往只需要几个倒谱系数就能很好地描述语音的共振峰特征。

2. 共振峰

共振峰是反映声道特性的一个重要参数。声道可以看成一根具有非均匀截面的声管，在发音时起共鸣器作用。当元音激励进入声道时会引起共振特性，产生一组共振频率，这就是共振峰。共振峰是反映声道特性的一个重要参数，考虑到不同情感状态的发音可能使声道有不同的变化，而每种声道形状都有一套共振峰频率作为特征，因此，共振峰也是情感识别的重要特征参数之一。它一般包括共振峰频率的位置和频带宽度。

将式(4-9)表示为各极点级联的形式：

$$H(z) = \frac{1}{\prod(1-z_k z^{-k})} \tag{4-11}$$

式中，$z_k = r_k \exp(j\theta_k)$是 $H(z)$ 在 Z 平面上第 k 个极点，若 $H(z)$ 是稳定的，其所有极点都在 Z 平面的单位圆内，则第 k 个共振峰的频率和带宽分别为 $\theta_k/2\pi T$ 和 $-\ln(r_k/\pi T)$，T 为语音信号采样周期。语音信号的共振峰能由传递函数 $H(z)$ 进行估计，最直接的方式是对 $H(z)$ 进行多项式求根，由所求的根来判断共振峰或谱形状极点。

3. 梅尔频率倒谱系数

线性预测倒谱系数在所有的频率上是线性逼近语音的，这与人的听觉特性不一致，而且线性预测倒谱系数包含了语音高频部分的大部分噪声细节，使其抗噪声性能较差。针对以

上缺陷提出了梅尔频率倒谱系数,并在语音情感识别领域得到广泛应用。

梅尔频率倒谱系数是将人耳的听觉感知特性和语音的产生机理相结合。梅尔频率可以用如下公式表示:

$$f_{\text{Mel}} = 2595\log\left(1 + \frac{f}{700}\right) \tag{4-12}$$

式中,f_{Mel} 描述了人耳频率的非线性特性,f 为频率。

在实际应用中,梅尔频率倒谱系数计算过程(图4-7)如下:

(1)将信号进行分帧、预加重和加汉明窗处理,然后进行短时傅里叶变换并得到其频谱。

(2)求出频谱平方,即能量谱,并用 M 个梅尔带通滤波器进行滤波;由于每一个频带中分量的作用在人耳中是叠加的,因此将每个滤波器频带内的能量进行叠加,这时第 k 个滤波器输出功率谱 $x'(k)$。

(3)将每个滤波器的输出取对数,得到相应频带的对数功率谱;并进行反离散余弦变换,得到 L 个梅尔频率倒谱系数,一般 L 取 $12\sim16$。梅尔频率倒谱系数为

$$C(n) = \sum_{k=0}^{N-1} \log x'(k)\cos\left[\frac{\pi(k-0.5)n}{N}\right], \quad n = 1, 2, \cdots, L \tag{4-13}$$

(4)将这种直接得到的梅尔频率倒谱系数作为静态特征,再将这种静态特征做一阶和二阶差分,得到相应的动态特征。

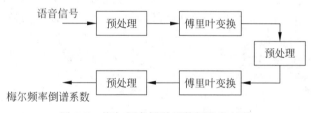

图 4-7   梅尔频率倒谱系数提取的过程

4.1.3   语音音质特征

声音质量是人们赋予语音的一种主观评价指标,用于衡量语音是否纯净、清晰、容易辨识等。对声音质量产生影响的声学表现有喘息、颤音、哽咽等,并且常常出现在说话者情感激动、难以抑制的情形之下。语音情感的听辨实验中,声音质量的变化被听辨者们一致认定为与语音情感的表达有着密切的关系。

1. 基频抖动和振幅抖动

焦虑语音会出现"基频抖动"现象。基频抖动是描述测量到的基频值的变化程度,是由相邻一段时间内的基频值来推测出当前的基频值这个预测出来的结果和实际基频之间的差。影响基频抖动分布的因素有基频值的强烈变化、声源类型的不同、重音模式的变化等,这些因素的实现是靠着生理器官的作用才得以完成,比如情感的变化会导致声带肌肉紧张度、气流的体积速度、声道表面的坚硬或柔软变化的命令。基频抖动产生的原因,包括生理上的原因(带有个人信息的,也是在某人说话中不会发生变化的部分)、情感的突变(基频的变化、声源的变化)、声调的变化、音强的变化等。但是,几乎所有的发音器官都可能是基频抖动的产生来源,我们感知到的基频抖动是一个综合作用的结果。在情感分析中,不同的说

话模式下都有其特有的基频抖动分布模型。因此,通过语音分析情感时,在不同的语境环境下也会带来不同的基频抖动分布模式。

$$\text{jitter}_{\text{absolute}} = \sum_{i=2}^{N} \frac{|T_i - T_{i-1}|}{(N-1)} \tag{4-14}$$

式中,T_i 是第 i 个周期的时长,N 是周期数目,$\text{jitter}_{\text{absolute}}$ 计算得到所有相邻周期的差值的绝对值平均。平均周期的定义为

$$\text{meanPeriod} = \sum_{i=1}^{N} \frac{T_i}{N} \tag{4-15}$$

其中,T_i 和 N 分别是第 i 个周期时长和周期数目。

基频抖动的定义为

$$\text{jitter} = \frac{\text{jitter}_{\text{absolute}}}{\text{meanPeriod}} \tag{4-16}$$

振幅抖动反映的是周期间振幅的变化,与基频抖动类似。定义将以上公式换成振幅即可。

2. 谐波噪声比和噪声谐波比

谐波噪声比和噪声谐波比是常见的用于度量语音信号中的噪声多寡的度量方法。谐波噪声比描述语音信号周期部分与噪声部分的比值,主要反映声音的嘶哑程度。

语音信号 $f(t)$ 可以认为是周期信号 $f_r(t)$ 的连接,又因为噪声具有零均值分布,所以当有足够多的 $f_r(t)$ 在一个周期中叠加,就可以去除噪声成分,剩余的就是谐波成分。

平均波为

$$f_a(t) = \frac{\sum_{r=1}^{n} f_r(t)}{n} \tag{4-17}$$

式中,n 是基频周期数,如 $T_{\max}$ 为所有周期中最大周期,T_i 为每个周期的长度,则可设 $f_l(t)=0, T_i<t<T_{\max}$,即对信号进行补零。

$f(t)$ 谐波成分的能量定义为

$$H = n \sum_{t=0}^{T_{\max}} f_a^2(t) \tag{4-18}$$

$f(t)$ 噪声成分的能量定义为

$$N = \sum_{l=1}^{n} \sum_{t=0}^{T_i} [f_l(t) - f_a(t)]^2 \tag{4-19}$$

则谐波噪声比定义为

$$\text{HNR} = 10\log\left(\frac{H}{N}\right) \tag{4-20}$$

噪声谐波比的定义与此类似,其定义为

$$\text{NHR} = 10\log\left(\frac{N}{H}\right) \tag{4-21}$$

3. 熵特征参数

能量熵是对时延嵌入信号进行正交变换求出语音信号在频域的能量分布,表征了信号

能量集中在空间某一维上的概率大小,语音和噪声能量在空间的不同,会有不同的概率分布,导致了不同大小和范围的能量熵。定义概率密度函数为

$$p_i = \frac{\lambda_i}{\sum\limits_{i=1}^{M} \lambda_i}, \quad i = 1, 2, \cdots, M \tag{4-22}$$

式中,λ_i 为第 i 维的特征值,p_i 为主分量方差贡献率,也可看成信号能量集中在第 i 维的概率大小,则第 k 帧的能量熵 H_k 为

$$H_k = -\sum_{i=1}^{M} p_i \ln p_i \tag{4-23}$$

谱熵是通过傅里叶变换求出信号在频域的能量分布,表征了一帧信号能量集中在某一个频率点的概率大小。根据熵的特性可以知道,分布越均匀,熵越大,能量熵反映了每一帧信号的均匀程度,如说话人频谱由于共振峰存在显得不均匀,而白噪声的频谱就更加均匀,借此进行端点检测便是其中的典型应用。语音和噪声频谱的分布不同,导致不同大小和范围的谱熵。谱熵代表了信源在频域空间的能量分布的平均不确定性。

谱中心是傅里叶变换幅度谱的重心。它确定了谱能量最集中的点,与信号中最主要的频率有关。频谱中心又称为频谱一阶距,频谱中心的值越小,表明越多的频谱能量集中在低频范围内。谱中心为

$$C_t = \frac{\sum\limits_{n=1}^{N} M_t[n] \times n}{\sum\limits_{n=1}^{N} M_t[n]} \tag{4-24}$$

其中,$M_t[n]$ 表示第 t 帧信号的幅度谱中的第 n 个值。

频谱通量描述的是相邻帧频谱的变化情况,是相邻两帧谱的差的二阶矩,它衡量能量谱变化的快慢,可以用来确定语音信号的音色。谱通量为

$$F_t = \sum_{n=1}^{N} (N_t[n] - N_{t-1}[n])^2 t \tag{4-25}$$

其中,$N_t[n]$ 和 $N_{t-1}[n]$ 分别表示第 t 帧和第 $t-1$ 帧信号的幅度谱的第 n 个归一化幅值。

4.1.4 功能性副语言特征

副语言作为人际交流的辅助工具,在表达情感、交流思想中发挥重要作用。副语言是指通过人体及其附件的部分形态和变化传递信息、交流思想、表达情感的辅助性非语言表达形式,包括语言的伴随音和功能发音等语言样本。副语言是一种附带的语言符号,在交际中主要对语言起辅助作用。在语言的本质和表现形式上,副语言和语言有很大的区别。从语言的起源来看,人类首先掌握和使用的交流工具是副语言。在人类语言的早期,它是表达情感、相互交流的主要方式,随着后天语言的学习,逐渐被用作人类情感交流的辅助工具。但可以肯定的是,只要人类存在语音语言,必然伴随着副语言,两者是无法相互密切区分的。

副语言的分类有广义和狭义之分。从广义的角度对副语言进行分类,可以将所有非语言信息划分为副语言范畴,如体形词、音量、音高、情感等信息。有将倾向、态度、感情等表示

非语言的信息作为副语言信息进行研究的文献。在人与人的对话系统中,将除语言以外的其他信息作为副语言信息来帮助识别消极态度和积极态度,副语言分为确定、怀疑、犹豫等。从狭义的角度对副语言进行分类,主要是指伴随语音而来的某种突发现象,比如哭声、笑声、呻吟、叹息、咳嗽、鼻音、吱吱、尖叫等,我们称之为功能性发音。在人们的实际交流中,这种功能性的副语言携带着大量的信息。

功能性副语言作为副语言的分类之一,在人类情感交流中起着重要的辅助作用,比如人们经常用笑来表达自己喜悦的情感状态,用哭声来发泄自己的悲伤,用疑问声来表达自己的惊讶。另外,在实际交流中出现频率较高,因此具有重要的研究价值。但是,上述对功能性副语言的应用是有限的,对功能性副语言有效辅助语音情感还尚缺乏系统研究,目前,还没有一个情感语音库能够包含各种功能性副语言。

功能性副语言具有以下几个优点:①功能性副语言受环境因素影响小,比较不敏感,比传统的语音情感特征可靠性高;②承载大量情感信息,在日常生活中较为常见;③属于语音处理范畴,操作简便。因此,功能性副语言具有重要的应用价值。如何有效利用功能性副语言信息,使其在情感分类过程中起到正面作用,即如何巧妙融合副语言信息和传统语音情感信息,使功能性副语言信息尽可能提高传统语音情感识别率,是亟待解决的技术难题。不同的情感类别与功能性副语言有着明显的对应关系。功能性的副语言类别“笑”对应于典型的情感状态“喜悦”,功能性副语言类别“悲伤的哭泣”对应于典型的情感状态“悲伤”,功能性副语言类别“质疑音”对应典型的情感状态“惊讶”,功能性副语言类别“尖叫”对应于典型的情感状态“愤怒”,功能性副语言类别“叹息”对应于典型的情感状态“厌恶”。

4.1.5　其他语音特征

深度学习实现复杂输入数据的高效处理,智能学习不同知识而且能够有效地解决多种复杂的智能问题。深度学习旨在研究一种从数据中自动提取多层特征表达的方法。其核心思想是数据驱动的方式,采用一系列非线性变换,从原始数据中提取底层到上层、具体到抽象、一般到特定意义的特征,实现数据更本质的刻画。通过神经网络模型提取更具区分性的深度语音特征参数的研究得到了更为广泛的关注,获得了优于手工特征的性能。

本节重点介绍利用无监督学习提取有效的语音情感特征的方法。这里的无监督学习是指语音数据没有情感标签,通过一些无监督学习算法自动发现数据中的层次结构和内在分布,从而更好地编码原始数据,期望从原始数据中得到更好的仿真特征,同时期望达到降低特征维度的目的。许多典型的无监督学习网络用于提取深度语音情感特征,包括深度信念网络、自编码器、降噪编码器、变分自编码器、对抗自编码器等。

如图 4-8 所示,自动编码器是非常典型的无监督神经网络模型,它可以学习输入数据的隐式特征,同时也可以用学习到的新特征重建原始输入数据。直观地看,自动编码器可用于特征降维,类似于主成分分析,但性能优于主成分分析。这是因为神经网络模型可以提取更有效的新特征。由于降噪自动编码器将原始输入的语音信号添加了部分噪声,因此所获得

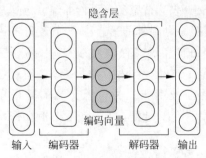

图 4-8　自动编码器示意图

的情感特征显示出更稳健的特性。许多研究人员利用自编码器提取语音情感特征,通过将语音情感数据输入自编码器,利用重建损失函数进行训练。目的是获得更低维的编码向量,去除冗余信息,更好地表征原始语音数据。

研究人员更强调基于降噪编码器建立模型,获得情感关联的特征表示,去除情感关联的信息。模型结构如图 4-9 所示,模型的输入是干净的语音,语音叠加噪声后,分别输入两个隐藏层,一个表示中性无情感信息,另一个表示情感相关信息,将两个信息融合得到重建输入并获得更好的特征表示,以从输入信号中分离情感信息。与使用传统的降噪自编码器相比,利用该模型抽取的语音情感特征向量可以获得更优的性能。

另外,一些改进的算法用于产生与输入数据相同的分布,如变分自编码器(图 4-10)和对抗自编码器(图 4-11)。研究人员对这些网络结构进行了统一分析,变分自编码器和对抗自编码器可以获得比降噪编码器和基线更好的性能。因此,在特征学习中,我们更加强调基于语音情感数据的内在结构建模,以获得更优的实验效果。经过对抗自编码器的训练,不同类别的语音情感向量可以进行有效的聚类,具有显著的区别性,因此可以有助于提高语音情感识别的性能。

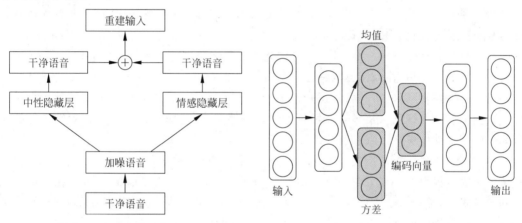

图 4-9　自编码器重构过程　　　　　图 4-10　变分自编码器示意图

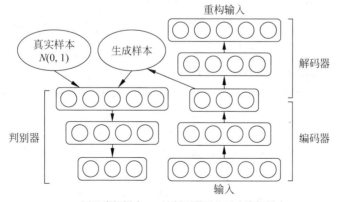

图 4-11　对抗自编码器示意图

4.2 视频情感特征

视频情感特征根据所提特征的泛化性可将其分为两大类,即通用特征和专用特征。所谓通用特征是指在计算机视觉中普遍使用的特征,如 Gabor 特征等。而专用特征是针对情感识别这一特定的任务而设计的能够区分不同情感的特征,最具代表性的就是利用深度网络学习出来的特征表示。本节将主要介绍一些在面向视频的情感识别任务的常用特征,包括 Gabor 特征、局部二值模式特征、基于区分性学习的情感特征、基于三正交平面的表情描述特征、基于光流法的表情描述特征、深度视频特征以及面部表情编码系统。

4.2.1 Gabor 特征

Gabor 变换最初是由 Gabor 于 1946 年提出,目的在于从傅里叶变换中提取局部时间范围的局部信息,采用高斯函数作为窗口函数,解决了传统傅里叶变换的不足。随着小波变换与神经生物学的发展,二维小波变换得到了快速发展。一般认为,Gabor 特征具有高鲁棒性和高生物学相似性。从生物学的角度,Gabor 滤波器能够模拟动物眼睛对于外界环境的感知过程,有效增强图片中的纹理特征信息,从而提取出外显的图片信息。从数学角度分析,人脸图像是具有亮度值的二维矩阵,不同的光照使得人脸图片具有一定的差异性,而 Gabor 小波对光照的变化不敏感,在提取特征信息时,Gabor 特征能够表现出对光照变化的良好适应性,因此在跨图像库之间的表情识别中基于 Gabor 特征的分类器拥有更高的鲁棒性。基于人脸图像本身的特点以及 Gabor 特征的优良特性,可以选择 Gabor 特征作为纹理特征对所划分的表情动作显著区域进行特征提取。

利用 Gabor 小波提取图像的特征以进行情感识别是一种非常经典的方法。一般来说,具体的实验步骤为:①对图像进行预处理;②利用 Gabor 小波提取出不同显著区域中的 Gabor 特征;③融合得到的多区域特征对人脸表情动作区域进行识别。图 4-12 展示了 Gabor 小波核及其相应的特征幅值。

4.2.2 局部二值模式

局部二值模式(Local Binary Pattern,LBP)是一种用来描述图像描述局部特征的算子,它最早是芬兰奥卢大学的奥贾拉等于 1994 年提出的一种高效的用于提取图像局部纹理特征的描述子,具有计算简单、效果好等优点。

原始的 LBP 算子是将所选像素值和它周围 3×3 个像素值逐一作差值运算,如果差值小于或等于 0,就将相邻像素值置 0,如果差值大于 0,就将相邻像素值置 1。在 3×3 邻域内,将经过比较得到的 8 位二进制数按照顺时针或者逆时针的顺序排列将会产生一个 8 位二进制数,并计算其对应的十进制数,很显然所对应的十进制数为 0~255,最后将求得的这个大于或等于 0 且小于或等于 255 的数定义为该像素点的 LBP 编码。

若原始图像为彩色图像,需先转换为灰度图像,再进行 LBP 值的计算。原始 LBP 特征的编码过程如图 4-13 所示。

这里需要指出的是,3×3 大小的局部邻域使得 LBP 算子具有很大的局限性,并且如果图像发生旋转,将会产生不同的 LBP 算子。针对上述问题,将原来的 LBP 算子进一步改进

图 4-12　Gabor 小波核及其对应的特征幅值

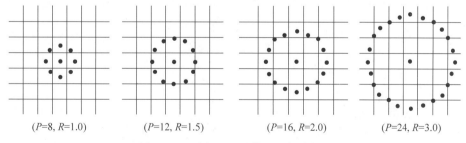

图 4-13　LBP 特征的编码过程

成了 $\text{LBP}_{P,R}^{riu2}$ 特征描述子,其中参数 R 代表圆形邻域的半径,图 4-14 展示了 P、R 取不同值时的几个圆形对称邻域的示意图。对于刚好没有落在像素上的邻域值通过双线性插值来进行估计。由于像素之间的相关性随距离的增加而减小,所以图像中的许多纹理信息可以从局部邻域获得。

| (P=8, R=1.0) | (P=12, R=1.5) | (P=16, R=2.0) | (P=24, R=3.0) |

图 4-14　不同 P、R 取值下的邻域情形

4.2.3　基于区分性学习的情感特征

所谓区分性学习就是通过设计某种目标函数来扩大类内距离并同时缩小类间距离,以达到区分性学习的目的。在情感识别中,这类方法的主要思想是:首先,选择出面部中与表

情相关的区域;然后,对这些区域分别进行区分性学习以得到不同部分的区分性映射矩阵;最后,对测试样本来说,融合不同区域的分类结果来判断测试样本属于哪一类。本节主要介绍线性判别分析(Linear Discriminant Analysis,LDA)算法在情感识别中的应用。

LDA 是费舍尔于 1936 年提出的,基本思想是寻找一个最优投影向量集,每一列向量为一个投影方向,列向量的个数就是最终的特征维数。将样本数据投影到该列向量方向上,使得投影后的数据具有更大的类间散度距离和更小的类内散度距离。首先,获得面部图像中与表情相关的区域,并进行特征提取;然后,利用 LDA 算法计算得到具有区分性的特征;在此基础上将特征送入分类器进行分类。

4.2.4 基于三正交平面的表情描述向量

三正交平面(Three Orthogonal Planes,TOP)最初是由芬兰奥卢大学的赵国英提出,它可以被看作是一种聚合帧水平特征到视频水平特征的方法。该方法具有简单、易操作和可移植性强的特点,因此自从 2007 年被提出以来一直受到人们的关注。该方法最初以三正交平面的局部二值模式(Local Binary Patterns from Three Orthogonal Planes,LBP-TOP)的形式被提出。

通常一个视频序列被认为是在 T 轴上的 XY 平面,但是容易被人们忽略的是一个视频序列也可以被看作是 Y 轴上的 XT 平面和 X 轴上的 YT 平面的堆叠。在 XT 平面和 YT 平面能够得到空间纹理信息随时间变化的动态信息。基于此,中心像素被认为处在三个正交平面 XY、XT 和 YT 上,然后分别在每个单独的平面上提取局部二值模式直方图特征,最后将所有的直方图特征依次连接在一起,形成完整的 LBP-TOP 特征描述子。图 4-15 和图 4-16 分别展示了 LBP 在三个正交平面上的邻域采样情况和 LBP-TOP 描述子的生成过程。

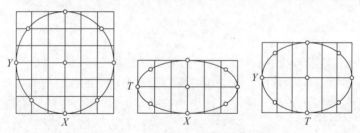

(a) XY 平面上的采样邻域　(b) XT 平面上的采样邻域　(c) YT 平面上的采样邻域

图 4-15　三个正交平面上的采样邻域

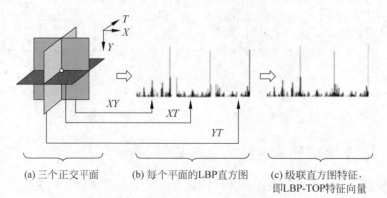

(a) 三个正交平面　(b) 每个平面的 LBP 直方图　(c) 级联直方图特征,
即 LBP-TOP 特征向量

图 4-16　LBP-TOP 描述子的生成过程

在最终得到的直方图中,基于三个正交平面的 LBP 特征获得了动态纹理的有效描述。从 XY 平面上提取到的特征包含关于外观的纹理信息,从 XT、YT 平面上提取到的特征其实是在水平和竖直方向上的纹理信息随时间变化的统计描述。将这三个直方图级联起来,利用时间和空间特征建立了动态纹理的全局描述。由此可见,三个平面正交的局部二值模式是将基于单平面的局部二值模式从二维空间扩展到三维空间,同时也将平面纹理信息扩展到动态纹理信息。与提取单幅图像的描述向量类似,为了提取视频的 LBP-TOP 特征,首先也要对视频进行网格划分,如果将整段视频看成是一个长方体,那么对视频进行网格划分就相当于将整个长方体切成相同的小长方体的过程;然后提取每一个块内的 LBP-TOP 特征并进行归一化,最后将每一个块的特征向量级联到一起形成视频水平的特征向量,图 4-17 展示了整个流程。

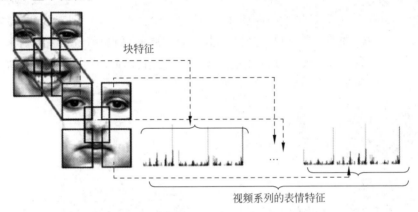

图 4-17　面部的 LBP-TOP 特征生成过程

4.2.5　基于光流法的表情描述向量

光流是用来反映空间运动物体在观察成像平面上的像素运动的瞬时速度,是利用图像序列中像素在时间域上的变化以及相邻帧之间的相关性来找到上一帧跟当前帧之间存在的对应关系,从而计算出相邻帧之间物体的运动信息的一种方法。光流法有三个前提假设:①光照不变性条件,即假设在任意一点处的光照强度不随时间变化而变化;②相邻帧之间的取帧时间是连续的,或者说相邻帧之间物体的运动比较"微小";③保持空间一致性,也就是说同一子图像的像素点具有相同的运动。

图像光流虽然捕获了图像的运动特征,但是由于其具有维数高、冗余大的特点,所以无法直接用来进行识别,为此,一般采用类似于人脸识别的方法来进行处理,具体分为两个步骤:①建立数据空间特征基底。将每个训练样本的矩阵数据向量化,即矩阵按列依次排列构成向量。定义 $cov(x_a, x_b)$ 为样本 a 与样本 b 所生成向量的协方差,并计算该矩阵的特征值和特征向量。将所获得的特征值由大到小排列,选取前 s 个特征值所对应的特征向量,并将特征向量长度归一化,并称这个矩阵为样本数据的基底。②基底系数特征提取。将测试样本 y 向基底空间做映射,得到的系数作为该测试样本的特征表示。

4.2.6　深度视频特征

深度学习可以有效地处理高维数据,并且能够解决诸多复杂问题。其核心思想是通过数据驱动的方式,构建具有诸多隐含层的机器学习模型,来学习更高效的特征,从而在特定任务上达到较优的性能。与人工提取的特征相比,深度特征更能够刻画更为丰富的内在信息。

深度视频特征具有一定的可解释性。1958 年,休伯尔和威塞尔由于发现了一种被称为"方向选择性细胞"的神经元细胞。当瞳孔发现了眼前的物体的边缘,而且这个边缘指向某个方向时,这种神经元细胞就会活跃。这个发现激发了人们对于神经系统的进一步思考。神经-中枢-大脑的工作过程,或许是一个不断迭代、不断抽象的过程。后续研究则进一步表明人的视觉系统的信息处理是分级的。如图 4-18 所示,从低级的 V1 区提取边缘特征,再到V2 区的形状或者目标的部分等,再到更高层,整个目标、目标的行为等。也就是说高层的特征是低层特征的组合,从低层到高层的特征表示越来越抽象,越来越能表现语义或者意图。而抽象层面越高,存在的可能猜测就越少,就越利于分类。这一生理学发现促成了计算机人工智能的突破性进展。通过对神经网络不同隐含层的可视化,我们发现神经网络的底层刻画的是边缘信息,中间层则将底层的边缘信息进行组合,而高层能够抽取更加复杂的语义信息。这一发现和生理学研究不谋而合。

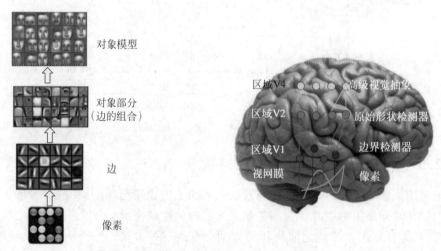

图 4-18　人脑不同区域对于图像的抽象表征

本节主要介绍利用无监督学习来提取有效的视频情感特征。无监督学习是一种机器学习方法。在无监督学习中,数据不带有任何标签,需要利用无监督学习算法,自动发现数据中的层次结构和内在分布,从而更好地对原有的数据进行编码,以期获得对原有数据更好的模拟表征。常用的无监督学习方法包含"预测编码"。

"预测编码"是一类无监督学习方法。它通过预测未来、缺失以及邻域内的信息,学习到高层的特征表达。"预测编码"这一概念起源于音频数据压缩。心理学研究表明,"预测编码"能够对观察内容进行不同程度的抽象。通过"预测编码"的思想,将灰度图作为输入,通过神经网络,预测其相应的彩色图。在 Lab 颜色模型下,输入图片的 L 通道,使用一个卷积神经网络预测对应的 ab 通道取值的概率分布,最后转化为 RGB 图像结果。为了验证利用"预测编码"抽取的深度特征的有效性,将上述网络编码器的权重固定,在分类、分割、识别三个任务上进行实验,取得了较好的实验结果。

另一种思路是将图像块的位置信息作为缺失信息。输入包含两个图像块 $X=(A,B)$,输出图像块 B 相对于图像块 A 的相对位置。文中定义了 8 种相对位置,分别标号为 1~8,如图 4-19 所示。将位置预测问题转化为分类问题。如图 4-20 所示,输入是两个图像块,通过多层卷积、池化操作,获取每个图像块的高层表示。然后将两个图像块的信息拼接,利用三层全连接操作,输出 8 维的后验概率。为了验证利用"预测编码"抽取的深度特征的有效性,将图像块编码器的权重固定,在目标检测任务上进行实验,取得了较好的实验结果。

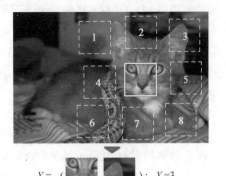

$X=$ (,); $Y=3$

图 4-19 相对位置预测任务

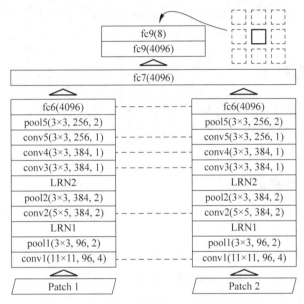

图 4-20 相对位置预测任务采用的网络结构

4.2.7 面部表情编码系统

艾克曼和弗里斯等美国著名的心理学家提出了跨种族、年龄和文化的 6 种常见脸部表情。为了定性研究人脸所表现出来的情感和我们脸部区域肌肉的某种特殊联系,两位学者阐述了一种可以比较准确地描述人脸肌肉的运动状态的面部动作编码系统(Facial Action Coding System,FACS)。此编码系统根据人脸部区域的结构特性和人脸部区域的肌肉舒展状态,将整个人脸划分成多个没有关联的不同运动单元(Action Units,AU)。其中的不同组合可以在脸部区域组成常见的表情,同时可以在脸部区域产生幸福、痛苦等多重的情感变化。两位研究学者取得的成果为表情识别奠定了重要的理论基础,并促进了后续的人脸表情研究。该系统能客观量化地记录所有可通过肉眼辨别的面部运动。在这个系统中还定义了 6 种最基本的表情:惊奇、恐惧、厌恶、愤怒、高兴、悲伤,以及 33 种不同的表情倾向。

FACS 是以人脸面部各个肌肉群作为动作单元对其不同运动类别进行编码分类的系统,FACS 中一共定义了 44 种面部动作编码,每一种表情都是由不同的面部动作编码组成,从而利用多种不同的 AU 组合表示不同的人脸面部表情。例如,人类愤怒的表情主要有如下几个动作单元激活产生:眉毛下垂(AU4)、上眼睑提升(AU5)、眼睑收紧(AU7)、下颚下垂(AU26),根据每个动作单元对应肌肉收缩程度大小,对应相应标注编码幅值的大小,从而该面部单元组合的表情会相对传递一定程度的愤怒表情。每个运动单元具有不同的位置和强度,强度分为 3 个或 5 个等级。例如,AU4 由弱到强的强度可依次用 AU4A、AU4B、AU4C、AU4D 和 AU4E 表示。

目前,通过面部动作编码进行人脸表情识别已经成为表情识别方法中的热点之一,国外已经有许多针对面部动作单元(AU)定位和检测及其在表情识别中应用的研究。研究者们进一步揭示了运动单元与肌肉运动之间的关系,提供了表情识别的心理学方面的依据。伊森等把提取的新运动单元命名为 FACS+,它基于物理和几何模型,用模板匹配的方法识别表情。国内的研究中提出了改进的 FACS 面部动作编码,把运动单元的运动转化为基于物理结构和肌肉模型的运动特征向量序列对眼部和嘴部分别进行表情编码,相应的运动基于 FACS 的规则,同时又克服了 FACS 的弱点。

4.3 文本情感特征

文本情感特征的准确提取是文本情感识别中的主要挑战之一,文本情感分析结果的可靠性和情感识别的正确率依赖于情感特征的准确提取。本节从词典构建、文本特征参数、特征选择几个维度进行介绍。

4.3.1 情感词典的构建

通过网上的相关资源,如包含正负情感词的《学生褒贬义词典》、搜狗的词库资源、知网的正负情感词资源、中国台湾繁体字情感词资源,一种综合考虑的方法是:在每一个词典中,正向词情感分为 1,负向词情感分为 −1,中性词情感分为 0。假设我们有 N 份情感词词典资源,为每一份词典赋予相对的权重,加权得到其总情感分,作为其在新词典中的情感分数,这样可以避免一些主观因素:

$$\text{Score} = \sum_{i=1}^{N} \text{Weight}_i \times \text{Score}_i \tag{4-26}$$

其中,Weight_i 表示第 i 份情感词典对应的权重,Score_i 表示情感词在第 i 份情感词典中对应的分数,Score 表示情感词在新词典中的情感分数,$\sum_{i=1}^{N} \text{Weight}_i = 1$。

通过建立情感词、词性、情感得分三元组<情感词,词性,情感得分>可以得到一个可用的情感词词典,表 4-6 是其中的一个例子。

表 4-6　情感词词典实例

情　感　词	词　　性	情　感　得　分
崇拜	动词	0.91
喜欢	动词	0.88
讨厌	形容词	0.22
⋮	⋮	⋮

极性副词作为修饰情感词程度的一类词汇,在情感的极性分析时,极大地影响相关的情感词。极性副词包括极性程度副词和极性否定副词,如"不必""必然""非常""绝不"等,每个副词的强烈程度不同,通常的做法将情感副词划分为几个层级,并为每个层级赋予相对的分值如[−0.8,−0.4,0,0.4,0.8](表4-7)。通过构建程度副词、副词分值二元组<程度副词,副词分值>可以获得极性副词词典。

表 4-7 程度副词词典实例

程 度 副 词	副 词 分 值
十分	0.8
比较	0.4
不必	−0.4
绝不	−0.8
⋮	⋮

在微博、商品评价、新闻评论中表情符号非常普遍,如何正确将这些符号划分为正确的情感十分重要。常用的做法是首先将表情符号转换为对应的文字,再由文字转化为对应的情感极性。但表情符号不同于文本的是它往往更生动,表达的情感更为明显和强烈。还有一些词,比如"熊猫""小狗"这样的中性词,在表情中往往透露出"喜欢"的情感,所以在词典建立时,也要对这部分表情符号进行人工判定。

情感词典可以在篇章/句子、短语/词汇、属性等不同粒度等级的文本环境下对文本情感进行分析。目前,在英文领域的情感词典主要有评价词词典(General Inquirer,GI)、SentiWordNet情感词典等。而在中文领域常用的情感词典主要有知网HowNet情感词典、台湾大学情感词典(National Taiwan University Sentiment Dictionary,NTUSD)以及大连理工大学的同义词词典等。情感词典的构建是情感分析任务的重点和难点,当前情感词典的构建方式主要有3种:基于知识库的情感词典构建、基于语料库的情感词典构建以及知识库与语料库相结合的情感词典构建。基于知识库的情感词典主要是通过从具有情感倾向性的中文词汇中选择常用的情感词构建一个基础的情感词语集,利用义原、义项以及关系特征等方面获取词间关系来得到。基于语料库的情感词典构建方法主要用于领域情感词典,领域情感词典具有专有性、高效性等特点,且更具使用价值。常用的构建方法主要有连词关系法以及词语共现法。连词关系法采用句子中的连词对句子词汇进行情感极性的判断,依据情感极性的变化来确定补充情感词的情感极性分类。词共现法则利用逐点互信息来计算两个词语的共现程度,并依靠基础情感词典的正向与负向词来判断词语极性。

知网Hownet情感词典提供了关于中文词汇级别的研究成果。词典中只列出了情感词,但并不包括词的词性及强度等信息。该词集最大特点是将褒、贬两类细化为"正|负面情感词典"、"正|负面评价词典"、"主张词词典"及"程度词词典"。

NTUSD是台湾大学自然语言处理实验室总结整理的中文情感词典。NTUSD和Hownet情感词典一样,也被广泛应用于情感分析的研究中。其中,包含2810个正向的情感词汇和8267个负向的情感词汇。同时,它也只列出了情感词,但并不包括词的词性及强度等信息。

清华大学情感词典是在前人的基础上,综合已有的情感词典和语言学特点等资源构建而成。它由积极词、消极词、否定词、转折词四部分组成,其中,积极词词典和消极词词典还列出了词性及强度信息。具体分布情况见表 4-8。

表 4-8   清华大学情感词典

词　语　集	数　　量	例词(权重)
积极词词典	5634	好评(0.004527767579139098)
消极词词典	8880	道德败坏(2.5209185563449166)
转折词词典	74	然而、但是、反而
否定词词典	35	未尝、从不、极少

针对不同的语言文字,情感词典有所不同。例如哈佛大学编录的 GI 情感词典,主要对每个英文词汇的词性、属性和强度进行了相应的标注,在英文的情感分析中广泛使用。此外,情感词典 Opinion Lexicon 也是很多研究人员选用的基础资源。针对汉语文字,最常用的是知网发布的词典 HowNet,该词典既包括中文也包括英文。柳位平等结合种子词,在 HowNet 基础上形成了中文基础情感词典。另外,还包括张伟、刘缙等的《学生褒贬义词典》;杨玲、朱英贵的《贬义词词典》;史继林、朱英贵的《褒义词词典》等。虽然中文的情感分析研究起步较晚,但是在情感词典构建方面的研究发展迅速,不少研究人员在建立情感词汇本体库时,并不局限于使用单一情感词典。例如,王素格等集成 5 个情感词典的基础上建立情感词表,据此进行情感类别判断。吴江等以 HowNet、《台湾大学情感词典》和《学生褒贬词典》合并去重后形成基础词典,分析网站上的金融文本。

基于知识的词汇语义分析利用知识库计算词语间上下位关系,通过计算词汇概念距离得到词汇的语义相似性。语义知识库对文本的词汇语义分析具有重要影响,它也是自然语言处理领域的基础性设施,对于语言信息的处理发挥了重要的作用。目前主流的语义知识库介绍如表 4-9 所示。

表 4-9   常用语义知识库介绍

语义知识库	语　言	规　模	理论基础
WordNet	英文	111223 个概念;名词、动词、形容词、副词	基于关系的描述理论
FrameNet	英文	458 个框架;4000 条词	框架语义学
中文概念词典	中文,英文	约 7 万个概念	语义知识框架
知网(HowNet)	中文,英文	116533 条词语	义原分析;语义角色;语义关系
同义词词林	汉语	77343 条词语	语义场理论

在词汇语义相似度计算过程中,语义字典往往以知识库作为基本组织形式,词汇的语义在语义字典中往往是将词汇概念以树状结构存储。词汇的概念层次关系是进行词汇间语义相似度计算的重要依据,概念间的语义距离就是在本体图中两个概念的最短路径距离。一般来说,两个概念之间的路径距离越小,它们之间的语义相似度就越大;距离越大,语义相似度就越小。

4.3.2　文本情感特征

在文本情感分类中如何有效地从文本中提取特征是能否将文本情感正确分类的前提,

特征提取就是从一句话或一段话中提取出表示文本情感的基本特征。文本情感特征的选取应该具有如下特征：①可描述性，编程实现文本情感识别需要对文本的特征进行显性描述，只有通过编程语言表述和计算机计算的特征才能用于实现自动文本情感识别；②可区别性，文本情感分类的特征必须具有典型性，好的特征能充分体现不同情感之间的差异，而在同类情感文本中保持相对稳定的波动性；③可依赖性，当文本的细节做出稍微改动时，这些特征要保证前后分类的结果基本一致，即具有较好的鲁棒性；④可实现性，特征提取的时间应该越快越好，同时在特征维度之间尽可能独立，特征维数应尽可能地少。

1. 独热编码

独热编码又称词袋特征、布尔特征，假设词典中有 N 个词汇，在对文本进行分词之后，用一个 N 维向量表达，如果文本中对应词出现，对应位置为 1，比如在["a","b","c","d","e"]5 个词的词典中，"cba"被表示为"11100"。有时，也会以词频代替对应的"1"。但此方法有两个问题：一是在大规模词典的情况下耗费大量空间，二是未考虑词的前后关系（如，"abc"和"cba"会有相同的向量表示）。在自然语言处理中，独热编码是最直观和最常用的词表示方法。该方法通过将词典中的词语映射到一个由 0 和 1 表示的多维向量，其中值为 1 的维度代表了当前词，其余维度的值为 0，由此得到一个词语的向量表示。在此基础上，文本的表示则可以通过词语向量的累加、拼接等方式实现。

2. 文本向量空间特征

向量空间模型是索尔顿在 20 世纪六七十年代提出，是词袋特征的改进，其基本思想是：文本由<字单元，字单元权重>的二元组向量构成，字单元可以是字、词、短语。向量空间模型规定文本需要满足两个约束，特征项互异和特征项不考虑先后关系。潜在语义分析模型（Latent Semantic Analysis，LSA）利用奇异值分解（Singular Value Decomposition，SVD）技术，将高维度的文本特征向量映射到低维特征空间，从而获得词语之间的同义关系和文本的浅层语义特征。在潜在语义分析模型的基础上加入了统计概率模型，提出了概率潜在语义分析模型（Probabilistic Latent Semantic Analysis，PLSA）。该模型基于双模式和共现矩阵的数据分析方法，建立了词与主题、文本与主题之间的关系，解决了同义词和多义词的表示问题。在 PLSA 的基础上，进一步加入数据分布的先验知识，提出了潜在狄利克雷分布模型（Latent Dirichlet Allocation，LDA）。

3. 词频特征

词频权重也是一种常用的特征表示方法。首先对分词后的文本进行计数，然后每个词的词频数除以总频数，就是每个词的词频权重：

$$\text{TF}_{ij} = \frac{\text{Count}(\text{Word}_i)}{\sum \text{Count}(\text{Word})}\text{inDoc}_j \tag{4-27}$$

从式(4-27)中看出在文本中某一词汇出现的频率越高，则它的权重越高，对文本的影响也就越大。当然在预处理时去掉停用词，如"的""在"等词也是必需的。

词频方法是指通过设置阈值，在特征选择时，将词频小于阈值的词删除，从而降低特征空间的维度。其中词频是一个词在文档中出现的次数。该方法是基于一个假设，即出现词频小的词包含的信息少，对分类的影响小。该方法缺点是在信息检索的研究中往往认为，有时词频小的词会包含更多的信息，删除这样的词将对分类效果有较大影响。因此，这种方法会导致许多有效信息被误删。其优点是方法运用起来比较简单。

4. 词频-逆文档频率特征

词频-逆文档频率特征是在文本分类中经常用到的一种统计方法,评估一个词对一篇文章的重要程度。它来自两方面:词的重要性随着词频的增加而增加,随着在总语料库中出现的频率增加而下降,其计算公式如下:

$$W_{i,j} = \text{TF}_{i,j} \times \text{IDF}_i \tag{4-28}$$

其中,$W_{i,j}$ 表示词 i 在文档 j 中的权重,$\text{TF}_{i,j}$ 为词频特征,IDF_i 为逆文档频率,计算公式如下所示:

$$\text{IDF}_i = \log \frac{N}{n_i} \tag{4-29}$$

其中,N 为文档总数,n_i 为词 i 出现的文档数,IDF 的高低也显示着词的区别能力的大小。

5. 词向量

词向量是米科洛夫等在 2013 年提出的一种既可以捕捉语境信息又可以压缩数据规模的词向量训练工具。词向量是以浮点型数据向量表示训练语料中的词,这相比于词袋表示法节约了大量的空间。同时词向量训练出的词向量会使词义相近的词在向量空间上有着较小的距离,基于这种特性,词向量近几年得到广泛的应用。

词向量是谷歌在 2013 年开发的一种深度文本表示模型,其利用深度学习的方法将文本的词表转换成对应实数值从而形成词向量,方便文本的进一步研究。词向量把文本词汇内容转换成 K 维向量(K 常取值为 100、200、400),而在向量空间我们可以用解析几何的知识判断词和词的相似度、文本和文本的相似度,继而可以对词甚至文本进行聚类和分类。利用词向量可以用于自然语言处理的各项工作,比如寻找同义词、文本分类、机器翻译、文本分词、层次性标注等。词向量表达方式采取的是分布式表达,分布式表达最早由辛顿等在 1986 年的论文上提出,其理论基础是,通过神经网络的训练方法将每个单词转换成 K 维的实数向量,然后通过计算词间距,如欧氏距离或余弦距离,判断两个词是否相似。词向量所使用的神经网络并不复杂,网络结构只有输入层、单隐藏层、输出层三层。但词向量在对词进行编码时使用了二叉哈夫曼编码,词频相近的词隐藏层的激活值基本一致,而词频越高的词对应的哈夫曼树表达深度也越低。与上文的向量空间模型以及潜在狄利克雷分配和潜在语义分析等传统方法相比,词向量充分利用了文本的上下文信息,可以获得语义方面的潜在知识。

词向量可以直接对词之间的相似度进行刻画。相比传统的词袋子表示方法以及矩阵、聚类等衍生方法,基于神经网络的词向量可以缓解维数灾难的问题。图 4-21 和图 4-22 分别表示了两种基于深度神经网络的文本表示方法:Skip-gram 和 CBOW。在 CBOW 模型中,模型利用滑动窗口的方法,考虑当前词的前后若干词,词的上下文顺序并不会对预测产生影响。在 Skip-gram 中,该模型使用当前词来预测前后几个词,而且距离当前词越近会被看得更重要。相比较而言,CBOW 更加快速,而 Skip-gram 则在处理低频词时表现更好。从数学角度看,CBOW 模型相当于词袋模型的词向量与嵌入矩阵相乘而得到的新向量。而 Skip-gram 则相反。以窗口长度等于 2 为例,Skip-gram 模型是在给定当前词的基础上,推断前后两个词,而 CBOW 模型则是在给定前后两个词的上下文信息后,预测当前词。

通过图 4-23 可以看到词向量表示方法,该方法能够有效地解决之前文本向量表示模型的数据稀疏问题,进而得到更好的文本表示。

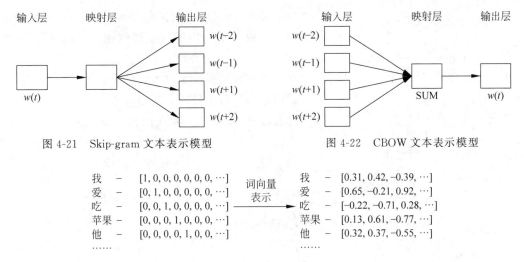

图 4-21　Skip-gram 文本表示模型　　　　图 4-22　CBOW 文本表示模型

图 4-23　词向量表示方法

6. 语言模型的文本特征

前述的文本特征大多是从"词"的角度出发,具有普适性,但却忽略了文本本身的结构特征。以汉语为例,一段文本通常包括几句话,而每一句话又包括若干个词,而且词和词之间以及句与句之间往往又存在着前后联系。如"不好看"单独分析的话,"不"和"好"的相互作用,会影响到最终情感分类的结果;又如"虽然但是"语法结构,后半部分所含有的情感分量会明显超过前半部分。所以,在考虑文本特征时,不仅要考虑词的意义,也要考虑词的前后关联。因此又有人提出从句法出发,先抽取句法结构,再根据此进行分类。但句法抽取在句子较复杂时极耗时间且不同的抽取方法抽取的结果亦大不相同。因此我们不得不寻找一种既能表现文本内部关系又方便提取的特征。统计语言模型就具备了以上的优点,并且广泛应用于自然语言处理的各项工作中。基于以上分析,本章提出使用语言模型作为文本情感分类的特征。在文本情感分类问题中,整句话或整段文本所表达的意思不仅和句中的每一个词相关,也和词与词的相互关系有关。语言模型就是考虑词和词的前后出现概率关系的一个模型,它刻画文本的词序列关系,因而在自然语言处理的诸多问题上都有着广泛的应用,譬如文本分词、自动输入、词性标注、机器翻译。简单来说,语言模型是统计一个句子或一个词序列出现的概率

$$P(W_1, W_2, \cdots, W_K) = P(W_1)P(W_2 \mid W_1) \cdots P(W_K \mid W_1, W_2, \cdots, W_{K-1}) \quad (4\text{-}30)$$

其中,W 表示每个词,K 代表词序列长度。如果 K 过大的话,词序列建模需要非常复杂的模型。因此在工程实现时,往往需要做近似。

N 元语言模型是统计语言模型中使用最多的一种,也被称为 $N-1$ 阶马尔可夫模型,基于马尔可夫的条件假设,即当前词出现的概率只和前面 $N-1$ 个词出现的概率相关:

$$P(W_K \mid W_1, W_2, \cdots, W_{K-1}) \approx P(W_K \mid W_{K-n+1}, \cdots, W_{K-1}) \quad (4\text{-}31)$$

因此,词序列的概率近似为

$$P(W_1, W_2, \cdots, W_K) \approx \prod_{i=1}^{K} P(W_i \mid W_{i-n+1}, \cdots, W_{i-1}) \quad (4\text{-}32)$$

当 N 的取值为 1、2、3 时,对应的模型分别称为一元文法、二元文法、三元文法模型。随

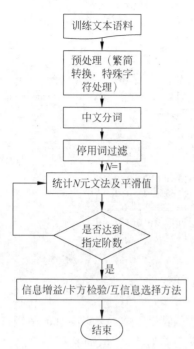

图 4-24 语言模型特征提取流程

着文法阶数增加,模型也更复杂,所以具体应用时需要选择合适的阶数。N 元模型的参数估计,一般使用最大似然估计。

利用语言模型提取文本特征的方法如图 4-24 所示,首先对训练语料做预处理并利用开源工具进行分词和停用词过滤,然后我们从一元文法开始由低阶向高阶计算每个文法的出现次数并进行平滑,直到文法阶数达到要求,然后使用特征提取方法提取文法特征。

4.3.3 文本情感特征词选择

1. 信息增益

信息增益(Information Gain,IG)是一种有效的特征量化方法,以便于抽取有效的特征,选择信息增益大的词作为文本分类特征。某个词的信息增益大,带来的信息多,特征越重要。

文本内特征词信息增益提取方法如下:

(1) 根据标注情感极性统计正负情感文档数目,记为 N_p,N_n。

(2) 计算信息熵,本书中 log 默认是以 2 为底的对数,即 $\log_2$。

$$H(S) = -\left(\left(\frac{N_p}{N_p+N_n}\right)\log\left(\frac{N_p}{N_p+N_n}\right) + \left(\frac{N_n}{N_p+N_n}\right)\log\left(\frac{N_n}{N_p+N_n}\right)\right) \tag{4-33}$$

(3) 计算每个词的信息增益。

首先统计每个词在正向文档中出现的概率 A,在负向文档出现的概率 B,在正向文档不出现的概率 C,在负向文档中不出现的概率 D,则

$$IG(\text{Word}) = H(S) + \frac{A+B}{N_p+N_n}\left(\frac{A}{A+B}\log\left(\frac{A}{A+B}\right) + \frac{B}{A+B}\log\left(\frac{B}{A+B}\right)\right) +$$

$$\frac{C+D}{N_p+N_n}\left(\frac{C}{C+D}\log\left(\frac{C}{C+D}\right) + \frac{D}{C+D}\log\left(\frac{D}{C+D}\right)\right) \tag{4-34}$$

(4) 取信息增益最高的 K 个词作为文本分类的特征。

2. 卡方检验

卡方检验是统计学中常用的检测方法,通过观测实际值与理论值的偏差确定先前设定的假设是否正确。具体来说,我们首先假设两个随机变量是独立的,然后通过比较实际值与理论值的偏差程度。如果偏差足够小,我们就接受原来的假设;反之,我们则认为这两个变量是相关的,推翻原假设。设理论值为 X,实际值为 x,偏差 ε 表示为

$$\varepsilon = \sum_{i=1}^{n} \frac{(x_i - X)^2}{X} \tag{4-35}$$

当我们获得 n 个样本观察值 $(x_1, x_2, \cdots, x_n)$,代入计算就可以获得相关结论。在文本分类的特征选择的过程中,人们倾向于用"词 W 和类别 C 不相关"作为原假设,然后通过计算,偏差越大,则说明原假设错误的可能性就越大,"词 W 和类别 C 相关"的可能性也就越

大,在选择的过程中我们选偏差值最大的 K 个词作为文本分类的特征。

3．互信息选择方法

互信息选择方法跟信息增益选择方法都是从信息论的角度提出的方法,表明特征词和分类类别的依赖程度。设两个随机变量 (X,Y) 的联合分布为 $p(x,y)$,边际分布分别为 $p(x)$,$p(y)$,互信息 $I(X;Y)$ 是联合分布,$p(x,y)$ 与乘积分布 $p(x)p(y)$ 的相对熵,即

$$I(X;Y) = \sum_{x \in X} \sum_{y \in Y} p(x,y) \log \frac{p(x,y)}{p(x)p(y)} \tag{4-36}$$

应用到文本选择,词 w 和文本类别 c 的互信息量 MI 可表示为

$$I(W,C) = \sum_{e_w \in \{1,0\}} \sum_{e_c \in \{1,0\}} P(W = e_w, C = e_c) \log \frac{P(W = e_w, C = e_c)}{P(W = e_w)P(C = e_c)} \tag{4-37}$$

其中,文本包含词 w 时 e_w 为 1,否则 e_w 为 0;文本属于文本类别 c 时 e_c 为 1,否则为 0。

文本包含的情感信息是错综复杂的,在赋予计算机以识别文本情感能力的研究中,从文本信号中抽取特征模式至关重要。在对文本预处理后,然后提取情感语义特征项。特征提取的基本思想是根据得到的文本数据,决定哪些特征能够给出最好的情感辨识。通常算法是对已有的特征词进行情感打分,接着以得分高低为序,超过一定阈值的特征组成特征子集。研究人员提出一系列文本特征提取算法,例如文档频率法、期望交叉熵、互信息以及卡方统计量等。在文本分析理论研究不断发展的趋势下,不同的特征提取算法都得到了很大的改进。由于特征提取算法较大程度上依赖训练集和分类算法,因此不同的研究人员在不同的应用领域对各特征提取算法的评价结果存在差异。针对不同的应用领域的需求,应根据具体的训练集分布和分类算法选择合适的特征选择算法。

4.4　生理参数特征

本节分别围绕面向情感分析任务的脑电生理参数特征和外周神经生理参数特征的处理方法和物理含义进行阐述。

4.4.1　情感计算中的生理信号

即使不通过声音、姿势或面部表情来表现自己的内在情感,用户情感表达过程中生理模式的变化也会不可避免地被检测到。这是因为,一个人的内心积极或消极的情感活动会导致自主神经系统中交感神经被激活,而交感神经活动会引起心率上升、加速呼吸频率、血压上升、心率变化率下降等,因此,基于生理信号的情感识别中的一个主要问题涉及用于区分不同情感状态之间的生理信号的可靠性,研究者们利用大量的生理信号进行情感识别,其中比较常用的生理信号有心电(Electrocardiogram,ECG)信号、脉搏(PhotoPlethysmoGraphy,PPG)信号、肌电(Electromyography,EMG)信号、呼吸(Respiration,RSP)信号、GSR 信号、脑电(Electroencephalogram,EEG)信号等,下面介绍几种常见的生理信号。

1．ECG 信号

ECG 信号是由每次心脏收缩和舒张时人体内产生的电位差形成的,是人体最重要的生理信号之一,能准确反映心脏跳动情况,是心脏状况诊断和研究的重要依据。心脏跳动是心脏收缩和舒张运动,心脏收缩的主要功能是促进血液在人体全身循环。心脏收缩有一定规

律,形成连续的心动周期。在这些心动周期过程中,体内生理电信号的变化也有一定的规律,因此心电图只需将测量电极放置在身体表面相应的位置就可以记录心脏电变化的曲线。心电信号是一种非平稳、非线性的微弱生物电信号,能清楚地反映心脏的信息,在心脏病的诊断中起着不可忽视的重要作用,心脏跳动的正常与否直接反映在心电信号的波形上。

2. PPG 信号

产生 PPG 信号的主要原理是心室周期性收缩和扩张引起的主动脉收缩和扩张,血流是从主动脉根部沿动脉系统以压力波的形式传播,而产生的压力波脉搏信号与动脉血压有直接关系,其波形变化反映了一个周期内动脉血压随时间的变化,间接反映血管壁弹性、血管阻力等血流参数的变化,进而通过脉搏波可以了解心脏的工作状况和血流动力,分析人体内的血液循环状况可以判断人体的机能。人体多种生理病理变化,尤其是心血管系统的变化都会对脉搏产生明显的影响。同时,脉搏的测量方法也比较简单,可以用颈动脉、桡动脉等进行检测。在传统中医学中,脉诊具有非常重要的价值。脉搏波含有丰富的生理信息,具有易于采集、一维信号、易于处理等特点。另外,在人体处于不同情感状态时,由于交感神经和副交感神经的调节作用,脉搏波形发生变化,这种变化与其他生理信号一样,不因人的主观意识而变化,因此脉搏信号也经常用于情感识别。

3. EMG 信号

EMG 信号是肌肉收缩引起的电信号,是人体运动时神经肌肉活动引起的电位差,是皮肤表层时间和空间肌电活动的综合结果,通常可在人体皮肤表面采集。目前,EMG 信号可以反映肌肉的活动状态和神经系统的状态,在一定程度上可以反映情感的变化。史华慈给受试者想象自己生活中的积极情感、消极情感和中性情感,同时对受试者的面部表情给予记忆记录,研究结果表明,受试者想象自己处于消极情感状态和处于积极情感状态时的皱眉肌活动明显增加,EMG 活动更多,颧骨肌和周围肌区域 EMG 活动更少。同时,积极情感状态下的面部肌电活动与消极情感状态下的面部肌电活动有相反的关系,当人体处于积极情感时,皱眉肌活动减少,颧骨肌和周围肌活动增加;相反,当人体处于消极情感状态时,皱眉肌的活动增加,颧骨肌和周围肌的活动减少。美国麻省理工学院的情感实验室在情感识别上也使用了 EMG 信号,德国奥格斯堡大学在基于生理信号的情感研究实验中也使用了 EMG信号。综上所述,EMG 信号在一定程度上反映了情感的变化,能够携带一定的情感信息,因此将 EMG 信号作为情感的生理信号进行分析研究具有重要意义和科学依据。

4. RSP 信号

呼吸频率和呼吸宽度是最常见的 RSP 信号指标。呼吸频率是指单位时间内发生呼吸作用的次数,易受内在、外在因素的影响,个体差异性是呼吸作用不可忽视的特征之一,不同的人在相同的环境因素、情感因素等状态下,其呼吸作用也有所不同,具体表现在呼吸频率、幅度的分布范围和特征的不同。情感的变化也会对呼吸作用产生一定的影响,实验表明,当人体处于突然的恐惧状态时,呼吸会产生暂时的中断现象;当人体承受着剧烈的疼痛时,呼吸作用就会迅速加深;另外,当一个人处于狂喜或悲痛的状态时,经常会发生呼吸痉挛。采集人体呼吸作用状态对情感识别起着重要作用。通过分析呼吸频率、振幅等生理指标,可以对情感变化的状态做出基本判断,根据情感状态的不同对呼吸作用的不同特点进行分析,并将相应的模型用于情感识别。

5. GSR 信号

GSR 信号受人体交感神经系统控制，与人体汗腺分泌反应有关。当人体受到感觉刺激或发生情感变化时，血管受自主神经系统的影响呈扩张或收缩的状态，汗腺活动也会发生变化，导致皮肤电反应的发生，因此可以利用皮肤电信号判断情感状态。研究发现，随着汗腺分泌活动的增加，皮肤电阻水平也会发生相应的变化。皮肤电导间接测定交感神经活动，不仅可以评价情感唤起水平，还可以评价心理活动。不同个体的皮肤电反应基础水平有特异性，通常可分为高、中、低三个阶段。基础水平越高，意味着性格内向或处于紧张、焦虑等情感不稳定状态；基础水平越低，意味着性格开朗外向，情感状态稳定，心理适应能力越强。另外，皮肤电反应的习惯化速率（水平）也是重要指标之一，越慢则表示兴奋过程占优势，越迅速则表示抑制过程越占优势。

6. EEG 信号

EEG 信号的本质是脑神经细胞群的电反应，但是由于脑神经细胞群运动的复杂性、多变性和个体差异性，EEG 信号中包含的有效信息很难被完全收集并保存，即使保存的脑电信号经过处理也很难完全真实地反映人脑中积累的大量信息和模拟人脑的思维活动。另外，在现阶段，EEG 信号的实时处理也存在一定的难度，根据脑电图仪和临床生理学会国际联盟的分类，脑电波信号的频率分为四个频带，分别为 δ 波、θ 波、α 波和 β 波。δ 波频率为 $0.5\sim4\mathrm{Hz}$，振幅为 $20\sim200\mu V$，人在婴儿期或智力发育不成熟、成人在极度疲劳和昏迷或麻醉状态下，可在颞叶和顶叶记录该频带。θ 波的频率为 $4\sim8\mathrm{Hz}$，振幅为 $100\sim150\mu V$，在成人意志受挫、抑郁、精神病患者中，该波极为显著，但是这个波是少年（10～17 岁）脑电图的主要成分。α 波的频率为 $8\sim13\mathrm{Hz}$，振幅为 $20\sim100\mu V$，它是正常人脑波的基本节律，如果没有额外的刺激，其频率是基本恒定的。人在清醒、安静、闭眼时，这一节律最为明显。当睁开眼睛（接受光刺激）或受到其他刺激时，α 波很快就会消失。β 波的频率为 $13\sim30\mathrm{Hz}$，振幅为 $5\sim20\mu V$，在精神紧张和激动或兴奋时出现该波，当人从噩梦中醒来时，原来的慢波节律立即被该节律取代。

4.4.2 EEG 特征处理

EEG 信号特征提取主要考虑普通电信号的特征。在情感脑机接口中，对于脑电信号的特征提取，不同电极通道和受试者的性别是需要额外考虑的因素，因此，在情感识别任务中考虑脑连通性特征，有效捕捉非对称的脑活动模式，并结合功率谱密度特征作为卷积神经网络的输入用于模型训练，其中，两个电极的连接性的计算指标有皮尔逊相关系数（Pearson Correlation Coefficient，PCC）、相位锁定值（Phase Locking Value，PLV）以及相位滞后指数（Phase Lag Index，PLI）。

男性和女性对外界环境的情感感知有很大差异，这在脑电信号中会有反应。在情感识别问题中，在多数频段和脑区，女性大脑的活度低于男性，尤其对于恐惧情感，与男性相比，女性在恐惧情感下有多样性，男性在悲伤情感下有更大的个体差异；在利用脑电信号分析不同性别的情感诱发时的重要脑区研究中，对于男性和女性，不同情感下的神经模式侧重于不同的关键脑区，其中女性为右侧化，男性为左侧化，这两项研究结果表明性别因素对情感识别效果的影响，但目前还没有对于性别针对性的设计 EEG 信号特征提取方案。

由于 EEG 信号是非线性时间序列，因此提出了将脑电相空间重构并转换为新的状态空间,它是一种新颖的特征提取方式。然后利用庞加莱平面对状态空间进行数学描述,从而对脑电动力学进行量化和特征提取。需要指出的是,该方式所提取的特征所表征的生理意义目前尚不明确,有待进一步研究。

通过对手动提取的特征进行平滑,可以提高特征提取的质量,同时,对特征的降维处理可以有效地减少模型训练时间。在提取的特征序列中,除了与情感相关的脑电特征之外,还可能掺杂其他脑活动引起的脑电特征,如听觉、视觉等行为引起的特定脑电特征。为了仅利用与情感相关的特征序列,需要除去这些情感无关成分。情感的变化通常不是非常剧烈的,而是平稳的。然而在实际操作中,在所获得的特征序列中经常观察到剧烈的变化。由此,脑电特征序列中变化非常剧烈的部分多由与情感无关的脑电活动所引起,可以利用情感变化缓慢的特性来除去。

另外,由于脑电信号的特征维度高,因此模型训练需要较大的时间开销。为了有效地减少特征维数,可以在基于 EEG 信号的注意力识别任务中使用基于相关性的特征选择方法。群稀疏典型相关分析(Group Sparse Canonical Correlation Analysis,GSCCA)和人工神经网络可以用于情感识别任务中 EEG 通道的有效选择。值得注意的是,在脑电信号通道选择的研究工作中,由于研究者采用的研究方法不同,而且任务场景、使用的脑电设备等不同,最终选择的 EEG 信号通道也存在差异。

4.4.3　外周神经生理信号特征处理

与 EEG 信号不同,由于外周生理信号通道数少,相应的特征提取方式也少。需要进行特征提取的生理信号主要为心电、肌电、皮肤电及光电容积脉波。皮卡德等提出了 6 种生理信号中常用的传统统计特征,包括原始信号的平均值、标准差、一阶差分绝对值的平均值、二阶差分绝对值的平均值,以及归一化信号的一阶和二阶差分绝对值的平均值,这 6 种传统的特征提取方式都可以用于心电等生理电信号。基于 ECG 信号的时域和频域信息可以分别计算心率(Heart Rate,HR)和心率变异性(Heart Rate Variability,HRV),这是基于心电图的情感识别任务中最常见的两个特征。研究表明,人在诱发喜悦等正性情感时,心率峰值可能增加,心率变异性在受到恐惧、快乐等刺激时受到抑制,在情感平静时恢复正常。此外,还可以通过经验模式分解获得 ECG 信号的固有函数和对应的瞬时频率特征,或者使用小波包字典和离散余弦变换提取 ECG 信号相应的系数作为情感计算特征。最后,高阶统计量(High Order Statistics,HOS)还用于增强心电信号的 R 峰检测和拍频分类。与心电相比,GSR 信号的特征提取主要是基于时域或频域信息的统计特征,例如中值、平均值、标准差、最大值、最小值、一阶差分、二阶差分等经典统计参数,或高阶偏度和峰值特征在频域中,还可以计算与最大频谱幅度相对应的频率和基于高阶频谱的一些信息。另外,GSR 信号也可以通过离散余弦变换提取 MP 系数。在具体的情感识别任务中,由于提取的一些高阶特征表征的生理意义不易理解,因此可以采用主成分分析(Principal Components Analysis,PCA)、LDA 等方法对这些统计参数进行特征选择,提高情感识别效果。

上述高阶统计量是一种有效的特征提取方式,广泛应用于生物信号处理等领域。基于 HOS 的参数比一阶和二阶统计量更适合于非高斯和非线性系统。具体来说,在高阶特征中,三阶偏振和四阶峰值特征较为常用。偏差是指数据围绕其平均值分布的不对称程度,而峰值是指相对于分布尾部的正态分布的相对冗余程度。对于 EMG 信号,与传统的统计特征相比,高阶统计特征可以更有效地保留 EMG 信号中的情感信息。除了高阶统计特征之外,EMG 信号的离散小波变换也是一般的特征提取方法,基于离散小波变换的非参数特征提取是一种将肌电信号分解到不同频率范围的新方法,与快速傅里叶变换和短时傅里叶变换等传统方法相比,离散小波变换提供了有效的时间频率分辨率,被认为是解读肌电信号中情感状态信息的有效手段。具体而言,利用离散小波变换对肌电信号进行分解,得到不同频率范围内的小波系数,将小波系数和原始信号的功率等统计特征用于情感识别任务。PPG 绘图技术是红外无损检测技术在生物医学中的应用,主要用于人体运动心率检测,其原理是:通过光电传感器,检测人体血液与组织吸收后反射光强度的差异,绘制出血管容积在心周期内的变化,根据得到的脉搏波形计算出心率。在基于生理信号的情感计算中,PPG 信号除了可以在模型的输入中计算心率外,还可以将时域、频域中的平均值、标准偏差等经典统计参数作为模型输入。另外,庞加莱截面可以量化高维相位空间中轨迹的几何模式,重构 PPG 信号的二维相位空间后,形成不同的庞加莱截面,进而提取作为 PPG 信号特征的几何指标,为了提高情感识别模型的鲁棒性,还可以使用粒子滤波器去除 PPG 信号中的噪声。

在情感计算中,眼电图(ElectroOculoGram,EOG)是一种较少使用的生理电信号。EOG 信号的平均值、标准偏差、信号能量、提取的眨眼频率等信息有助于情感识别。在外周生理信号中,除了上述心电、肌电、皮肤电、光电容积脉搏波和眼电等生理电信号以外,还包括心率、心率变异性、脉搏、脉搏变异性(Pulse Rate Variability、PRV)、皮肤温度、氧饱和度、呼吸模式、血压等具有生理意义的信号也经常作为情感识别模型输入。其中,心率变异性可以通过心电或脉搏来计算,它与情感状态的联系得到了很多研究者的关注。HRV 和 PRV 的时域或频域统计参数也有助于情感识别。庞加莱散点图是二维相空间上的时间序列表示,由于时间序列的动力学容易通过庞加莱散点图理解,因此也可以使用庞加莱散点图分析 HRV 和 PRV 序列。概括地说,外周生理信号的特征提取主要分为三类:①具有明确生理意义的信号,主要包括心率、心率变异性、脉搏变异性、皮肤温度、血氧饱和度、呼吸模式和血压等;②心电、肌电、皮肤电、眼电、脉搏等生理电信号基于时域或频域提取的均值、标准差、一次差、二次差等传统统计特征;③根据心电等生理电信号提取的偏度、峰值等高阶统计特征,或者是使用庞加莱映射、离散小波变换等提取的特征。

习题

1. 介绍三种典型的语音音质特征与情感状态的关系。
2. 深度语音特征相对于传统语音特征有哪些优势?
3. 解释 Gabor 特征适用于表情识别的原因。
4. 简述一种面部表情编码方法。
5. 描述词向量特征的提取过程。
6. 列举 3 种常用的情感词典。
7. 定性描述皮肤电信号与情感的关系。

第5章
情感识别

■■■■

现有情感识别方法受模态融合算法、数据资源匮乏、时序和个体差异制约,难以实现复杂应用场景下多模态高鲁棒情感识别。首先,单模态情感识别主要是利用提取单一模态特征信息进行情感识别,在实际应用中可行性强、易实现,但单模态信息易受噪声的影响,且难以完整反映情感状态。基于多个模态情感信息构建相应特征集进行多模态情感识别,能够有效解决这些问题。其次,情感数据采集成本昂贵,并且需要依靠专业人员对样本中的情感状态进行标注。上述原因导致了情感识别任务数据库规模较小,难以学习到泛化性较强且具有区分性的情感特征。最后,情感受时序和个体差异影响。情感的产生、发展和消退是一个过程,对各个模态的时间动态信息进行建模,能够显著提高情感识别的性能。在连续时间内,不同个体情感状态的相互关系能够为判断某一时刻的情感状态提供重要的信息来源。本章针对情感识别中现存的三类问题展开详细介绍,并拓展分析情感识别重要的外延性工作,包括微表情检测、人格分析、精神状态分析,以及言语置信度分析等问题。

5.1　多模态融合算法

目前单一地通过语音信号、人脸表情、肢体动作以及生理信号获得人类情感状态的研究已经取得了一定的进展,但是,单一模态情感识别结果鲁棒性难以保障、识别率不高等众多难题一直困扰着众多研究人员,而且单一模态的情感识别实际上并不符合人类对情感的感知模式,当人类主观上对情感信号加以掩饰或者单一通道的情感信号受到其他信号的影响时,情感识别性能将会明显下降。单模态信息量不足且容易受到外界各种因素的影响,如面部表情容易被遮挡、语音容易受噪声干扰。

鉴于各个模态之间的互补性,多模态融合的情感识别研究正日益受到重视,构建多模态情感识别系统是提高情感识别性能和系统鲁棒性有效手段之一,研究热点已经从单模态转移到实际应用场景下的多模态情感识别。人们在表达情感时,表现的方式往往不止一种,而且在某种程度上,不同表现方式在表达情感时存在一定的互补作用。比如,人们在高兴时,说话节奏欢快,表现在说话的音调和语速上,与此同时,面部会展现微笑、眯眼等一系列面部肌肉运动,此时语音和表情同样表达出高兴的情感状态;但是,当一个人难过时,往往不怎么说话,情感识别无法单靠语音单模态信息,而难过体现在表情上往往伴随着面部嘴角下垂、皱眉等,此时语音和表情在表达情感信息时体现了互补性。因此,相比于单模态情感识别,多模态情感识别更加完整,更加符合人类自然的行为表达方式。越来越多的研究人员将目光转向多个模态信息融合的情感识别,希望通过不同模态信息之间能互补从而得到更佳性能的情感识别系统以及更优的识别率。

5.1.1 传统融合算法

多模态数据的融合可以充分利用不同模态之间的互补性,提升预测结果的准确率。目前多模态特征融合策略主要包括特征层融合、决策层融合以及模型层融合。三者之间的区别在于融合位置。其中,特征层融合算法在模型输入端融合多模态特征;决策层融合算法在模型输出端融合多模态特征;而模型层融合算法在模型中间层实现多模态融合(图 5-1)。

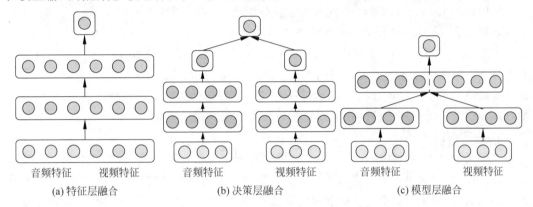

(a) 特征层融合 (b) 决策层融合 (c) 模型层融合

图 5-1 基于深度神经网络的多模态融合

1. 特征层融合

特征层融合也称早期融合。首先把不同模态的情感特征数据提取出包括声学特征、文本信息和人脸表情特征等信息,然后将提取多模态特征串联成一个总的特征向量用于情感识别。特征层融合通常简单地将多模态特征串联、并联或加权叠加,没有充分考虑不同特征之间的差异性及同步性等问题。目前常用的特征层融合方法有串行融合、并行融合、基于主成分分析的特征层融合、基于典型相关分析的特征层融合、基于核矩阵的特征层融合等。

特征层融合进行特征提取之后,往往会面临着特征维数过高的问题,所以特征融合时有必要采取一定的措施对融合后的特征进行降维,避免因不必要的信息带来的冗余甚至引发"维数灾难"。因此需要根据各类特征对情感识别的重要性进行特征矩阵的筛选和优化,这样对于不同模态间的冗余信息就会被剔除掉,使得计算量有所下降。常用的方法有主成分分析方法和线性判别分析方法。主成分分析基本思想是按照一定的数学变换方法,把给定的一组相关变量通过某种线性变换转变成另一种不相关的变量,这些新的变量按照方差递减重新排列,这样通过选取方差较大的少数维特征用以替代原先的高维特征,最大限度地保留原有信息,达到降维目的。线性判别分析是找到一个最佳分类超平面,使得高维空间的问题在这个超平面上的映射具有最大类间距和最小类内距,达到特征的筛选优化目的,增强样本的可分性。

特征层融合旨在通过对不同方面的特征信息取长补短,进一步提高特征分类的准确度,其难点在于如何对不同单模态的情感特征进行融合,使得融合后的特征在表征能力和分类性能上达到最优(图 5-2)。该融合方法利用不同模态相互之间的联系,但没有考虑到各情感特征的差异性,同时该融合策略很难表示不同模态之间的时间同步性。随着融合模态的增多,会使得学习多种模态特征之间的相关性变得更加困难。另外,由于不同模态在传递情感时可能存在时间差问题,而特征层融合算法要求不同模态之间具有较高的同步要求,因此在实际应用中常常存在挑战。

图 5-2　基于特征层融合的情感识别模型

采用基于 Boosting 的算法实现音视频数据的情感分类,其中 Boosting 算法的输入特征是音频特征和视觉特征的组合,显著提高情感识别分类能力。除了将特征相串联的特征融合方式外,基于多核学习(Multiple Kernel Learning,MKL)的融合方式也在基本情感识别中引起了研究者的注意。研究者利用 MKL 算法将多组视觉特征描述子与音频特征相融合并完成最终的分类;在该方法中,多组特征实现互相补充,实现了识别精度的最大化,并且可以从各组特征所对应的核的权值判断其对分类结果的贡献程度。

2. 决策层融合

决策层融合也称后期融合。首先分别提取不同模态的特征,并将其送入各自的分类器中,再依据某种原则将各个分离器的结果进行融合决策,获得最终的识别结果。在进行单模态情感识别时,由于分类器的性能容易受到噪声及外界因素干扰的影响,因此,在决策层融合前,充分考虑分类器的可信度显得尤为重要。有不少研究者根据分类器的可信度对分类器赋予不同的权重,分类器的可信度越高,赋予权重越高;反之,赋予较低的权重。相比于特征层融合,决策层融合对外界干扰具有很好的鲁棒性,并且在决策的过程中,对分类器权值进行优化匹配,具有较好的识别能力。常用的决策层融合方法有乘积规则、均值规则、求和规则、最大值规则、最小值规则、多数投票规则等。基于决策层的融合方法可以归纳为以下几个类别:基于规则(如线性加权、多数投票等)、基于分类器算法(如支持向量机、神经网络、隐马尔可夫模型等)和基于估计算法(卡尔曼滤波器、粒子滤波器)。这几种融合方法均在多模态融合的情感识别领域得到广泛应用。

决策层融合方式操作方便灵活,允许对各个模态的数据采用其最适合的机器学习算法进行单独建模,是目前最为常用的融合方法(图 5-3)。决策层的融合较特征层融合更容易进行,该方法充分考虑了不同模态特征的差异性,各个模态可以选择各自最合适的分类器进行分类。但决策层融合存在缺点,没有考虑到情感特征之间的联系,不能充分利用不同模态特征所蕴含的类别信息,忽略了不同模态信息的本质相关性,学习过程会变得冗长耗时。

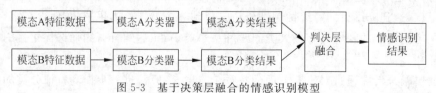

图 5-3　基于决策层融合的情感识别模型

基于规则的融合法是基于统计学方法的多模态信息融合方式,如线性加权融合、多数同意规则等。线性加权融合利用加法和乘法运算融合不同模态的信息,但此法易受到离群值的影响。多数同意规则是基于多数分类器决策的,它是加权组合的一种特殊情况,大多数分类器得到的相似决策就是最终的结果。

基于分类融合法利用一系列的分类算法将多模信息分成预定义组。在该体系下包括支持向量机、贝叶斯推论、D-S证据理论、动态贝叶斯网络、神经网络、最大熵模型。支持向量机是分类任务应用最为广泛的监督学习算法,在算法中,输入数据被分成预定义学习组用于解决基于多模态融合模式分类问题。这种方法通常用于决策层融合和混合多模态融合。贝叶斯推论基于概率理论融合来自不同模态的数据或者不同分类器的决策,得到联合概率。该方法被广泛应用于时间序列数据。D-S证据理论、动态贝叶斯网络都是贝叶斯推论的推广。

基于估计的融合法包括卡尔曼滤波、粒子滤波。卡尔曼滤波用于实时动态低维数据,适用于线性系统。扩展卡尔曼滤波用于非线性系统。格洛德克等利用卡尔曼滤波融合来自音/视频两个通道分类器的结果。粒子滤波也就是知名的连续蒙特卡罗方法(Sequential Monte Carlo method,SMC),是一种基于仿真的成熟模型估计技术,用于获得非高斯和非线性状态空间的状态分布。

在离散情感识别方面,通过采用线性加权的方式对音频和视觉模态的识别结果进行融合,实现不同模型信息的互补。基于分类器(支持向量机和多层感知机)的融合方式和基于线性加权的融合方式被应用于2013年举办的EmotiW的获胜方案中。在该方案中,基于规则的线性融合方式显著提升了最终的情感识别准确率。在维度情感识别方面,采用隐动态条件随随机场(Latent-Dynamic CRF,LDCRF)进行音频和视频信号的情感预测后,再次采用LDCRF实现两个信号流的融合输出;也有学者采用长短时记忆循环神经网络(Long Short Term Memory Recurrent Neural Network,LSTM-RNN)对音频信号和视频信号分别建模之后,再次采用LSTM-RNN完成最后的决策性融合。粒子滤波和卡尔曼滤波凭借其融合时序信息的建模能力,在维度情感识别中被同时用于多模态数据融合及时序信息融合。整体而言,基于规则和基于分类器融合的方法在基本情感识别工作中比较普遍,而维度情感识别中采用的融合方式多为基于分类器的融合和基于估计算法的融合。

决策层融合和特征层融合方法各有各的优劣,决策层融合考虑到了不同模态特征的差异性,选取了它们各自适合的分类器进行识别,完全直接体现了不同模态特征对于情感识别效果重要性的不同,但是却忽略了不同模态特征之间的相关性;特征层融合执行简单有效,充分利用了不同模态特征的信息,实现了客观信息的有效压缩,但不足在于大多数特征层融合方法忽略了不同模态特征之间的差异性。无论哪种融合方法都在双模态甚至于多模态情感识别领域被广泛地应用。目前,双模态或多模态情感识别研究还存在诸多问题,尤其是信息融合方法,需要进一步探索。

3. 模型层融合

模型级融合利用各模态信息流之间的关联信息,建立模型的多模态融合方法。模型层融合试图在模型中实现不同模态的数据流的自动时序对齐工作,进而完成时序耦合信息的建模应用。

基于音视频和最大互信息原理在不同流上建立一个最优的连接,不同视频流建立三重隐马尔可夫模型是一种典型的融合策略。多流融合隐马尔可夫模型是双流融合隐马尔可夫模型的泛化,是一种通用的模型级模态融合手段。多流融合隐马尔可夫模型的优点如下:来自每个模态的特征都能用一个组件隐马尔可夫模型建模,根据最大熵准则和最大互信息评价标准,这个组件隐马尔可夫模型与其他组件之间有最优的连接;不同组件隐马尔可夫模型的状态转移不一定同时发生;如果一个组件隐马尔可夫模型损坏了,其他组件仍能正常工作;相比于其他基于隐马尔可夫模型的融合方法,多流融合隐马尔可夫模型在复杂度和性能之间有更好的平衡。

近年来深度信念网络、卷积神经网络、递归神经网络等多种深度学习网络被提出。传统的多模态特征融合方法一般是线性融合,深度学习模拟人脑的认知过程,建立多层结构,对样本实现从低层到高层的自主逐层提取特征,可利用该方法来形成不同类型数据的联合特征表示。这些方法的基本思路是通过不同的深层模型对不同模式的数据进行逐层学习,将学习得到的结果进行合并,以得到多模态联合特征表示。

图 5-4 所示是一种多模态玻耳兹曼机模型,分别将图像和文本特征各自训练一个受限玻耳兹曼机,然后将两个受限玻耳兹曼机输出组合成一个新的融合特征,送入分类模型进行识别。不同模态情感特征属于非线性关系,比如人脸表情和语音情感等特征的表现形式差异大,属于交叉模态融合,深度学习在此类融合方面表现出其他机器学习算法都不具备的优异性能。

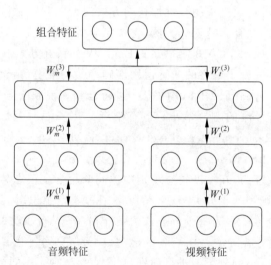

图 5-4　多模态玻耳兹曼机

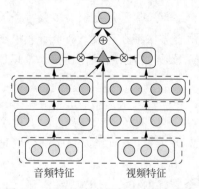

图 5-5　基于注意力机制的多模态融合

从人类感知的角度进行分析,我们认为人类在感知某一段音视频数据并判断其属于哪一种情感状态时,注意力不可能平均分配到序列中的每一帧数据或每一个子片段。人类的注意力会倾向于聚焦到序列中的某些片段,这些片段往往会具有更强的情感显著性。序列中这些情感信息更加显著的部分值得识别模型去引入更多的注意力去感知判断。利用注意力机制模型,基于长短时记忆模型动态地对音频和视频不同的模态来进行选择加权,如图 5-5 所示,获得了比传统融合方法更好的效果。

图 5-6 采用软注意力机制对序列中的情感显著性片段进行检测定位,并根据其显著性程度进行加权编码,进而做出最终的情感类别判断。为了实现这一功能,在模型中引入了情感嵌入向量。情感嵌入向量的个数等于情感类别的个数,即每一个情感类别对应一个情感嵌入向量。每一个类别的情感嵌入向量都可以视为一个支点或是"锚"去定位该情感类别所关注的片段,并根据这些片段的情感显著性程度进行加权求和。这样每一个情感类别都会有一个不同于其他情感类别的、编码后的隐藏层表示,用以完成最后的情感分类。在训练过程中,这些情感嵌入向量会与神经网络的其他参数一起通过梯度下降法学习得到。

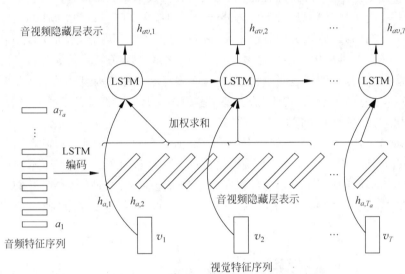

(a) 基于LSTM-RNN和软注意力机制的音视频数据流时序对齐及融合的示意图

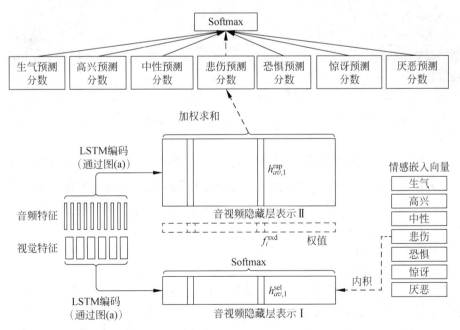

(b) 序列中情感显著性片段检测定位及加权编码(LSTM-显著性加权编码)的示意图

图 5-6 示意图

5.1.2 子空间融合

子空间融合方法是多模态融合方法中的一种。子空间融合可以认为是模型层融合的一种，它是基于以下假设的：虽然不同模态的原始数据不在同一个空间中，但它们在高层语义的空间中拥有很强的相关性，因此我们可以把不同模态数据投影到同一个子空间中，然后进行子空间的融合。一般来说，子空间的维度往往是远小于多模态数据的原始维度。模型期望能够在这个新空间中学习到不同模态之间的一致性表示。通常子空间融合可以使用大量无标注的数据进行无监督学习，对于情感分析的下游任务，我们可以借助少量有情感标签的数据，让模型能够在与情感相关的高层语义空间中进行子空间融合，从而提高情感识别的性能。以下将介绍这几种应用于多模态情感识别的子空间融合方法：基于分布匹配的子空间融合方法，基于多模分解的子空间融合方法，基于多模态的深度典型相关性的子空间融合方法，基于层次互信息的子空间融合方法和基于多模态间共性与特性的子空间融合方法。

1. 基于分布匹配的子空间融合

子空间融合方法是建立在不同模态的原始数据不在同一个空间中，但它们在高层语义的空间中拥有很强的相关性的假设基础上提出的。一个很自然的假设是，不同模态之间共享同一个特征空间，并且不同模态的数据在这个特征空间中的分布是相匹配的。基于上述假设，研究人员提出了一种基于分布匹配的半监督学习的情感识别方法，其框架如图 5-7 所示。

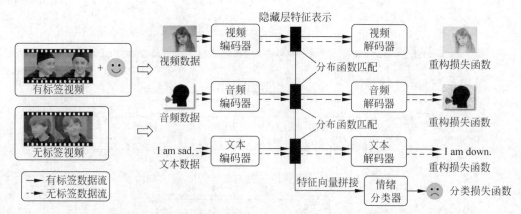

图 5-7　基于分布匹配的子空间融合，包含分布匹配损失、重构损失和分类损失

对于无标签的多模态数据，视觉模态的数据经过视觉模态的编码器得到视觉的潜在表示，音频模态的数据经过音频模态的编码器得到音频的潜在表示，文本模态的数据经过视觉模态的编码器得到文本模态的潜在表示。每个模态的浅层表示再经过每个模态独特的解码器重构出每个模态的原始信息。对于有标签的数据，还会从各个模态的潜在表示出发经过一个情感分类器预测情感。

在模型训练的过程中，对于有标签的数据，有 3 个损失函数：分类的损失函数、数据重构的损失函数和潜在表示的分布匹配的损失函数。对于无标签的数据，则无须计算分类的损失函数。对于潜在表示的分布匹配损失，对于潜在表示 p,q（p,q 是不同模态的潜在表示，p_i 表示第 i 个该模态数据的潜在表示），我们采用的是最大均值差异（Maximum Mean Discrepancy，MMD），在计算点积时，采用的是高斯核函数。

$$L_{\mathrm{MMD}} = \frac{1}{m(m-1)}\sum_{i\neq j}^{m}k(p_i,p_j) + \frac{1}{n(n-1)}\sum_{i\neq j}^{n}k(q_i,q_j) - \frac{1}{mn}\sum_{i,j}^{m,n}k(p_i,q_j) \quad (5-1)$$

$$k(x,y) = \exp\left(-\frac{\parallel x-y \parallel^2}{2\sigma^2}\right) \quad (5-2)$$

该方法可以利用大量无标注数据,提升了情感识别的准确率。

2. 基于多模分解的子空间融合方法

除了假设各种模态的数据共享一个特征子空间外,还可以从生成模型的角度认为,不同模态的数据都是从某个子空间中生成的,在生成的过程中除了利用了特征本身的信息还利用了数据的标签信息。多模分解的因子包含多模式鉴别因子和模态特定的生成因子。其中多模式鉴别因子在所有方式中共享,并包含分类任务所需的联合多模式特征。特定于模态的生成因子对于每种方式都是唯一的,并且包含生成每个模态所需的信息。我们认为将多式联运表现成不同的解释因素可以帮助每个因素专注于从多模式数据和标签的联合信息的子集学习。

因子分解模型的生成网络如图 5-8 所示,其中 Z_a 表示各个模态数据的潜在表示,Z_y 表示标签 y 的潜在表示,F_a 表示模态特性生成因子,F_y 表示多模区分因子,X 代表生成的多模数据。除了生成模型以外,研究人员还设计了一个推断网络,用来从多模的原始数据中推断出各模态数据的潜在表示和标签信息的潜在表示,如图 5-9 所示。

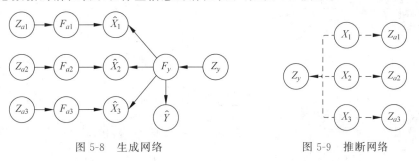

图 5-8 生成网络　　　　　　　　图 5-9 推断网络

整个网络结构如图 5-10 所示。其中 Q 是编码器,F 和 G 是解码器。

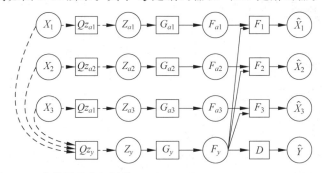

图 5-10 多模因子分解网络(Multimodal Factorization Model,MFM)

在训练阶段,我们需要计算重构损失函数和分类损失函数。基于因子分解的子空间融合方法也可以应用于无标签的数据。因此对于缺少大量有情感标记数据的任务来说,利用半监督学习的方法能够提升性能。同时,我们也可以使用单独的某一模态数据进行训练,因此该模型对于模态缺失数据的鲁棒性良好。

3. 基于相关性分析的子空间融合方法

之前研究人员提出的基于分布匹配的子空间融合方法是基于多模态数据在共享子空间中的分布是一致的假设建立的模型。除了分布一致这一假设外,我们自然会想到相关性假设,即不同模态的数据在某个子空间中存在着很强的相关性。基于此假设,研究人员提出了基于相关性分析的子空间融合方法。

与以往的用 ax 拟合 y 的线性回归不同,相关性分析是寻找合适的 a 和 b,使得 ax 和 by 的相关系数尽可能大。严谨的表述为,假设有两组向量 $X \in \mathbb{R}^{n_1 \times m}, Y \in \mathbb{R}^{n_2 \times m}$,相关性分析则是要找合适的 $A \in \mathbb{R}^{n_1 \times r}, B \in \mathbb{R}^{n_2 \times r}$,使得 $A^{\mathrm{T}}X$ 和 $B^{\mathrm{T}}Y$ 的相关系数尽可能大。记 X 的协方差矩阵为 S_{11},Y 的协方差矩阵为 S_{22},X 和 Y 之间的协方差矩阵为 S_{12}。相关性分析的目标函数为

$$A^*, B^* = \arg\max \mathrm{corr}(A^{\mathrm{T}}X, B^{\mathrm{T}}Y) = \arg\max \frac{A^{\mathrm{T}}S_{12}B}{A^{\mathrm{T}}S_{12}AB^{\mathrm{T}}S_{22}B} \tag{5-3}$$

记 $Z = S_{11}^{-\frac{1}{2}} S_{12} S_{12}^{-\frac{1}{2}}$,求解上式,等价于最小化

$$\mathrm{CCA\ Loss} = -\mathrm{trace}(Z^{\mathrm{T}}Z) \tag{5-4}$$

当我们把线性变换 A、B 换成神经网络表示的非线性函数,就得到了深度相关性分析(Deep Canonical Correlation Analysis,DCAA)。研究人员基于深度相关性分析,提出了一种文本音频视频多模态学习的网络,如图 5-11 所示。

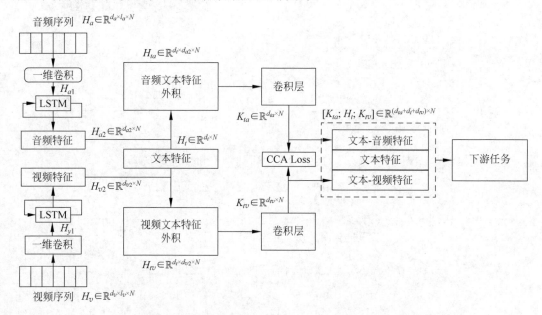

图 5-11　基于深度相关性分析的子空间融合方法(以文本为主筛选音频和视频特征)

该网络以文本特征为主要信息,辅助以音视频信息。最小化文本相关的音视频信息在子空间中的相关分析损失函数,从而让模型能够学习到相关性最大的特征。

4. 基于层次互信息的子空间融合方法

除了从分布的匹配、分布的相关性出发进行子空间的融合,研究人员还从信息论的角度出发进行子空间融合的建模。对于音视频以及文本的多模数据,设计模型的目标是从这些

输入向量中对集成和预测任务相关的信息,以形成统一的表示向量,然后利用这个向量对下游任务进行预测。

对于潜在表示 X,Y,它们的互信息定义为

$$I(X,Y)=E_{p(x,y)}\left[\log\frac{p(x,y)}{p(x)p(y)}\right] \tag{5-5}$$

由于 $I(X,Y)$ 本身是难以优化的,同时 $p(y|x)$ 也是难以直接求出的,因此引入 $q(y|x)$ 去近似 $p(y|x)$,所以可以将 $I(X,Y)$ 重写为

$$I(X,Y)=E_{p(x,y)}\left[\log\frac{q(y|x)}{p(y)}\right]+E_{p(y)}\left[KL(p(y|x)\|p(x|y))\right] \tag{5-6}$$
$$\geqslant E_{p(x,y)}\left[\log q(y|x)\right]+H(y)\triangleq I_{XY}$$

整体框架如图 5-12 所示,文本和音频信息的 I_{XY} 可以通过计算 $H(X_a)$ 和使用 H_t 预测 H_a 的极大似然得到;文本和视频信息的 I_{XY} 可以通过计算 $H(X_a)$ 和使用 H_t 预测 H_v 的极大似然得到。

在该方法中,为了保证在进行特征提取的过程中,尽可能提取和多模特征有关的单模态特征,引入了对比预测编码(Contrastive Predictive Coding,CPC)。对比预测编码的损失函数由三部分构成:多模态特征 z 和文本特征 H_t 的 CPC 损失,多模态特征 z 和音频特征 H_a 的 CPC 损失,多模态特征 z 和视频特征 H_v 的 CPC 损失。

5. 基于多模态间共性与特性的子空间融合方法

之前所述的几种方法往往更加注重对于不同模态信息之间共性的部分进行提取,无论是分布匹配,还是相关性分析,亦或是最大化互信息。但无疑,各个模态的数据会拥有不少其独有的一些信息,因此研究人员提出了一种能够捕捉到多模态信息之间的共性和特性的子空间融合方法,整体框架如图 5-13 所示。

对于音频视频文本数据,先提取出各个模态的特征,经过模态共性编码器得到模态共性表示,同时各模态分别经过模态特性编码器得到每个模态的特性表示。目标是要尽可能地使共性表示相似,特性表示和共性表示尽可能不同。

对于无标签的数据可以经过一个解码器,计算重构损失函数。对于有标签的数据,可以利用下游任务去优化共性表示编码器和特性表示编码器,使编码器能够提出和下游任务有关的特征表示。

5.1.3　细粒度融合

不同模态信息的表示粒度通常不同,例如文本将词作为基本单元,而语音将语音段或语音帧作为基本单元。这导致了从同一样本中抽取的不同模态特征具有不同的序列长度。传统方法将不同粒度特征在句子级别进行压缩对齐。但是近年来研究表明,如果将词级别信息压缩为句子级别信息,容易导致原始数据的内部结构以及时序关系受到破坏进而影响情感识别系统的性能。针对上述问题,近年来研究人员直接将细粒度特征作为输入信息,有效利用了细粒度信息之间的时序关系以及交互模式,实现了高效的多模态信息融合。

按照建模粒度划分,细粒度融合算法包含基于硬对齐的细粒度融合方法,以及基于软对齐的细粒度融合方法。其中,基于硬对齐的细粒度融合方法需要将不同模态特征在词级别进行强制对齐;而基于软对齐的细粒度融合方法直接采用原始特征作为输入,利用模型学习特征之间的对应关系。本节将围绕着这两种细粒度融合算法展开介绍。

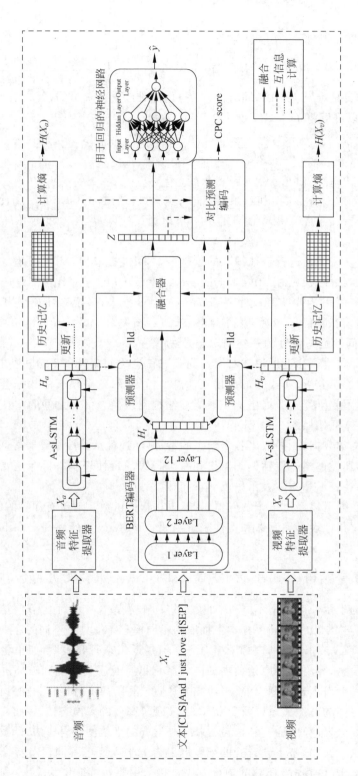

图 5-12 基于层次互信息的子空间融合方法整体框架

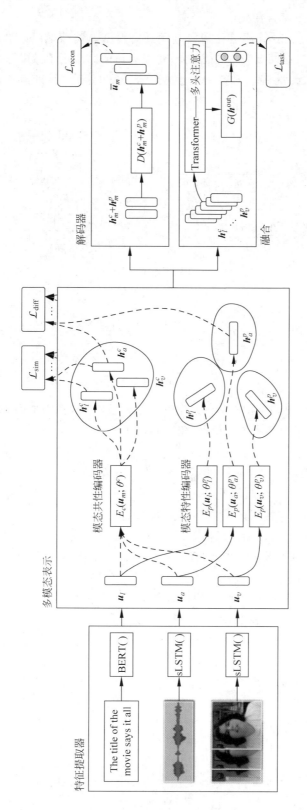

图 5-13 基于多模态特性与共性的子空间融合方法

1．基于硬对齐的细粒度融合算法

基于硬对齐的细粒度融合算法首先需要利用强制对齐算法获取每个词的时间边界信息,然后计算不同模态信息在词级别的特征表示,将对齐后的结果用于多模态融合(图 5-14)。近年来,研究人员提出了水平、垂直和微调注意力融合策略,实现词级别信息融合。

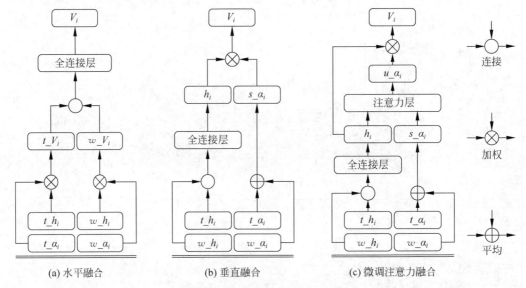

(a) 水平融合　　　　　(b) 垂直融合　　　　　(c) 微调注意力融合

图 5-14　基于硬对齐的细粒度融合算法

水平融合能够有效学习词级别特征的共享特征表示。首先,将各个模态的隐藏层特征(图 5-14 中的 t_h_i 和 w_h_i)和注意力权重(图 5-14 中的 t_α_i 和 w_α_i)分别计算词级文本特征 t_V_i 和声学特征 w_V_i:

$$t\_V_i = t\_\alpha_i \cdot t\_h_i \tag{5-7}$$

$$w\_V_i = w\_\alpha_i \cdot w\_h_i \tag{5-8}$$

然后,将它们进一步采用全连接层计算多模态融合表示。

水平融合结合了单模态特征和注意权重,但并未考虑不同模态之间的交互作用。针对上述问题,研究人员提出垂直融合策略,结合了文本和声学注意力权重,在两种模态间使用共享的注意分布[图 5-14(b)]。首先,将单词级文本状态(t_h_i)和声学状态(w_h_i)串联后通过稠密层形成共享特征表示 h_i;然后,计算文本注意(t_α_i)和声学注意(w_α_i)的平均值作为共享注意分布 s_α_i;最后,利用共享特征表示 h_i 和共享注意分布 s_α_i,计算词级别融合特征 $V_i = h_i \cdot s\_\alpha_i$。

但是,垂直融合通过计算单模态注意力权重的平均值作为共享注意权重,建模能力有限。针对这一问题,研究人员提出了一个可训练的注意层,分 3 个步骤来计算注意力权重:①使用与垂直融合相同的方法计算共享注意分布 s_α_i 和共享双向上下文状态 h_i;②应用注意微调方式,计算新的注意力分布:

$$u\_e_i = \tanh(W_u h_i + b_u) \tag{5-9}$$

$$u\_\alpha_i = \frac{\exp(u\_e_i^{\mathrm{T}} v_u)}{\sum_{k=1}^{N} \exp(u\_e_k^{\mathrm{T}} v_u)} + s\_\alpha_i \tag{5-10}$$

其中，W_u、b_u 和 v_u 是额外的可训练参数。u_α_i 可以理解为微调分数和原始共享注意分布 s_α_i 的总和；③计算 u_α_i 和 h_i 的权重，来形成最终共享上下文向量 $\boldsymbol{V}_i$。

2. 基于软对齐的细粒度融合算法

基于软对齐的细粒度融合算法不需要预先获取不同模态之间的对齐关系，而是直接在模型中动态学习不同模态之间的对应关系。近年来，Transformer 因其强大的上下文建模能力及其非自回归特性在自然语言处理以及语音识别等领域得到了广泛的应用。Transformer 中主要包含两个模块，分别是自注意力机制模块和全连接层模块。其中，自注意力机制模块通过点积注意力计算两两之间的相似性用于获取全局的交互信息，而全连接层模块则实现对特征进行进一步的变换。

考虑到 Transformer 强大能力，研究人员尝试将 Transformer 引入多模态融合，以解决强制对齐方法中存在的问题。基于多模态 Transformer 的方法以端到端的方式直接从未对齐的多模态数据中学习表征，它关注整个话语范围内不同时间步骤的多模态序列之间的交互，并潜在地调整从一个模态到另一个的流，而无须进行对齐。如图 5-15 所示，模型的输入是音频、视频以及文本三种模态的时序特征，这三种特征成对进行排列然后输入到跨模态 Transformer 中进行两模态信息的融合。跨模态 Transformer 的输入是源模态和目标模态的两种特征，通过学习跨模态元素之间的定向成对注意，用来自源模态的信息来强化目标模态的信息。通过跨模态注意操作探索元素间的跨模态交互，可以从异步序列实现多模态融合。

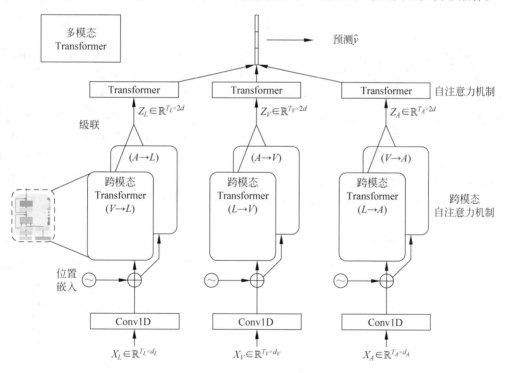

图 5-15 基于 Transformer 的多模态融合

但是，上述方法模型参数量随着模态数目呈现指数形增长，效率较低。针对上述问题，研究人员引入了一个消息中心来对每种模态交换信息，降低了模型参数量。如图 5-16 所示，消息中心可以向每个模态发送公共信息，以便通过跨模态注意来加强其特性。反过来，它还从每个模态中收集强化特征,并利用它们生成改进的公共信息。因此,在这种方法中,公共信息和模态的特征逐渐相互补充。与上一节中提到的方法相比,该方法的优势在于两方面:首先,公共信息促进了跨模态的有效信息流,并鼓励跨模态注意操作来探索所有三种模态之间的依赖,而不是两两模态之间的依赖;其次,改进强化策略提供了一种有效的方法来利用源模态特征进行模态强化。

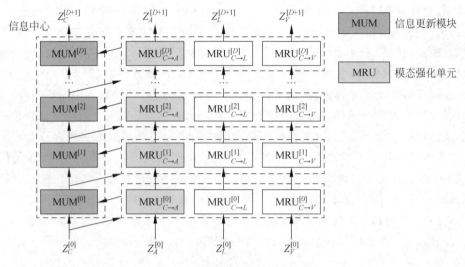

图 5-16　信息流跨模态强化层

最初,模态特征 $Z_{\{L,V,A\}}$ 和公共信息 Z_C 都不携带不同模态间交互信息。在模态强化层中,$Z_{\{L,V,A\}}$ 和 Z_C 通过利用模态间元素之间的内在相关性逐步相互补充。具体来说,每一层包括三个模态强化单元,用于更新模态特征 $Z_{\{L,V,A\}}$,以及一个消息更新模块更新公共消息 Z_C。用 $\mathrm{MUM}^{[i]}$ 表示消息更新模块,$\mathrm{MRU}_{C\to *}^{[i]}$ 表示对应模态的模态强化单元,其中 $* \in \{L,V,A\}$。上标 $[i]$ 表示第 i 个模态强化层。随后,模态强化单元通过自注意 SA 和跨模态注意 CA 两种方式来强化模态特征 $Z_{\{L,V,A\}}$。强化后得到的 $Z_{\{L,V,A\}}^{[i+1]}$ 模态特征也将用于强化上一模态强化层中的公共信息 $Z_C^{[i]}$。输入为 $Z_{\{L,V,A\}}^{[i+1]}$ 和 $Z_C^{[i]}$,输出为 $Z_C^{[i+1]}$。信息更新模块包括三个模态强化单元,通过每种模块对公共信息 $Z_C^{[i]}$ 进行强化(图 5-17)。

5.1.4　模态缺失

相比于单模态情感识别,多模态情感识别可以充分地整合多个模态间的共有信息和各模态内的特有信息来消除单一模态信息中所蕴含的情感的不确定性,因而后者通常有着不可比拟的性能优势。但多模态情感识别模型在推理时通常都需要(训练过程中用到的)所有模态信息作为输入,然而这一条件在实际情况中可能并不满足。比如,对于音频模态来说,视频中有时人物可能会保持静默状态;对于文本模态,由于语音识别系统的局限可能会出现模型不认识的字或词;对于视频模态,视频中的人脸可能因为一些原因在一些时刻没有出现在摄像头范围内。此外,当传感器(麦克风、摄像头等)出现故障时也会导致相应模态信息出现缺失。如果直接将缺失的模态信息通过补零等手段输入到多模态情感识别模型中,模型通常会有较大的性能损失,因为模型在训练过程中并未见过缺失的数据,即存在着训练和测试数据分布不匹配的问题。因此,在部分模态缺失情况下如何提升多模态情感识别模

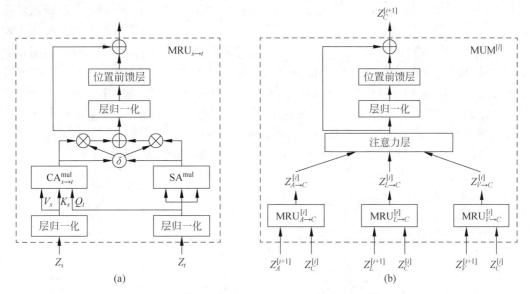

图 5-17 (a)模态强化单元 MRU 和(b)信息更新模块 MUM

型的鲁棒性是一个十分值得研究的问题。目前学术界针对这一问题的研究仍处于起步阶段,主要分为三大类:第一类是基于数据增广的方法,这类方法在训练时随机模拟部分模态的情形,从而期望提升模型在真实缺失情况下推理时的鲁棒性;第二类是基于低秩正则的方法,这类方法假设相比于缺失后多模态数据,原始完整多模态数据的秩要更小,从而通过施加低秩约束来优化模型;第三类是基于模态翻译的方法,即利用已知模态的信息通过翻译的手段来预测或者补全缺失模态的信息。下面围绕这三类方法展开介绍,其中重点介绍研究最多的第三类方法。

1. 基于数据增广的方法

数据增广在深度学习中应用十分广泛,在深度神经网络模型的训练过程应用数据增广通常可以提升模型的泛化能力。比如,在计算机视觉中,针对二维图像,常用的数据增广方法包括随机剪切、缩放、镜像、灰度化、颜色抖动等。对于处理多模态情感识别中的缺失问题,有研究采用这一方法来提升模型的鲁棒性。由于多模态情感识别中通常输入的是预先提取的手工特征或从其大型预训练模型中提取的深度特征,因此针对模态缺失问题,一种简单的数据增广方式就是将某些模态(全部或者部分时刻)的特征直接置0,从而使模拟模型遭遇部分模态缺失的情况。经过这种数据增广方法,在缺失情形下进行测试,模型通常比未进行增广的模型有较大的性能提升。虽然这类方法简单有效,但并未充分利用多个模态之间的共有信息。此外,这类方法假定模态缺失后的数据依然和原始完整多模态数据有着一致的情感标签,但实际情况下可能并不一定如此,因此这也是一个值得关注的问题。

2. 基于低秩正则的方法

由于原始的完整多模态数据是自然产生的,因此模态间因为共有信息的存在会有一致相关性,而且各模态内也存在着时序相关性。当出现部分模态某些或全部时刻的信息缺失后,这两种相关性就会遭到破坏,用线性代数中的语言描述就是,完整多模态数据的秩应该比缺失后的多模态数据的秩要小。基于这一假设,针对模态缺失问题提出了一种基于张量低秩正则的时序多模态融合网络。如图 5-18 所示,该方法需要对齐的音频、视频和文本特征作为输入,分别经过各自的时序编码器后得到隐藏层特征。对于每一时刻,采用张量融合方法来整合不同模态的信息,最后将不同时刻多模态融合特征之和作为整个句子的特征并用于最终的分类。模型在训练过程中施加的低秩正则项作用于该句子级别的特征,使其能够通过这一约束迫使网络利用模态间的一致相关性和模态内的时序相关性来恢复那些缺失的部分模态信息,从而提升模型的鲁棒性。这种基于张量低秩正则的时序多模态表征学习方法比未做任何缺失处理的基线方法在不同的缺失设置和不同的缺失率下都有更好的表现。虽然该方法能够提升模型在部分模态缺失下的鲁棒性,但值得注意的是,该方法需要对齐的多模态特征作为输入,因此如何将其推广至非对齐情况下依然有待研究。

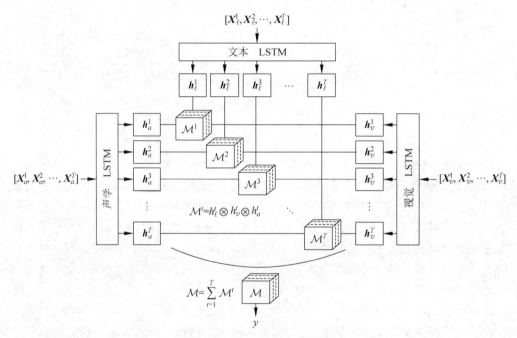

图 5-18　基于低秩正则的时序多模态融合网络

3. 基于模态翻译的方法

　　基于模态翻译的多模态缺失处理方法起源于计算机视觉中的图像翻译,尤其是著名的用于图像风格迁移的循环生成对抗神经网络。模态翻译的核心思想在于利用已知的模态信息来预测或者补全那些缺失模态的信息,从而期望模型能够捕获到所谓的联合多模态表征,即模态间的共有信息。目前基于模态翻译的研究逐渐涌现出来,下面分别进行介绍。

　　首先介绍多模态循环翻译网络(Multimodal Cyclic Translation Network,MCTN)。如图 5-19 以双模态(其中一个作为源模态,另外一个作为目标模态)为例,MCTN 使用循环神经网络构成的编码器对源模态特征进行编码得到中间层特征,然后利用另外一个循环神经网络构成的解码器将中间层特征翻译为目标模态的特征,以上整个过程构成了前向翻译,这部分的损失就是对目标模态的重建损失。受循环生成对抗神经网络中循环一致损失的启发,同样有反向翻译,即将翻译后的目标模态特征输入到上述编码器和解码器得到对源模态特征的估计。通过前向和反向翻译,编码器抽取的中间层特征中包含了源模态和目标模态之间共有的信息,因此最后基于此特征利用另外一个循环神经网络来做最终的情感标签预测。当输入模态的数目大于 2 时,可以首先选定其中两个模态,利用双模态 MCTN 得到的中间层特征作为多模态联合表征(源模态),依次和其他模态特征(目标模态)迭代进行上述双模态 MCTN 的过程,这样就将 MCTN 推广至任意个数的模态输入。值得注意的是,MCTN 在训练时需要输入全部模态的信息,但在推理时只需源模态信息的输入即可完成模型的预测。

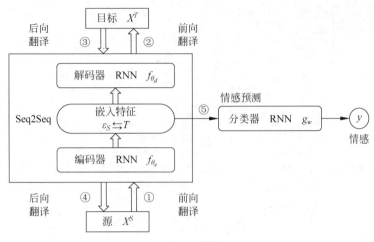

图 5-19　多模态循环翻译网络 MCTN

　　虽然 MCTN 在推理时可以允许除源模态之外的其他模态存在缺失,但其在实际应用中缺乏灵活性,即需要针对每一模态(将其作为源模态)单独训练一个模型才能允许任一模态都可以作为输入进行预测。其核心原因是源模态和目标模态之间并不对等,即 MCTN 是非对称的。针对这一问题,提出了耦合翻译融合网络(Coupled-Translation Fusion Network,CTFN)。如图 5-20 所示,相比于 MCTN,CTFN 采用了双向互反的对偶架构,即对于双模态 α 和 β,其中任一模态既可以作为源模态也可以作为目标模态,当 α 作为源模态时,一方面要通过编码网络 $f_{\alpha \to \beta}$(这里类似 MCTN 中编码器和解码器组成的整体)翻译为目标模态 β,翻译后的目标模态通过另一个编码网络 $f_{\beta \to \alpha}$ 重建自身,这部分的损失为重建损失和循环一致损失之和,即 $\| \beta - f_{\alpha \to \beta}(\alpha) \| + \| \alpha - f_{\beta \to \alpha}(f_{\alpha \to \beta}(\alpha)) \|$;类似地,将 β 作为源模态,有 $\| \alpha - f_{\beta \to \alpha}(\beta) \| + \| \beta - f_{\alpha \to \beta}(f_{\beta \to \alpha}(\beta)) \|$。当扩展至多模态时,不同于 MCTN 的串行结构(先进行双模态,然后逐渐加入其他模态),CTFN 采用并行的结构,即只需要两两模态之间重复进行上述的双向互翻过程。此外,CTFN 利用 Transformer 来替代循环神经网络构建编码网络。由于任意两两模态之间都可以相互翻译,所以 CTFN 推理时只需用到任何单一模态或者部分模态作为输入。值得注意的是,CTFN 和 MCTN 都需要对齐的时序多模态特征作为输入,这一要求导致它们在实际的应用场景中受限。

　　和 CTFN 克服 MCTN 缺陷所采用的方法不同的是,缺失模态联想网络(Missing Modality Imagination Network,MMIN)则同时结合了模态翻译和第一类方法中所用到的数据增广(图 5-21)。MMIN 的输入为随机模拟的部分模态缺失后的数据,对于 N 个模态集合 $M = \{m_i\}_{i=1}^N$,包含 1 模态缺失、2 模态缺失,$\cdots$,$N-1$ 模态缺失共 $2^N - 2$ 种情况。MMIN 首先将可利用的模态 M_a 和对应的缺失模态 M_s(其中 $M = M_a \bigcup M_s, M_a \bigcap M = \varnothing$)的时序特征 X_a 和 X_s 分别编码为句子级别的特征 h_a 和 h_s,采用串联残差自编码机(Cascade Residual Auto-encoder,CRA)作为前向联想网络将 h_a 翻译为 h_s,然后利用另外一个 CRA 作为反向联想网络将翻译得到的 $\hat{h}_s$ 重新映射回自身。以上过程和 CTFN 以及

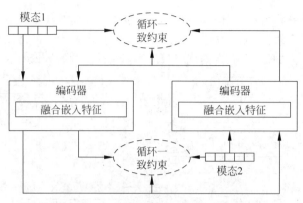

图 5-20　耦合翻译网络 CTFN

MCTN 中的模态翻译过程类似,只不过这里作用于句子级别的特征而非对齐的时序特征。最后,前向联想网络中 CRA 的隐藏层特征作为联合的多模态表征用于最终的情感分类。

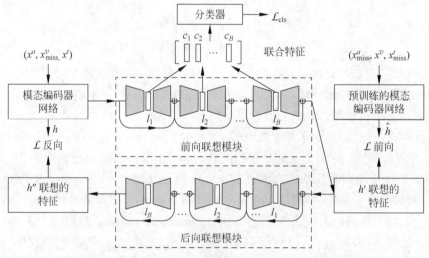

图 5-21　缺失模态联想网络 MMIN

　　以上研究都假定某些模态的信息完全缺失,而实际应用场景中并非如此,比如前面提到的视频中某些时刻人物短暂出镜导致的视觉信息缺失。针对这种部分模态部分时刻的随机缺失情形,提出了基于 Transformer 的特征重建网络(Transformer-based Feature Reconstruction Network,TFR-Net)。TFR-Net 旨在利用模态内的时序信息和模态间的共有信息来恢复缺失时刻的模态信息。如图 5-22 所示,TFR-Net 的输入是随机缺失的、非对齐的时序多模态特征,对于每一模态,首先使用时序卷积网络捕获模态内部的局部依赖关系,然后使用模态内 Transformer 和多个模态间 Transformer(该模态和任意其他模态之间均有一个模态间 Transformer)分别对模态内全局依赖关系以及跨模态依赖关系进行建模,接着拼接这些 Transformer 输出的特征并使用另外一个 Transformer 整合这些模态间和模态内的信息,整合后的特征一方面输入到重建模块用于恢复该模态缺失的信息,另一方面输入到融合模块用于多模态特征融合并进行后续的情感预测。TFR-Net 虽然没有显式地施加模态翻译,但由于模态间 Transformer 的引入,模型在进行特征重建时可以"看见"其他模态的信息,因此隐式蕴含着模态翻译的过程。

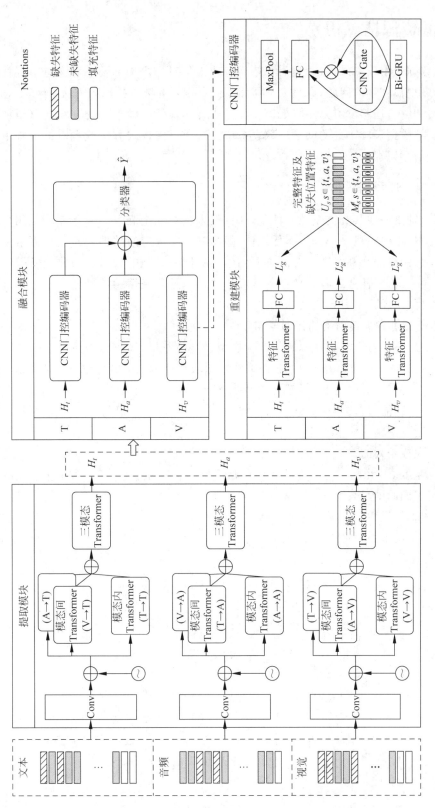

图 5-22 基于 Transformer 的特征重建网络 TFR-Net

5.2　低资源情感识别

情感数据采集成本昂贵,并且需要依靠专业人员对样本中的情感状态进行标注。针对情感数据库规模较小的问题,研究人员探索了迁移学习和数据扩增等方法,缓解数据资源不足的问题。其中,迁移学习方法将无监督任务或者其他任务学习到的知识迁移至情感识别任务中,缓解数据资源不足的问题。数据扩增方法通过启发式方法或者对抗训练生成新的数据,提升情感识别系统的鲁棒性和泛化性。

5.2.1　迁移学习

情感识别是一项具有挑战性的任务,在自然人机交互中起着至关重要的作用。语音情感自动识别的主要挑战之一是数据稀缺性,即没有足够数量的数据来建立和探索复杂的深度学习模型,使得深度神经网络方法难以创建泛化能力较强的模型。为此我们探索了迁移学习方法,将无监督任务或者其他任务学习到的知识迁移至情感识别任务中。本节围绕着以下几种典型的迁移学习方法展开介绍。

1. 基于渐进式神经网络的迁移学习

传统的迁移学习方法是在源域预训练模型,然后在目标域进行微调。这种预训练和微调(Pre-Training/Fine-Tuning,PT/FT)方法在源和目标域中的数据量非常丰富的情况下是成功的,但仍有其局限性。当使用目标域中学到的权重对模型进行微调时,最终模型将失去解决源任务的能力,这种现象被称为"遗忘效应"。针对这一问题,研究人员采用渐进式神经网络,如图 5-23 所示。其中箭头表示每一层之间的信息传递,黑色箭头显示了源任务的冻结权重,在冻结列的 k 层处生成的表示和新列的 k 层输出一起作为输入馈送到新列的 $k+1$ 层。渐进式神经网络通过冻结和保存源任务权重来防止 PT/FT 方法中存在的遗忘效应,并使用它们的中间表示作为新网络的输入训练任务序列。在实验中,研究了使用上述三种方法将知识从说话者识别或性别识别转移到情感识别的有效性。最后通过比较这三种实验方法计算出的未加权平均召回率得出结论:当目标数据集较小时,PT/FT 仍是更好的选择;但当目标数据集的大小足够的情况下,渐进式神经网络方法更优于 PT/FT 方法。

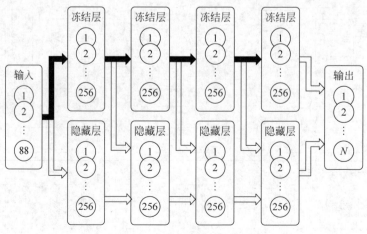

图 5-23　渐进式神经网络架构

2. 基于半监督任务的迁移学习

由于大量标记语料库获取成本高,研究人员提出了基于半监督迁移学习的低资源情感识别方法。数据集中包含有标签样本和无标签样本。首先采用 Doc2vec 模型提取句子级别特征表示,由于 Doc2vec 模型不采用任何情感标签,故特征提取过程是无监督的。然后,利用流形正则化方法,同时利用有标签样本和无标签样本训练情感识别模型。该方法假设,如果不同样本在特征空间之间的距离较为解决,那么它们在标注空间的距离也应较为接近,从而实验半监督训练。如图 5-24 所示,我们观察到使用所提出的方法在单个语料库和两个跨语料库上的增益。特别是在只有少量训练数据的情况下,与全监督方法相比,半监督迁移学习模型的改进是显著的。虽然该方法是在一个典型数据库进行的实验验证,在不同数据库上得到的分析结论难免会存在一定偏差,但总体分布比较接近。

3. 基于阶梯网络的迁移学习方法

阶梯网络是自编码器的扩展结构,其关键方面是编码器和解码器层之间的横向连接。这些横线连接允许解码器直接从对应位置的编码层学习特征表示,能够降低重建误差。基于阶梯网络的迁移学习方法将有监督的情感识别任务与无监督的重建任务结合起来,通过

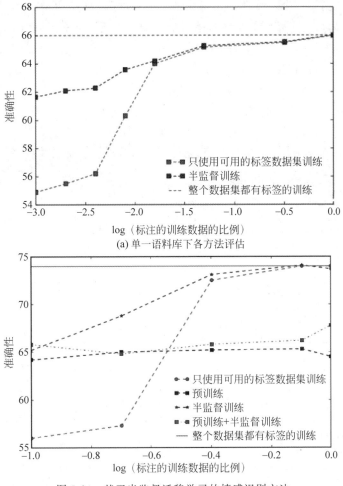

(a) 单一语料库下各方法评估

图 5-24　基于半监督迁移学习的情感识别方法

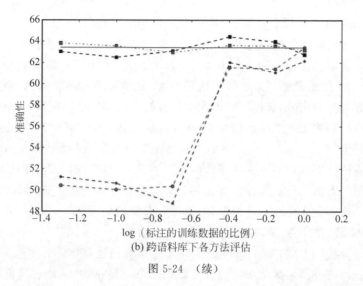

(b) 跨语料库下各方法评估

图 5-24 （续）

添加无监督辅助任务来对自动编码器的每一层表示进行重建降噪。我们采用三个基线来比较不同方法的性能,第一个基线使用不考虑情感标签的降噪自动编码器来提起特征表示(即无监督自编码器),第二个基线是传统的有监督单任务模型,第三个基线是有监督多任务学习方法框架(Multi-Task Learning,MTL)。如图 5-25(a)所示,阶梯网络的编码器是一个全连接多层感知器网络。在噪声编码器的每一层添加高斯噪声,来自编码器的最后一层表示被用作监督任务的目标。解码器的目标是去除噪声,去噪函数结合了来自解码器的自上而下信息和来自相应编码器层的横向连接。这种方法允许更高层学习监督任务所需的更具情感区别性的特征表示。MTL 可以通过联合学习多个属性来提升情感识别性能。图 5-25(b)展示了一个含有两个隐藏层的 MTL 网络,它能同时预测三个情感属性:唤醒、效价和支配。

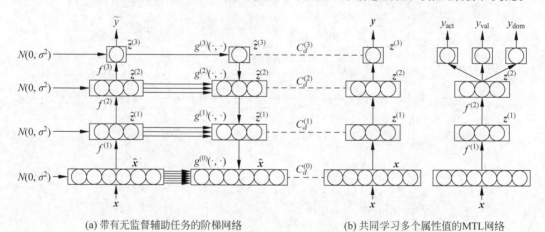

(a) 带有无监督辅助任务的阶梯网络   (b) 共同学习多个属性值的MTL网络

图 5-25 使用辅助任务预测情感属性的架构

5.2.2 数据扩增

数据扩增方法能够有效缓解低资源问题。传统数据扩增方法往往采用启发式算法,设计各类扩增策略,提升系统鲁棒性。图像增强方法主要包含几何变换和图像变换等。其中,几何变换有翻转、旋转、裁剪、缩放等;图像变换有叠加噪声、模糊、颜色变换等。语音增强方法主要包含时域增强和频域增强算法。其中,时域增强有速度扰动、时间拉伸、音调偏移、增加混响以及附加噪声等;频域增强方法有音高增强、速度增强、扭曲增强、频率掩模增强、时间掩模增强、频谱交换等。但是,这些方法会导致训练集中的样本相似,造成模型过拟合。近年来,也有研究人员采用神经网络,生成合成数据(例如对抗样本等),实现数据资源扩增。相比于传统数据扩增方法,基于神经网络的数据扩增方法能够生成丰富且多样化的训练数据,效果提升更加明显。因此,本节将围绕着基于深度学习的数据扩增方法展开介绍。

1. 基于生成对抗网络的数据扩增方法

基于生成对抗网络的数据扩增方法主要包含两个模块:生成器和判别器,实际合成过程是生成模型和判别模型之间互相博弈。以合成特征向量为例,生成器的主要任务是使其生成的假特征更接近于真实特征,让判别器无法判断真假。判别器的主要任务是区分输入的是合成的特征还是真实特征。通过构造合理损失函数,模型不断进行迭代更新,生成器生成的特征越来越接近真实特征,判别器能力也会相应得到提高。最终,判别器难以判断输入的特征是真还是假,对所有特征判断真假的概率接近随机猜测,从而达到平衡状态。

目前,基于生成对抗网络的数据扩增方法,主要包含合成特征和合成原始数据两类。例如,在给定少量训练样本情况下,如图 5-26 所示,模型给生成器输入噪声和标签合成特征向量,判别器用来判断特征真假,使得合成特征向量与真特征向量相近。

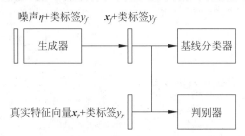

噪声 η+类标签 y_f x_f+类标签 y_f

生成器 → 基线分类器

真实特征向量 x_r+类标签 y_r → 判别器

图 5-26　cGAN 结构(生成器参数的更新依赖于判别器和基线分类器)

虽然合成手工特征,如 OpenSmile 工具提取的梅尔频率倒谱系数、基频、共振峰的能量、频率和带宽等频谱特征等维度低,更适合建立神经网络模型。但合成语谱图特征或原始音频波形更具有灵活性,通过获取原始音频波形或语谱图可以进一步处理成模型需要的手工特征,可以适应模型的不同类型输入。如图 5-27 所示,首先在一个大型的未标记语音语料库上训练自编码器获取判别器 D。第二步,加载上一步判别器 D 权重并更改最后一层判断数据真假,迭代训练后最终使生成器 G 可以合成高度逼真的对数梅尔谱图。第三步,加载上一步预训练权重,并更改最后一层输出类别进行微调,由于生成器可以合成高质量的语谱图,判别器会关注语谱图中的情感信息,进而提升情感分类的准确率。

2. 基于对抗训练的情感识别方法

对抗训练是一种欺骗神经网络对实例进行错误分类的方法,通常通过向数据中添加扰动(即附加噪声),使得预测标签相对于原始标签产生较大差异,从而生成对抗样本。通过将对抗样本融入模型训练过程中,增强模型的抗干扰能力和泛化性。近年来,研究人员将对抗训练引入情感识别任务中,以提高模型对对抗攻击的鲁棒性。例如,图 5-28 提出了一种基于对抗性的数据增强方法,并采用了对抗性训练方法来防御对抗攻击。

虚拟对抗训练使用额外无标注数据,将对抗训练和半监督模型相结合。模型从训练集

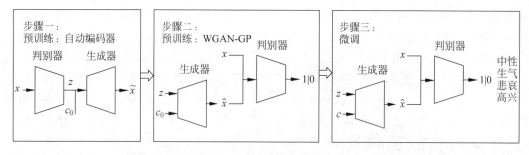

图 5-27　训练步骤(x 真实的语谱图，$\tilde{x}$ 重构的语谱图，$\hat{x}$ 生成的语谱图，z 噪声输入，c_0 为 N_0 为零向量占位符，c 为类别向量标签)

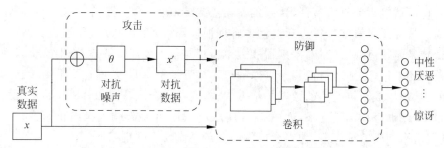

图 5-28　情感语音样本上的对抗训练框架

中随机选择一定百分比(10%、25%、50%、100%)的样本，并使用它们作为训练数据，剩余数据作为未标记测试集。如图 5-29 实验结果表明，通过利用其他语言的未标记数据，同时使用 10%的标记样本，相比于现有的最新技术，在阿拉伯语、西班牙语和英语上多语言情感识别水平分别提升 6.2%、3.8%和 1.8%(Jaccard 指数)，在西班牙语、阿拉伯语和英语上多标签情感识别水平分别提升 7%、4.5%和 1%(Jaccard 指数)。本节针对所提方法在西班牙语和英语上进行了验证，这种基于对抗训练的情感识别方法可以适用于其他语言上的情感识别。

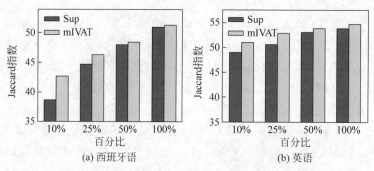

图 5-29　西班牙语和英语的 Jaccard 指数在不同百分比下标签例子的比较

5.3　对话情感识别

随着人机交互系统与社交网络平台的大规模部署与应用，利用智能设备进行人机、人人交互已成为人们日常生活的一部分。但是现有智能交互系统更多地关注于言语内容理解，未能充分考虑情感信息，这影响着交互系统的自然度和适人性。因而，面向对话场景的情感识别技术逐渐受到国内外研究人员的广泛关注。区别于传统意义上基于单句的情感识别，对话情感识别需要考虑时序信息、个体信息和常识信息。

首先,区别于传统基于句子的情感识别方法,对话情感识别需要对句子的上下文信息进行建模,这种上下文信息可以归因于历史和未来信息,并且依赖于时间顺序。此外,在交互场景中,个体信息能够帮助理解言语内容及其中蕴含的情感状态。心理学研究表明,交互场景中个体情感状态主要受两方面因素影响:"自我依赖"特性和"相互依赖"特性。其中,自我依赖特性也被称作情感惯性,它是指在没有外部刺激(例如其他人物、事件刺激)的情况下,个体的情感状态在时间尺度上存在连续性,不会发生突变。而相互依赖特性是指不同个体的情感状态之间也存在着相互影响。如何有效建模个体信息是情感识别领域的一个热点问题。其次,个体情感状态还会受参与者的心理状态、意图等因素影响。在对话模型中,只有话语可以随着对话的展开而被观察到,而其他变量,如说话人状态和意图,由于没有被其他参与者直接观察到,仍然是潜在的。因此,需要常识知识来建模说话人状态和意图信息。本节围绕着对话情感识别任务中的这三个要素展开介绍。

5.3.1　时序建模

情感分析采用的文本数据、语音数据、图片数据,通常是每一句话或者每一张图片带有一个情感标签,因此传统的对文本、语音、图片的情感分析往往只考虑单个句子的文本、语音或单张图片。但这种孤立地分析情感的方式在分析一些实际问题时变得不再适用。例如,近年来,类似于微博的社交媒体日益活跃,用户在社交媒体上发表的内容通常短小和口语化,并且包含了很多上下文信息,只考虑单个句子,识别准确率不高。同时,随着自媒体的兴起,出现了很多对商品、电影评价类的视频。对这些视频进行情感分析就可以知道对该商品、电影的评价是正面的还是负面的。视频中的每个话语都是在不同的时间以特定的顺序说出来的。因此,视频可以被视为一系列话语。像任何其他时序信号问题一样,视频的连续话语在很大程度上是上下文相关的,这些上下文中包含了很多对于识别目标情感分析有利的信息。不仅是视频,文本数据和语音数据同样也是时序信号,情感分布也会受到上下文的影响。因此,将情感分析看作一种对时序信号的分析方式,把上下文信息融入情感分析中可以获得更全面的情感信息。下面介绍几种典型的时序建模策略。

1. 融合历史信息的情感分析模型

全球每秒钟都会产生大量的实时数据,其中大部分是非结构化的文本消息。如果能够实时分析这些数据,我们就不仅能快速发现问题,还能及时地解决问题,例如,当智能客服发现客户出现"愤怒"的情感时,可以及时切换人工客服,防止客户流失。因此,在对话中实时地进行情感识别对于开发具有情感智能的聊天机器具有重要意义。但在实时情感分析中没有未来上下文,因此有效地建模历史信息,从历史信息中提取情感信息变得十分重要。

如图 5-30 所示,该模型基于对话文本数据采用历史对话信息和当前目标语句一起进行情感分析得到当前目标语句的情感预测。首先将文本数据通过 word2vec 得到每个单词的词向量表示,词表中未包含的单词通过随机生成的向量初始化。将目标语句之前的 K 个历史语句 $u_{t-K-1+k}$(其中 $k=1,2,\cdots,K$)与目标语句 u_t 一起输入模型,将每个语句通过双向门控循环单元(Bidirectional Gate Recurrent Unit,BiGRU)进行建模,在两个方向上汇集每一个单词的上下文的同时对单词序列建模,这有助于充分理解句子。BiGRU 两个方向的隐藏状态被连接并通过最大超时池化层,K 个历史语句输入到融合层,而目标语句作为一个

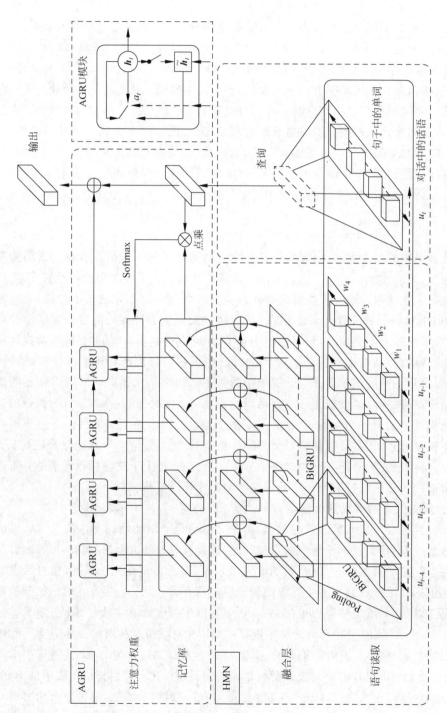

图 5-30　基于历史上下文情感分析模型

查询 q_t 参与后续注意力的计算过程。在融合层再次用 BiGRU 对这 K 个历史语句进行序列关系建模,并将 BiGRU 的输出与语句本身相加作为对历史语句建模成的记忆。

$$M_t = \{ \mathrm{BiGRU}(u_{t-K-1+k}) + u_{t-K-1+k} \} \tag{5-11}$$

式中,$k=1,2,\cdots,K$,将 K 个历史语句构成的记忆库分别与目标语句进行点乘后进行 softmax 操作获得各自的权重 $\boldsymbol{\alpha}_k$。

$$\boldsymbol{\alpha}_k = \frac{\exp(\boldsymbol{q}_t^{\mathrm{T}} \boldsymbol{M}_{t,k})}{\displaystyle\sum_{k'=1}^{K} \exp(\boldsymbol{q}_t^{\mathrm{T}} \boldsymbol{M}_{t,k'})} \tag{5-12}$$

将刚获得的权重 $\boldsymbol{\alpha}_k$、历史语句建模得到的记忆模块以及前一个注意力门控循环单元(Attention Gate Recurrent Unit,AGRU)的输出输入到当前 AGRU 模块。

$$\boldsymbol{h}_k = \boldsymbol{a}_k \circ \widetilde{\boldsymbol{h}_k} + (1-\boldsymbol{a}_k) \circ \boldsymbol{h}_{k-1} \tag{5-13}$$

AGRU 最终隐藏状态 $\boldsymbol{h}_k$ 用作上下文向量,以帮助优化查询的表示形式。将 AGRU 模块的输出 $\boldsymbol{h}_k$ 与查询 $\boldsymbol{q}_t$ 加和之后通过一个 Softmax 层得到目标情感标签向量。

2. 多模态多层次情感分析模型

多模态情感分析是一个正在发展的研究领域,它涉及视频中情感的识别。在多模态数据中,每个模态都为其他的模态提供了信息补充,即模态之间存在关联性。然而,传统的情感分析主要基于单模态数据进行(例如只考虑文本或只考虑图片),少数的多模态情感分析研究则关注不同模态的融合,却忽略了上下文信息的影响,即忽略了视频中话语之间的相互依赖和联系。但在多模态时序信号中,上下文信号间可以对对话的环境特征进行描述,能够有效补充情感信息,对于提高情感分析的效果具有重要的作用。多模态模型的大部分工作使用串联或早期融合作为融合策略。这种简单化方法的问题在于,它不能过滤掉由不同方式获得的冲突或冗余信息,采用多层次融合多模态特征有利于解决以上问题。

图 5-31 中简明地展现了一种多模态特征多层次融合的方式。对于文字特征、视频特征、音频特征首先进行两两融合,即文字和视频、视频和音频、文字和音频进行融合。特征两两融合之后再将两两融合后的特征全部融合,得到三个模态融合的最终特征。图 5-32 是采用这种

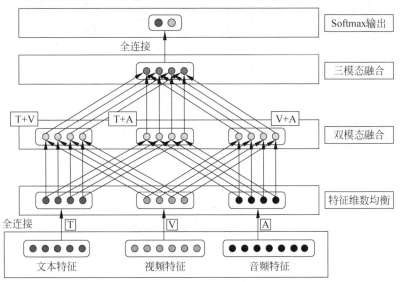

图 5-31　多模态多层次融合方法

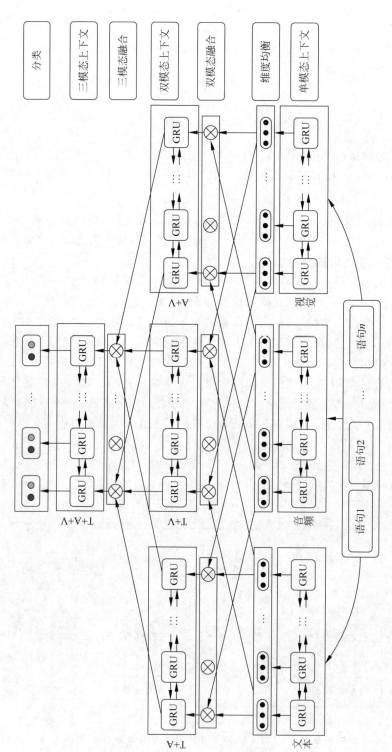

图 5-32 多模态多层次融合历史上下文情感分析模型

融合方式的模型。首先提取三个单模态特征,将文本通过 word2vec 得到每个词的词向量后通过卷积神经网络得到文本特征,音频特征提取过程是在 30Hz 的帧率下,滑动窗口为100ms,通过 OpenSmile 工具提取低水平描述符(Low Level Descriptors,LLD)和统计特征。视频特征则通过三维卷积神经网络提取得到。一般认为通过考虑历史上下文可以获得目标语句的情感信息,该模型采用了单向门控循环单元(Gate Recurrent Unit,GRU)对提取得到的单模态特征进行历史上下文关系建模,再通过一个全连接层将这三个模态转换到同一维度,将特征两两拼接后再分别通过三个全连接层并将得到的特征融合结果输入给单向 GRU,得到双模态特征的历史上下文特征提取。将三个 GRU 网络的输入通过拼接并输入给全连接层得到三个模态特征融合的结果,再次通过一个单向 GRU 提取历史上下文特征,将得到的多模态历史上下文特征通过一个 Softmax 层得到最终的分类结果。

3. 融合双向时序信息的情感分析模型

类似于上一小节的多层次融合框架,本小节的模型同样采用多层次融合的框架,但不同的是,本小节的模型采用双向长短时记忆网络(Long Short Term Memory,LSTM),将未来上下文对目标话语的情感分布的影响也加入分析范围以获得更全面的情感信息,并通过实验证明了在多模态上下文融合的基础上加上各单模态特征的上下文信息可以有效提升模型性能,因此同样采用多层级的框架来构建模型。

如图 5-33 所示,模型的数据采用多模态数据,它是将视频数据切分为文本数据、音频数据、视频数据后分别提取特征。文本数据首先通过 word2vec 得到每个单词的词向量后,将每个句子单词的词向量串联,再通过卷积神经网络进行文本特征提取。音频特征以 30Hz 的帧速率和100ms 的滑动窗口通过 OpenSmile 工具提取,最终提取得到一系列 LLD 特征。如梅尔频率倒谱系数、声强、音高及其统计量如均值、根二次均值等。视频特征通过三维卷积神经网络得到,采用密集层的激活值用作视频特征。得到该视频的所有特征后通过上下文 LSTM 进行第一层单模态特征之间的上下文特征提取,基础上下文 LSTM 结构如图 5-34 所示,该模型采用两个 LSTM 堆叠,变为双向 LSTM 提取上下文信息。得到各单模态上下文特征后再将这些特征拼接,再输入一个上下文 LSTM 提取多模态之间的上下文特征,之后将这些特征进行分类。

4. 多模态多层次融合双向时序信息的情感分析模型

前面几小节从基于单模态历史上下文模型开始,介绍了引入多模态多层次融合的历史上下文模型,进一步介绍了引入了未来上下文的多模态多层次融合的上下文模型,本小节的模型则是结合了多模态、多层次融合以及注意力机制的上下文模型。

如图 5-35 所示,包括基于注意力的融合网络和基于注意力的 LSTM 网络(在实际模型中采用双向 LSTM),这两个网络拼接构成上下文感知融合 LSTM(CATF-LSTM)。利用该模型采用多层次融合的方法则构成了基于注意力的多模态多层次融合上下文情感分析模型。具体模型构成方法如下,首先从各自的单模态中提取话语级的单模态特征,即文本特征、音频特征与视频特征,提取方式与上节类似,这一阶段不考虑语篇之间的上下文关系。提取得到单模态上下文无关特征后,将其输入给 CAT-LSTM 得到上下文相关的单模态特征,此处采用双向 LSTM 加注意力机制得到不同上下文的加权隐藏表示,将其与 LSTM 输出通过学习到权值 W_p,W_x 的网络,最终得到不同贡献度的上下文相关单模态特征 $h_t^* = \tanh(W_p[t].r_t+W_x[t].h_t)$。再将这些上下文相关的单模态特征输入 CATF-LSTM 进行多模态融合并提取多模态的上下文相关特征,最终通过 Softmax 层进行分类。

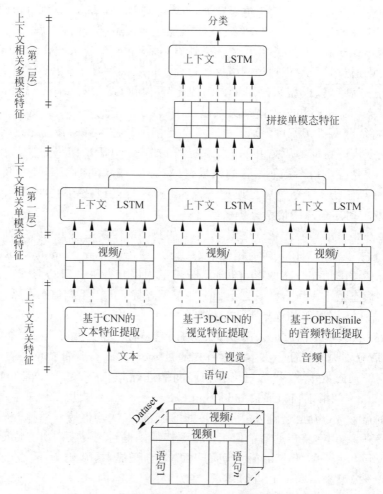

图 5-33　多模态多层次融合上下文情感分析模型

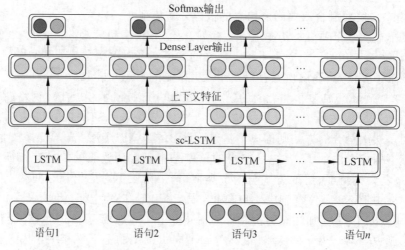

图 5-34　基础上下文 LSTM 模型

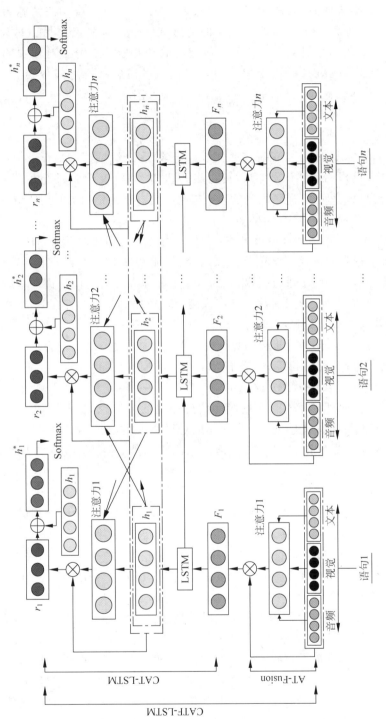

图 5-35 上下文感知融合 LSTM 模型

5.3.2　个体建模

根据心理证据表明,自我影响与说话者之间的影响是对话中动态情感的两个主要因素。自我影响与情感惯性有关,即一个人的情感从一个时刻延续到另一时刻的程度;说话者之间的影响,即对话场景中的不同个体之间的相互影响。分析对话中的动态情感是非常具有挑战性的工作,这是由于参与对话的说话者情感状态之间依赖关系非常复杂。如何有效建模个体信息是情感识别领域的一个热点问题。本节将介绍目前主流的个体建模策略。

1. CMN 模型

针对对话情感识别任务,有研究者提出基于对话记忆网络(Conversational Memory Network,CMN)的对话情感识别方法,其主要思想是将每个说话人的历史信息通过记忆网络的方式进行提取、存储,以此辅助当前时刻的对话信息来识别当前时刻的情感。网络架构如图 5-36 所示。

图 5-36 以两人对话为例介绍该方法:首先从对话人的历史对话中,抽取多模态特征表示。文本特征通过卷积神经网络进行提取,音频特征通过 OpenSmile 工具进行提取,视频特征通过三维卷积神经网络进行提取。之后,采用说话人独立的门控循环单元分别对两人的对话时序信息进行建模;然后从当前需预测句子中抽取多模态特征表示,将其输入到记忆网络中,获取融合两个说话人历史信息之后的特征表示。总体来看,该记忆网络主要包含两部分,一是记忆输入部分,用于存储每个说话人的历史信息,以此作为每个说话人当前时刻的信息建模;二是记忆输出部分,用于获取融合历史信息的特征表示。最后,该网络采用一个记忆更新模块,将上一时刻记忆力的输出作为下一时刻记忆状态的输入。

该模型首次同时建模了对话中的时序信息和说话人信息,将不同说话人的上下文历史作为信息,模拟其动态情感变化,并更好地对说话人的当前情感作出预测。实验结果表明,相比于基于长短时记忆网络的对话情感识别框架,该方法显著提升了对话情感识别的性能。

2. ICON 模型

虽然 CMN 模型通过对不同说话人的个体建模,使得网络在对话情感识别的任务中表现变得更为突出,但在模拟说话人的动态情感变化时,该网络并没有很好地考虑到历史对话中对方的上下文对自身产生的情感影响。作为 CMN 框架的扩展,研究者在 2018 年提出了基于交互对话记忆网络(Interactive Conversational Memory Network,ICON)的对话情感识别方法。网络架构如图 5-37 所示。

该网络作为 CMN 的扩展,与 CMN 采用同样的方式将说话人的上下文历史抽取成多模态的特征表示,利用门控循环单元分别对两人的对话时序信息进行建模。不同的是,该网络进一步利用一层门控循环单元将两人建模好的时序信息按顺序进行整合,利用建模上下文信息,将说话者自身和说话者之间的时序信息结合在一起,捕获完整对话中的时序关系。之后,将融合交互信息和时序信息的特征表示输入到记忆模块中。记忆模块使用多跃点的思想对信息进行建模,有助于改善注意力机制的焦点,可以有效地避免因单跃点造成的重要信息忽略的问题。该记忆模块的更新采用门控循环单元,并采用注意力机制更新输入部分,经过多层记忆模块后,将输出结果用于对话情感预测。

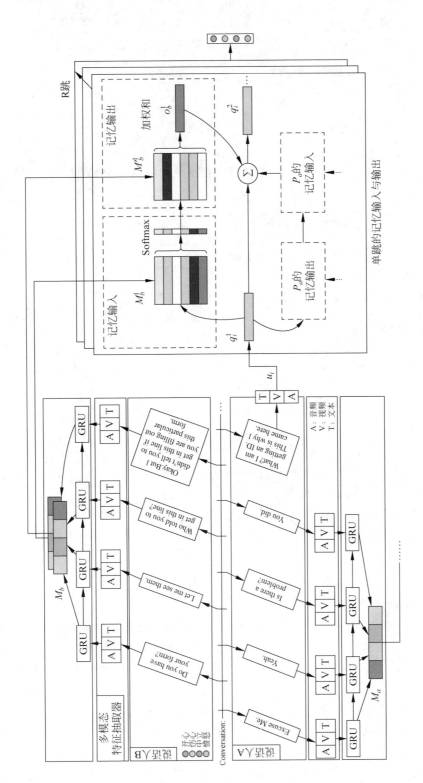

图 5-36　基于对话记忆网络的对话情感识别网络架构

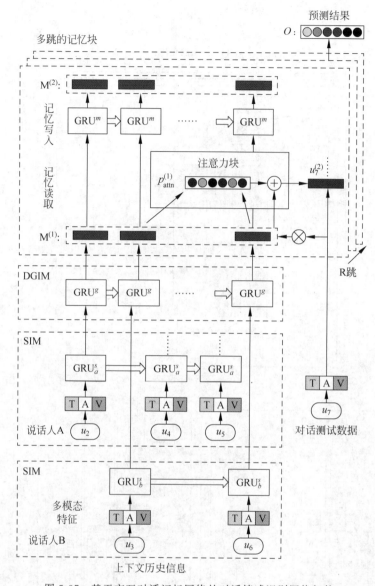

图 5-37 基于交互对话记忆网络的对话情感识别网络架构

3. DialogueRNN 模型

ICON 之后,研究者对对话全局的建模架构进一步探索,更细致地对说话人进行建模以获取更精准的情感预测。2019 年,研究者提出循环神经网络的对话情感识别方法,名为对话循环神经网络(Dialogue Recurrent Neural Network,DialogueRNN)。网络架构如图 5-38 所示。在该网络中,q 表示说话人的状态,c 表示上下文信息,u 表示当前说话人说出的话语。从图 5-38(a)可以看出,该网络的全局状态通过上下文信息与说话人当前发言进行更新,减弱了与说话人状态的依赖,通过这样的方式,该网络将对话场景中上下文所表示的信息与说话人状态进行解耦,使说话人的状态不会影响对话上下文所包含的情感信息;该网络结合说话人前一步状态、上下文信息、说话人当前发言三种信息来更新说话人当前状态,加强了说话人状态对上下文信息的依赖关系。从图 5-38(b)可以看到更直观的门控循环单元的更新

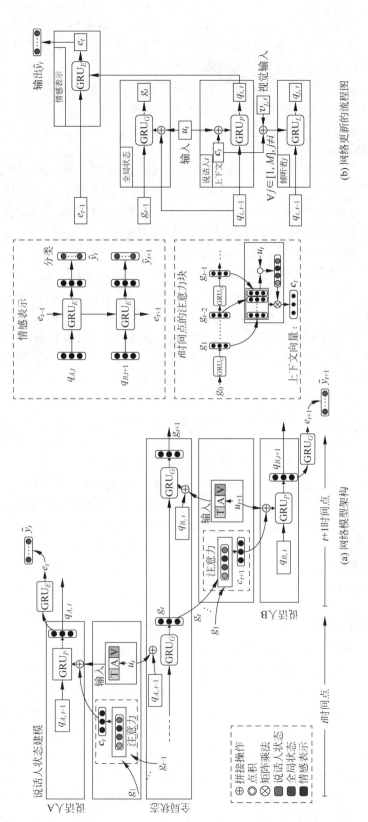

图 5-38 基于循环神经网络的对话情感识别网络架构

步骤,也可以看到该网络在对说话人的情感进行预测时,只使用了该说话人上一步情感信息与当前状态信息,并没有结合对话全局的上下文信息。相比于基于记忆网络的对话情感识别方法,该方法在识别性能上取得了明显的提升。

值得一提的是,在该网络的探索过程中,研究者也对聆听者状态进行了相应的建模探索,如图 5-38(b)所示。但是结果显示,有无聆听者建模状态建模不会对结果产生明显影响,研究者认为听者只有在说话时才与对话相关,沉默的一方在对话中没有影响力。

4. A-DMN 模型

不难看出,相比于 CMN 及其扩展模型,DialogueRNN 模型通过跟踪说话者的时间个体状态,在处理每个输入话语时都会考虑说话者的特征,从而为话语提供更精细的上下文,这也使得模型的预测更加精准。但是 DialogueRNN 最终的情感表示却不能像 CMN 和 ICON 模型那样使用跳跃性的对话数据来优化,只能使用至此之前完整的对话时序信息,导致如果之前的信息中存在不必要的噪声,则模型将会受到噪声的干扰产生偏差。

基于这个想法,研究者在 2020 年提出了一种适应性动态记忆网络(Adapted Dynamic Memory Network,A-DMN)。该网络对说话者自身与说话者之间的影响分别进行建模,并对当前对话进行整合。说话者之间的影响通过全局双向循环神经网络对话语的依赖关系建模进行捕获;每个说话者分别通过一个循环神经网络来捕获自身影响;之后通过一个情节记忆模块提取自我影响与说话者之间影响的上下文,并将其整合以更新记忆模块。

研究者将 A-DMN 总结为 4 个模块:①话语模块,计算给定文本、视觉和听觉 3 种单模态的话语表征;②状态模块,对说话者自身影响与说话者之间的影响进行建模跟踪;③情感记忆模块,通过先前的记忆表示与当前状态模块的输入信息进行迭代更新,以此来包含全局与说话人状态的所需记忆信息;④推理模块,接收最终迭代的记忆信息并对当前对话进行情感分类。其中,状态模块与情感记忆模块的网络结构如图 5-39 所示。

从图 5-39 中可以看出,状态模块将对话作为输入数据,并将其编码为全局状态与说话者的个人状态,分别捕获说话者之间的影响和自身影响。为了对说话者之间的影响进行建模,使用双向 LSTM 获取话语间的时间依赖性信息;为了对每个说话者的自身影响进行建模,为每个说话者分配一个 LSTM 监视其情感状态。在情感记忆模块中,将状态模块中的全局状态和说话者状态视为两个独立的事实,并使用情感记忆模块从中检索有用的依赖信息。相比于 CMN 与 DialogueRNN 的对话情感识别方法,该方法在识别性能上取得了明显的提升。

5.3.3　融合常识

人类情感是复杂的,且由几个不同的变量控制(包括话题、观点、说话人个性、论证逻辑、意图等),这些变量影响参与者的情感动态。此外,个体情感状态还会受参与者的心理状态、意图等因素影响。会话参与者的常识知识在推断会话的潜在变量方面起着核心作用。它用于指导参与者对对话内容进行推理、对话计划、决策和许多其他推理任务,还用于识别对话中的其他细粒度元素,如避免重复、提问、避免给出不相关的回答等。所有这些都控制着对话的各方面,如流利性、趣味性、好奇或移情。图 5-40 说明了这样一个场景。常识性知识可以导出可解释的对话理解,将帮助模型理解、推理和解释事件和情况。在这个特殊的例子中,常识推理被应用于双方对话中的一系列话语。A 的第一次说话表明他/她厌倦了与 B 争论。说话的语气还意味着 B 被 A 大喊大叫,这引发了 B 的愤怒反应。B 然后问他/她能

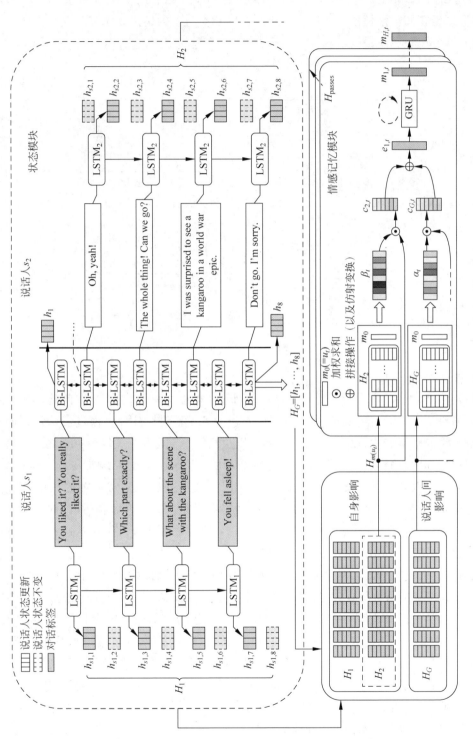

图 5-39　适应性动态记忆网络的对话情感识别网络架构

做些什么来帮助他/她,并在生气时说这些话。这再次让人恼火,并影响他/她以愤怒回应。这种关于说话者和听话者的反应、效果和意图的推理常识有助于预测参与者的情感动态。因此,需要常识知识来模拟对话的性质和流程以及参与者的情感动态。下面将介绍几种融合常识的情感识别算法。

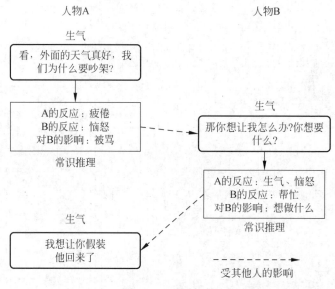

图 5-40   对话场景

1. COSMIC 模型

COSMIC 融合了不同的常识元素,如心理状态、事件和因果关系,并在此基础上建立参与对话的对话者之间的交互,实现了对常识知识的各方面进行建模。通过使用常识表示建模缓解了当前基于方法中经常出现的诸如难以检测情感变化和相关情感类别之间的错误分类等问题。如图 5-41 所示,我们的框架包括 3 个主要阶段:首先,从预训练的 Transformer 语言模型中提取与上下文无关的特征。RoBERTa 模型提取上下文无关的话语级特征向量,通过句子分类任务对情感标签分类进行了微调,标记[CLS]附加在话语的开头,以创建模型的输入序列,并从与[CLS]标记对应的最后 4 层提取激活值。然后对这 4 个向量进行平均,以获得维度为 1024 的上下文无关的话语特征向量。然后,从常识知识图中提取常识特征。在这项工作中,我们使用常识变压器模型 COMET 来提取常识特征。COMET 在几个常识知识图上进行训练,以执行自动知识库构建。COMET 是一个生成模型,执行此特征提取操作会为对话中的每个话语产生 5 个不同的向量(分别对应于 5 种不同的关系)。这些向量是 768 维的。最后,结合常识知识设计更好的上下文表示,并将其用于最终情感分类。内部状态(参与者的内部状态取决于个人的感受以及从其他参与者那里感受到的效果)、外部状态(与内部状态不同,参与者的外部状态与表达、反应和响应有关。当然,其他参与者可以很容易地看到、感受或理解这种状态。例如,实际的话语、表达方式、言语和其他声学特征、视觉表达、手势和姿态都可以粗略地认为属于外部状态)和意图状态(意图是一种精神状态,它代表着对实施一系列特定行动的承诺。说话人的意图在决定谈话的情感动态方面总是起着至关重要的作用)用于为参与者模拟不同的心理状态、行为和事件。内部状态和外部

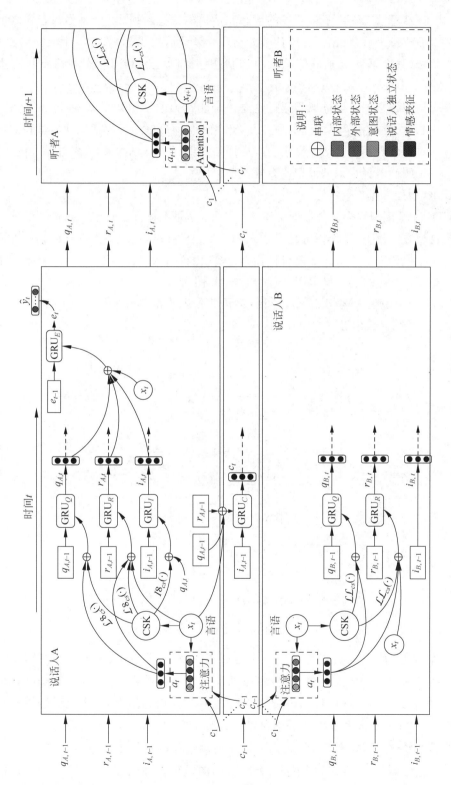

图 5-41 COSMIC 框架说明

状态可以统称为说话人状态。这种状态对于捕捉参与者复杂的心理和情感动态是必要的。然后,情感状态(情感状态决定了说话人的情感和话语的情感等级)由这 3 种状态和之前的情感状态组合而成。最后,根据情感统计推断出适合该话语的情感类别。5 个双向 GRU 分别对上下文状态(整个话语级别的信息)、内部状态、外部状态、意图状态和情感状态进行建模。

常识导引情感识别的对话框架是通过建立一个非常大的常识知识库,通过框架捕获人格、事件、心理状态、意图和情感之间的一些复杂交互,从而更好地理解情感动力学和对话的其他方面。通过对 4 种不同会话数据集的广泛评估,以及与几种基线和最先进模型的比较,我们展示了一种明确解释常识的模型的有效性。

2. SKAIG 模型

尽管 COSMIC 模型取得了很好的情感识别结果,但是上述方法并未考虑到常识信息中存在的结构化模式。例如,动作指的是说话人下一步想做什么,由说话人本身或其他说话人触发。意图是指说话人在这一步之前想做什么,只能由说话人自己推断。因此,对于一个目标话语,动作可以从它的过去语境中推断出来,意图可以从它的未来语境中推断出来。图 5-42 展示了两个说话人之间的一段对话,话语 1 推断出的动作和话语 4 中的意图可以增强对话语 2 的理解。但是 COSMIC 并未考虑到这种结构化模型,制约了情感识别性能。

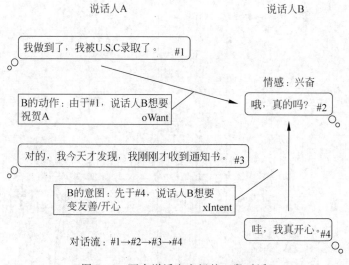

图 5-42　两个说话人之间的一段对话

针对这个问题,研究人员提出了一种融合结构化常识信息的模型——SKAIG 模型(图 5-43)。该方法将句子作为图中节点,并考虑了 4 种连接关系:xWant、oWant、xIntent 和 xEffect。其中 xIntent 建模同一个人的未来信息对当前信息的影响,模拟话语在未来语境中所推断的意图;xWant 和 oWant 分别对过去语境中有同一说话人(x)和其他说话人(o)的话语所指示的动作进行建模。而 xEffect 是一种自我连接的关系,它模拟了当前话语本身的影响。通过考虑过去、现在和未来三部分信息,图模型能够更结构化、更合理地建模情感信息。

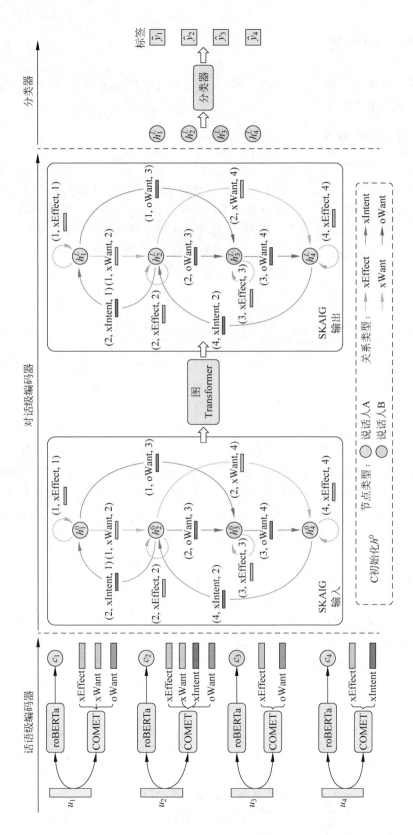

图 5-43 SKAIG 模型结构图

5.4 情感识别外延

本节主要介绍情感识别的外延问题,具体包括微表情检测、人格分析、精神状态分析、言语置信度分析和情感意图理解。

5.4.1 微表情检测

微表情是人们在试图掩饰自己的情感时面部出现的短暂特征。与通常的宏表情不同,微表情通常持续 $1/25\sim1/5\mathrm{s}$,并且强度非常低。与通常的宏表情识别不同,由于微表情具有持续时间短、动作幅度小的特点,识别微表情的方法考虑了动态特征。微表情的上述特点导致微表情识别准确率。近年来,许多研究人员开始使用计算机视觉技术自动识别微表情,大大提高了微表情的应用前景。图 5-44 显示了微表情识别的常用框架。

图 5-44 微表情识别帧

1. LBP-TOP 的识别方法

LBP-TOP 是最早的微表情自动识别方法之一,该方法具有代表性,为随后的微表情识别工作提供了可靠的验证平台和比较基准。该方法首先利用 68 点主动形状模型(Active Shape Model,ASM)确定人脸的关键点,以得到的关键点为基础,利用局部加权平均算法(Local Weighted Mean,LWM)计算各序列的第 1 帧中的人脸图像与模型的人脸图像的形变关系,使该形变作用于对应序列的各帧图像。由此,不同人脸无表情状态下的不同序列之间存在差异。

局部二值模式对图像中的局部像素的共生模式进行编码。以最简单的局部二值模式为例,考虑到一个像素与周围的 8 个相邻像素的大小关系,周围的像素值大于或等于中心像素值的记 1,周围小于中心的记 0,连接后得到一个二进制数来表征局部像素共生模式。在微表情识别中,为了对时空的共生模式进行编码,使用了 LBP-TOP 算子。LBP-TOP 特征指向 3 个正交平面,一张图像只有 X、Y 两个方向,但一个视频或图像序列除了 X、Y 方向之外,还有沿着时间轴 T 的方向。分别对视频 XY 平面、XT 平面和 YT 平面提取 LBP 特征。具体来说,设定 3 个时空轴(X,Y,T)上的半径 R_X、R_Y、R_T 和 3 个时空平面上的采样数量 P_{XY}、P_{XT}、P_{YT},在每个时空平面上作对应半径决定的椭圆,并均匀采点,计算该平面上的局部二值模式,最后拼接得到最终的特征表达。图 5-45 展示了一个 LBP-TOP 特征抽取的例子,在这个例子中设每个时空轴上的半径为 $R_X=R_Y=3$,$R_T=1$,每个时空平面上的采样数量为 $P_{XY}=20$,$P_{XT}=P_{YT}=8$,阴影部分是参与计算的像素。

在图 5-45 LBP-TOP 的示例的最后,基于 LBP-TOP 的特征,使用支持向量机、随机森

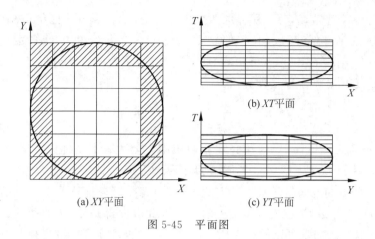

(a)*XY*平面   (b)*XT*平面   (c)*YT*平面

图 5-45 平面图

林、多核学习等算法进行检测和分类。

该算法设计比较简单,利用常规表情分析中的多种技术,作为微表情识别的初步尝试,取得了很好的效果。该算法一个重要的优点是预处理非常精细,试图适应微表情这一特征领域,为以后的研究工作打下了基础。

2. 基于对颜色空间变换特征增强

基于对颜色空间变换特征增强研究,探索颜色空间对特征提取的影响。在人脸图像数据中,RGB 编码图像的 3 个通道分量高度相关,也就是说,3 个通道之间的相互信息量接近于 0。因此,如果在这样的 3 通道图像中进一步提取特征,则很有可能获得大致一致的特征表示。

在另一个工作中,尝试了 CIELab(颜色用 L、a、b 表示,L 表示亮度,a 表示从绿色到红色的成分,b 表示从蓝色到黄色的成分)和 CIELuv(颜色用 L、u、v 表示,L 表示亮度,u 和 v 表示色度坐标)这 2 个颜色空间,这两种颜色空间在人的肤色相关应用中有很好的应用。实验证明,颜色空间的转换可以提高识别效果。为了进一步利用这种效果,我们尝试通过算法寻找最佳的颜色空间变换。首先将图像序列看作 4 阶张量 $\boldsymbol{x} \in \mathbb{R}^{I_1 \times I_2 \times I_3 \times I_4}$,其中 I_1、I_2 是图像的尺度,I_3 是图像序列的帧数,I_4 是颜色通道的数量。问题被转换为寻找最佳的颜色空间,这个问题可以通过独立分量分析来完成。

在此基础上,将 RGB 颜色空间上的 LBP-TOP 算子与优化后的颜色空间 LBP-TOP 算子进行比较,证明颜色空间的优化使识别效果得到了提高。

3. 基于光流的识别方法

光流是动态图像分析的重要方法,在物体移动期间,图像上对应点的亮度模式也在移动。这种图像亮度模式的表观运动是光流。光流可以表现图像的变化,从光流的定义导出光流场,它是指由图像中所有像素点组成的二维瞬时速度场。光流是计算机视觉及相关研究领域的重要组成部分。

在视频序列中提取了光流主方向,进而计算了面部块中的平均光流特征,提出了主方向平均光流特征。在进一步提取基于光流场特征之前,先对脸部图像帧进行分析。首先,使用人脸检测算法定位各帧的人脸,接着修正自第 2 帧起的各帧的光流场,寻找仿射变换矩阵,使得各帧的人脸特征点在该矩阵变换下与第 1 帧的人脸间的差异最小。

在特征提取中,定义基于关键点的面部块规则,将面部分割成不相互重叠的 36 个区域。

同时,每帧提取一个光流场,每一块提取一个主方向,分别计算各分区中最相似的光流场运动向量的平均值,作为该区域的运动特征。具体地,在每个块中计算定向光流直方图(Histrogram of Oriented Optical Flow,HOOF)特征,将所有光流方向向量量化为 8 个区间,生成统计直方图并基于以下计算:

$$\bar{\boldsymbol{u}}_i^k = \frac{1}{|B_{\max}|} \sum_{\boldsymbol{u}_i^k(p) \in B_{\max}} \boldsymbol{u}_i^k(p) \tag{5-14}$$

式中,p 表示一确定坐标,$\boldsymbol{u}_i^k(p)$ 表示第 k 帧中第 i 个区域中坐标为 p 的点的方向向量,$B_{\max}$ 是光流统计直方图中数量最多的区间对应的方向向量集合,$|B_{\max}|$ 是其元素数量。$\bar{\boldsymbol{u}}_i^k$ 是数量最多的方向的向量的平均。由此,可以对每个区域计算一个二维的方向向量,并进行归一化的运算。最后,把方向特征分解为幅度和方向都是 36 维的两部分,获得最终的72 维向量。所获得的向量可以使用支持向量机建模以处理微表情检测和识别任务。

4. 基于深度特征的微表情识别

基于卷积神经网络的微表情识别流程如图 5-46 所示。

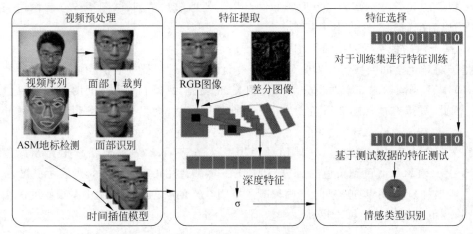

图 5-46   微表情识别流程

首先,进行面部区域特征的提取,以便可以在空间上进行比较;其次,为了使得视频包含相同数量的图像,以便视频在时域上具有可比性,使用哈尔特征人脸检测器来检测人脸,并使用来自 ASM 的 68 个界标裁剪并注册到人脸模型。时间插值模型(TIM)用于对视频进行上采样或下采样即帧数归一化处理,以使所有视频的长度相同(20 帧)。微表情特征提取的框架如图 5-47 所示。

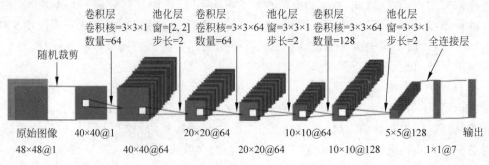

图 5-47   基于卷积神经网络的微表情特征提取框架

此网络中卷积层使用 3×3 的卷积核。在卷积计算之后,使用 ReLU 作为激活函数。之后下采样层使用最大值池化来处理非交叠区域的特征。使用最大值池化不仅可以保留主要特征,也能减少特征参数的维度。经过训练得到卷积神经网络模型,取倒数第二层的全连接层作为微表情特征,并送入支持向量机进行识别。

5. 基于时空网络的微表情识别

在深度学习中,卷积神经网络能够有效地提取出图像的空间特征,而循环神经网络能够有效地提取出序列中的时间特征,如果能够结合卷积神经网络和循环神经网络的特点,就能有效提取出微表情序列中的时空特征。首先从微表情序列中提取具有代表性的 5 帧:起始帧、定点帧、结束帧以及起始帧和顶点帧的中间帧、定点帧和结束帧的中间帧,将每一帧使用卷积神经网络提取出特征,然后将 5 帧特征输入到 LSTM 中训练以提取时间特征,最后进行分类。使用卷积神经网络提取特征时,由于训练集样本过小,即使使用了数据增强的方法也难以满足网络的需要,因此引入迁移学习的方法,先使用宏观表情训练卷积神经网络,然后在微表情数据集上进行微调,以此提升小样本的学习能力。整个框图如图 5-48 所示。

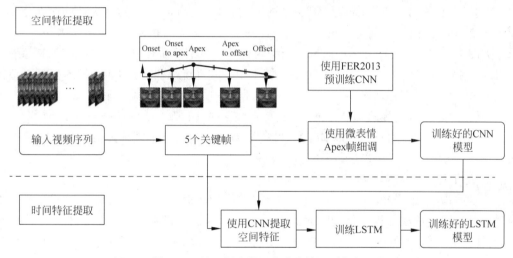

图 5-48 基于深度学习的微表情识别方案

在模型训练过程中,先在宏观表情数据集 FER2013 上预训练卷积神经网络模型,FER2013 拥有近 30000 张图片,能够较为充分地训练卷积神经网络模型。然后使用微表情数据集对得到的卷积神经网络模型精调,这样能够减小过拟合对特征提取的影响。使用卷积神经网络提取出二维平面上的特征以后,为下一步使用 LSTM 提取时序特征做准备。使用训练好的卷积神经网络模型提取微表情图像特征,在卷积神经网络中删除最后一层分类层,将倒数第二层作为特征提取层,每个输入的图片可以提取出 1024 维的特征。提取视频中起始帧、起始帧和顶点帧的中间帧、顶点帧、顶点帧和结束帧的中间帧、结束帧这 5 帧,分别提取出 1024 维特征,这些空间特征按照时序排列可以作为 LSTM 的输入;融合两种模型的优势,从而有效提升了微表情识别的性能。

5.4.2 人格分析

人格是一种重要的心理结构,具有一些稳定和可测量的特征。长期以来,它一直被认为是一个关键的内部结构,因为它在影响个人的情感、调节行为和触发决定方面的作用,"人格是个人内在的动力组织及其相应的行为模式的统一体,是一个人区别于另一个人的行为模式的总和,心理学家把人的稳定的、特殊的个性品质称为人格特质"。近年来,研究者们在人格描述模式上形成了比较一致的共识。在人格特质理论中,大五人格模型(Five-Factor Model,FFM)最具代表性,分别为开放性、责任心、外倾性、宜人性、神经质性。其中一些属性已被证明与情感密切相关,例如,与外向和善于交际的人相关的外向倾向更积极,而神经质倾向与消极情感高度相关人格的五因素模型在临床心理、健康心理、发展心理、职业、管理和工业心理等方面都显示了广泛的应用价值。开发能够实现自动人格识别的方法,由于其在不同领域的广泛应用而引起了人们的极大兴趣。例如,在人机交互中,研究表明,基于个人人格特征的个性化适应可以改善用户体验;人格驱动的推荐系统也支持对不同媒体/产品消费的精确营销,如音乐电影和电子商务。最后,人格特征也被证明与寿命健康相关。

1. 基于语音文本的人格分析

人格作为一种抽象的内部状态,会在个体的行为表现力上产生实质性的差异,自动化人格识别框架的开发是下一步提高算法识别能力的关键。作为最自然的人类交流媒介的语音和语言模式,在人格分析中,最先受到关注的方向就是语音和语言。这些先前的大部分工作专注于单一模态建模,有研究人员提出了一种基于语音文本的联合建模来分析人格。

如图 5-49 所示,对声学和词向量分别编码。其中声学特征利用 OpenSmile 工具箱提取 45 维低级描述符,对于文本中的每个词都使用 GloVe 进行编码,得到 300 维的向量。整体框架包含 3 个主要组件,即声域自适应(获取数据集中的人格属性)、个性嵌入检索(获取大五人格属性)和个人属性感知注意网络(由特定模态的 BLSTM 网络组成,其中 BLSTM-A 和 BLSTM-T 分别作用于语音和文本)。实验结果展示其提供了一种灵活而强大的建模方法来整合语音和语言模态以进行人格分析。

2. 基于视觉的人格分析

到目前为止,语音和文本一直是被认为是分析人格的最重要的信息线索,而最近计算机视觉界对从视觉数据分析个性越来越感兴趣。最近的计算机视觉方法能够准确地分析人脸、身体姿势和行为,并使用这些信息来推断明显的性格特征。基于视觉的人格分析主要有两方面。首先是单一图像。这类方法通常侧重于面部信息来驱动他们的模型,通常结合不同层次的特征和它们之间的关系,例如表情、年龄、性别等特征。例如,采用低级特征检测中级线索(性别、年龄等),用于预测自画像图像中用户的真实和明显的大五人格特征。有学者探索了面部与个性印象之间的关系,从不同的人脸区域以及区域之间的关系中提取不同的低级特征。为了缓解低级和高级特征之间的语义差距,通过聚类构建中级线索;然后,使用支持向量机来寻找人脸特征和个性印象之间的关系。其次是图像序列的人格分析;受益于时间信息和场景动态,这为单一图像缺失时间信息问题带来了有用的补充信息。贝尔等利用 YouTube Vlog 数据集并专注于面部表情分析。使用支持向量回归结合基于逐帧估计的面部活动统计来解决人格感知问题。考虑到深度学习领域的巨大进步,采用了预训练的卷积神经网络来提取面部表情以及环境信息被组合起来并馈送到内核极限学习机回归器。结果表明,面部为个性印象推断提供了大部分判别信息。

3. 基于视听信号的人格分析

尽管单个图像可以携带有关个人人格的有意义的信息,但目前自动人格感知的最新进展是从不同的角度(如面对面访谈、对话视频、小组访谈、人机交互等)来解决这个问题。基于

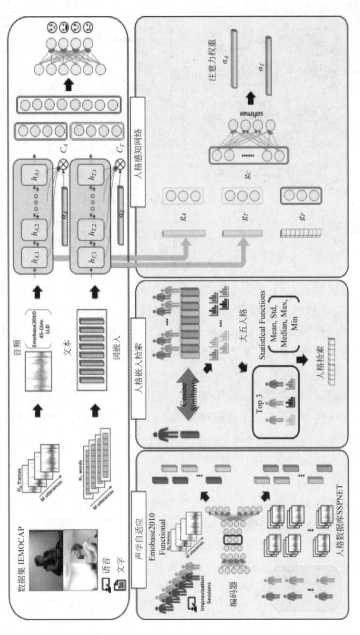

图 5-49　基于语音文本的多模态人格识别框架

上述问题,研究人员将原始音频和视觉信息与特定属性模型的预测相结合,提出了一种基于音视频的多模态人格识别方法来预测人格特征(大五人格特征),其框架如图 5-50 所示。

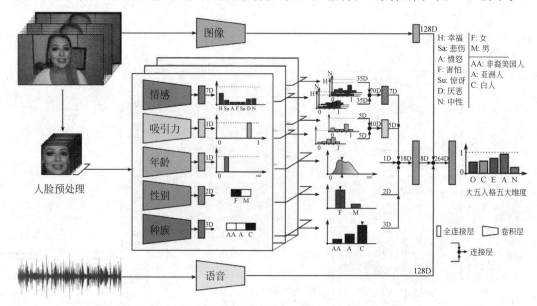

图 5-50   基于音视频的多模态人格识别

该网络将音视频数据与自动识别的高级特征结合起来,包括年龄、性别、种族、面部表情和吸引力,这使能够以不同的方式以预测大五人格。模型主要包括 4 个阶段:①个体因素预测。使用预先计算的模型来识别不同的属性(情感、吸引力、年龄、性别和种族)。②时间共识。考虑到每个视频的整个帧集,聚合每个帧的单个属性估计以获得每个属性的视频级预测。③模态融合。视觉、听觉和高级属性以不同的方式表示和组合。④视频级人格特征预测。在测试阶段,每个特征的最终视频水平预测被计算为一个视频的 M 个个体人格特征预测的中位数。通过这种方式,不只是依赖原始输入,而是使用可能有助于最终个性预测的明确信息来引导网络。使用后期融合策略将视听数据与这些特定任务网络的输出相结合,获得了更高的视频级别的人格感知的准确率。

4. 基于生理学的人格识别

目前大多数人格识别的工作都是基于多媒体信号,并联合考虑音视频信息忽略了一个人的身体信号是通过这些多媒体刺激被触发的,这是对生理反应的潜在条件控制。有学者认为可以从生理学上建立一个强大的、增强的人格识别模型,基于生理自动人格识别在很大程度上是用来从各种生理信号来模拟个体的人格特征。由表达线索(如文本、音频、视频)这些生物信号提供了一个基于科学依据的、直接从神经生理学证据来模拟人格特征的指标。这些生理信号,如 EEG 信号和 EDA 信号,代表了中枢和外周神经系统的反应,通过使用情感丰富的视听数据作为刺激来引出受试者的内部生理反应,人们可以在这些生理测量上建立模型来识别人格。近年来,微型传感器的普及使得对不同的人类内部生理信号的低成本和精确监测成为可能。研究人员提出了一种基于生理信号的人格识别方法,其框架如图 5-51 所示。

图神经网络是一种有效的表示学习框架,用于对相互依赖对象之间复杂结构关系的非

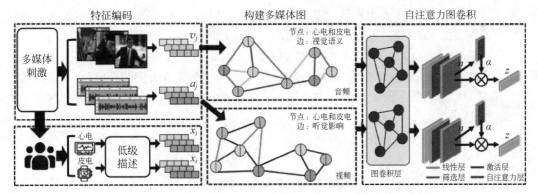

图 5-51　基于声学-视觉引导生理信号的注意图卷积网络

欧氏空间进行建模。由于其图形性质,目前工作已将图神经网络应用于大脑图像。框架主要由三部分构成:第一部分分别提取受试者的心电和皮电信号特征,以及刺激的视频和语音信号。第二部分是多媒体图构建,利用降维方法约简音视频维度,再利用 K 近邻的方法得到音视频和生理信号之间的结合。第三部分将得到的图形数据利用图卷积神经网络和注意力机制在两个大型的生理信息数据集 Ascertain 和 Amigos 得到了更优的实验结果。

5.4.3　精神状态分析

抑郁症是一类以抑郁心理为主要特点的情感障碍。这种疾病会使人长期陷入一种消极情感之中从而造成患病个体缺乏自信、有罪恶感甚至丧失对生活的兴趣,严重者可能出现自残甚至自杀行为。抑郁症不仅给个人造成了不良后果,还给社会也带来了严重的危害:根据奥利森等的调查,截至 2010 年欧洲罹患抑郁症的个体已经超过 3000 万人,由此带来了高达 920 亿欧元的开销,其中与患者丧失劳动能力相关的花费就高达 540 亿欧元。

事实上,抑郁症以其"四高"的特点,即高患病率、高复发率、高致残率、高致死率,而成为最具威胁人类健康的精神类疾病。世界卫生组织在 2017 年发表的公告表明,截至 2017 年全球约有 3.5 亿抑郁症患者,抑郁症已经成为全球性的健康危机。此外,世界卫生组织预计在 2030 年抑郁症将成为世界第一大负担疾病以及仅次于心脏病的致死疾病。而抑郁症的诊断是一个十分复杂的过程。这个诊断过程不仅依赖于医生的临床经验,还需要医生聚精会神地观察和感受患者的肢体行为和情感变化。正是由于这些原因,精神科医生在全球来说都是一种稀缺资源,导致世界范围内仅有不到一半的抑郁症患者能够接受正规治疗。根据 2017 年的报道,在美国和俄罗斯每 10 万人中仅有 11 名和 12 名精神科医生,而在我国平均每 10 万人中仅有 2 名精神科医生。这也从侧面说明了抑郁症患者无法得到及时诊断和治疗已经成为全球现象。因此,为了改善当前的医疗效率和医疗环境,许多机器学习的方法被应用到自动抑郁状态分析上。

1. 基于音频的自动抑郁状态分析

首先我们描述音频模态自动抑郁状态分析。自 1998 年以来,一系列的特征表示方法被提出来估计抑郁症的严重程度。2004 年,卡尼萨罗等发现了说话率降低与汉密顿抑郁量表(Hamilton Depression Scale,HAMD)得分之间的重要关系。此外,他们发现不同的声学特征也会影响抑郁的表现(例如,停顿时间百分比、说话速度和音高变化)。值得注意的是,语速和音高的变化被认为是抑郁症分析的重要表征。2008 年,莫尔等研究了一系列广泛特征的组合,如韵律、音质、光谱和声门。许多 LLD 特征,如韵律、源、共振峰和谱,已被确定为抑郁症的有效预测因子,在区分有无抑郁方面取得了不错的进展。

　　手工制作的特征已经在抑郁症预测方面取得了很好的表现。然而,仍然存在一些问题,例如,手工特征和专家知识对于特征选择是非常重要的,这浪费了人力资源。此外,与手工特征相比,深度学习的特征在自动抑郁状态分析上表现出色。2016 年,提出了一种新的基于深度学习模型 DepAudioNet,其自动从声音信号中提取抑郁表示,采用 LSTM 和深度卷积神经网络(Deep Convolutional Neural Networks,DCNN)编码对抑郁症有区分性的音频表示。另外,为了平衡正样本和负样本,使用 LSTM 之前,在模型训练阶段采用随机采样方法。使用 DepAudioNet,提取不同尺度的表示,即高级、短期和长期特征。为了进一步解释健康对照组和抑郁受试者之间的不同表现,图 5-52 提供从音频段中提取的声谱图和滤波器组特征的比较。其中,图 5-52(a)表示来自健康控制的音频段的声谱图和滤波器组特征,图 5-52(b)显示一个抑郁的个体的音频段的谱图和滤波器组特征。图 5-52 中显示的正常个体和抑郁个体之间的差异性,在更多样本上能得出类似的结论。

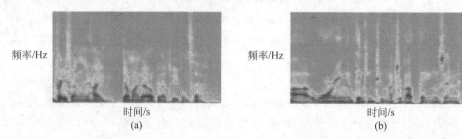

图 5-52　语谱图和梅尔尺度滤波器组的可视化

2. 基于视频的自动抑郁状态分析

　　早期的方法尝试从静态图像中采用深度学习来检测抑郁症。学者们提出了一个双流网络,利用面部图像和光流特征来学习抑郁症模式。使用 Appearance-DCNN 和 Dynamics-DCNN 来建模抑郁检测的静态和动态模式。Appearance-DCNN 先在其他人脸数据集上预训练一个模型,然后在抑郁数据集上进行微调。从机器学习的角度来看,抑郁水平分析可以是一个回归问题。因此,对于抑郁状态分析,Softmax 损失函数变为欧几里得损失。为了进一步模拟连续视频帧之间的动态,学者们还计算了 Dynamics-DCNN 的光流位移。探索人脸细微的动态模式和运动,利用光流技术减少视频中的冗余信息。特别地,该研究利用现有大型模型的能力来预测小数据集上的贝克抑郁程度自评量表评分。最重要的是,这项工作为后续基于深度学习的抑郁症识别与分析工作提供了一定的启发。其详细架构如图 5-53 所示。对于第一个分支,将人脸图像输入到 Appearance-DCNN 中,得到静态特征表示。在第二分支中,将光流输入 Dynamics-DCNN 来模拟人脸动力学。然后通过池化(即平均和聚合)来自两个分支的每帧的两个输出生成最终的贝克抑郁程度自评量表评分。

　　虽然基于单一图像特征的方法在抑郁状态分析任务中得到了广泛的应用,并取得了良好的效果,但这些工作忽略了时间信息的作用。为了解决这个问题,提出了使用三维卷积神经网络(Three Dimensions Convolution Neural Network,3D-CNN)和循环神经网络(Recurrent Neural Network,RNN)从视频剪辑中提取两个不同尺度的时空特征,用于抑郁症识别。该框架由松尺度和紧尺度特征提取两部分组成,分别使用深度模型微调和时间特

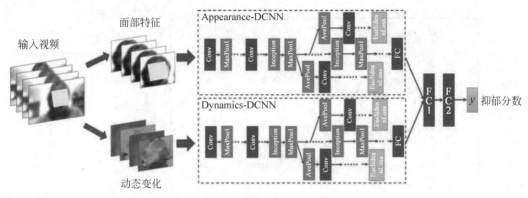

图 5-53 预测抑郁状态的深度网络模型示意图

征聚合。利用 3D-CNN 紧尺度模型学习紧密(即高分辨率)特征,而 3D-CNN 松尺度模型在更大的人脸区域进行训练,学习全局特征。然后采用 RNN 对 3D-CNN 松尺度和紧尺度模型学习到的时间特征进行建模。最后,利用均值操作进行预测。这项工作的主要贡献是在不同尺度上学习面部特征的时间框架。此外,不同的特征聚集阶段可以将不同尺度的特征结合起来,有利于抑郁尺度预测。

3. 基于多模态的自动抑郁状态分析

除了上述的单模态音频和视频,多模态融合方法可以提高抑郁症预测的性能,主要使用不同的模型结合音频、视觉以及文本特征。对于每个单模态,手工特征被输入到 DCNN 来建模全局尺度的特征,然后输入到深度神经网络(Deep Neural Network,DNN)来评估抑郁筛查量表评分。随后,将三个单模态特征拼接在一起,输入 DNN 以预测抑郁程度。学者们使用了段落向量(Paragraph Vector,PV)来学习文本描述符的分布式表示。此外,学者们还提出了一种位移范围直方图特征(Histogram of Displacement Range,HDR),该特征能够学习人脸地标的位移和速度。在该框架中,DCNN 和 DNN 首次用于抑郁受试者和健康对照组的分类。其结构如图 5-54 所示。

为了学习音视频线索之间的辅助信息,提出了一种多模态时空表示框架来自动地检测个体的抑郁水平。该方法使用了时空注意力结构和多模态注意特征融合方法,从音视频线索中提取多模态特征,用于预测 BDI-Ⅱ评分。时空注意力结构不仅可以整合语谱图和视频的空间和时序信息,还能够强调那些与抑郁检测相关的音频帧或者视频帧。此外,为了缓解统计池化方法难以捕获时序序列中动态信息的不足,其还使用特征进化池的方法来聚合段水平特征在各个维度的时序变化,并生成相应的长时特征。最后,使用多模态注意特征融合策略来提取语音和视频模态之间的互补信息以提高多模态表示的质量。其在多个典型数据库上进行了大量实验,结果表明其优于大多数现有研究。

5.4.4 言语置信度分析

欺骗行为被定义为一种故意误导他人的企图,范围包含了从简单、无害的谎言到产生重要威胁的谎言。谎言识别(或称为欺骗识别)在社会安全领域中一直是至关重要的一环。我们每天都会接触很多谎言,但是普通人只有 53% 的概率可以识别自己听到的是真话还是假话,这样的准确概率几乎与抛硬币做决定的概率相同。但是在执法过程中,识别欺诈、间谍、

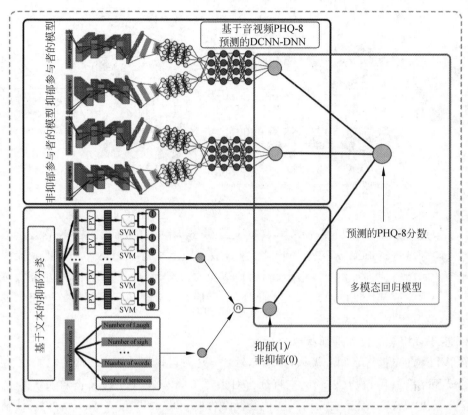

图 5-54　抑郁识别的多模态混合网络的结构示意图

伪造简历等违法违规案件中,错误的判断将会造成无法弥补的巨大过错。由于数字媒体的迅速发展以及道德和安全问题的关注度不断增加,谎言识别的需求也日渐迫切。而在人工智能发展迅速的今天,我们有必要开发计算辅助工具来帮助我们识别欺骗者,并提供通过本质来识别欺骗行为的直觉。

如今的多模态谎言检测最新技术所用到的特征数据,包含生理数据(如生物传感器、热成像)、视觉数据(如面部表情、手势)、语音数据(如音高、停顿长度)以及语言模式。一般来说,使用完整的多种模态数据的模型性能要优于只用单一模态的模型。

1. 基于心理学的言语置信度分析

对欺骗检测的初步探索是在心理学领域进行的。研究者通过探索欺骗过程与测谎过程中的各种现象,以此总结欺骗行为的行为线索。这些研究的关注点集中在欺骗者与测谎者分别在宏观、微观上的言语与非言语动作变化。例如,欺骗者是否更容易出现夸张或压抑的面部表情?他们的声音是否会更大?语速是否会更快或者更慢?与正常状态相比,撒谎时人们的想法、感觉、生理会有什么变化?

针对这些问题,研究者在 4 方面进行了深入探索:①控制性,如欺骗者会试图对自己的行为进行控制,这种控制是有计划性、非自然的;②应激性,如欺骗者在说谎时会有瞳孔扩张、眨眼、言语障碍等应激反应;③情感感受,如欺骗者会经历消极或积极情感变化,如掩饰、焦虑、逃避;④认知处理,如欺骗过程中欺骗者有更长的反应延迟,且避免对事情进行解释。

随着研究的不断进行和越来越多观察数据的获取,来自计算语言学、语音处理、计算机视觉、心理学和生理学等研究领域的研究者开始从数据驱动的角度探索欺骗的识别。

2. 基于语言的言语置信度分析

在心理学和计算语言学界的大量研究中,书面内容中欺骗的识别问题已经解决。从心理学的角度来看,几项研究显示了人们的言语组织与欺骗行为之间的关系。与讲实话的人相比,说谎者使用的第一人称代词更少,负面情感词更多。另外,说谎者似乎更倾向使用第三人称引用。

计算语言学的工作最初试图通过应用计算方法来区分欺骗性和真实陈述的书面样本来复制心理实验的发现。结果同样显示,欺骗者更多地引用第三人称代词,而讲实话的人倾向使用第一人称。在进一步的探索中,研究者发现,在机器学习过程中,加入深度句法规则信息后,欺骗检测的性能会有显著的提升。

随着以语言为主的欺骗检测技术的发展,如今我们通常使用语法和单词的统计信息,例如句子长度、单词类型比率和单词多样性作为特征进行检测分析。添加句法信息(即句子语法结构)也有助于识别与欺骗相关的语言模式。语义信息也是关于欺骗者心理过程的重要信息来源。在这一领域中,LIWC 和 Wordnet Affect 两部词典是公认的分析欺骗者单词使用情况的宝贵资源。

3. 基于视觉的言语置信度分析

欺骗行为在人际交往过程中每天都会发生,因此视觉是人们检测欺骗最常见的方式。一般我们会通过肢体语言来判断欺骗行为,例如不自主的面部表情和手势。因此我们可以使用这些动作特征作为机器学习分类器的训练特征,以此实现机器的自动测谎以及多种应用。

心理学家对观察自发发生的表情、动作和情感以及受试者想要掩饰的表达、动作和情感很感兴趣。其中微表情与表情的抑制是与检测欺骗息息相关的。微表达是持续较短时间的非自愿表达,而表情的抑制持续时间较长,其间会有从一种表情立即转变为不同的表情的表现。这些表达的不对称性、持续时间和平滑度将随着一个人的欺骗行为变化而变化。研究发现,与讲实话的人相比,欺骗者在编造故事时,某些特定手势的频率会明显降低,且会频繁地作出提示性的手势。

4. 基于生理学的言语置信度分析

生理信号在检测人类行为变化与监测人类健康方面起着至关重要的作用。生理测量通常是从放置在人体上的传感器收集的,例如血容量脉搏、皮肤电导、皮肤温度和腹部呼吸。某些生物测量指标,如 fMRI 扫描仪检测到的脑电波,也是用于检测欺骗的指标。我们可以通过这些指标的变化,对是否欺骗做出相应的判断。

但是以往的依靠生理信号的测谎技术正确率并不能得到保证,因为受询者可以通过适当的行为操纵控制他们的生理信号。使用生物测量指标的测谎技术正确率得到提高,例如功能性磁共振成像、使用 fMRI 观察特定的大脑活动。然而这些方法无法应用到大规模场景中。

之后,人体的生理信号探索扩展到神经系统的反应和血液分布的变化,这可以使用热成像技术来检测。新方法的目标是解决探索测谎仪测试的局限性和侵入性。研究发现,说谎者在眼眶肌肉区域会有更大的血流量,并导致某些局部区域的温度升高。因此,应用热力学建模将面部眼眶区域的原始热数据转换为可能表明欺骗的血流速率,将会提升测谎技术的准确性。

5. 多模态言语置信度分析

为了使测谎系统具备更加强大的能力,研究人员探索了集成多种模态进行检测的方法以避免使用单一模态的不确定性。传统的接触式多模态数据采集方法不仅无法在现实生活中广泛推广应用,还会使某些受试者产生不适甚至抗拒,导致收集的数据质量不佳。因此,我们更倾向于通过非接触的方式进行多模态的谎言测试。

在非接触方式多模态测谎领域中,面临着三大挑战:①多模态、时间相关性的视频数据的固有复杂性使得欺骗检测过程更加复杂;②从视频中识别线索以进行欺骗检测本身就是一项艰巨的任务;③现实生活中的大多数视频数据都缺乏欺骗性的标签,数据量匮乏。

基于上述问题,研究者在 2021 年提出了 LieNet 的多模态测谎方式,使用视频、音频和脑电数据来检测欺骗行为。模型的大致流程如图 5-55 所示。

该方法主要重点是研究视觉、声音和脑电信号在有效欺骗检测中的整合效果。研究者先将三种模态的数据进行预处理,并进行数据增强。将增强后的三种模态数据分别用 LieNet 进行预测,将预测结果通过加权的方式进行整合,生成最终的预测结果。

LieNet 由多个缩放核组成,这有助于从图像的各种不同尺寸的局部信息中提取到更健壮且噪声不变的特征。LieNet 的体量也不大,这也使得模型的训练更加快速。具体的 LieNet 模型如图 5-56 所示。

该网络主要由卷积、最大池化、全连接操作组成。通过不同大小的卷积核,该网络将原始数据中不同尺度的特征进行了抽取,并进行了精确的欺骗检测。实验显示,在现有的几种数据集 BoL、RLtrail、MU3D 上,均取得了 90% 以上的准确率。

基于多模态方法在检测欺骗方面的成功,可以对多模态测谎方法进行进一步改进以实现更高的检测率。例如,可以改进多模态数据采集过程,包括刺激受试者的方式和数据收集的方式。模态数量也可以进一步增加,这可以使欺骗检测系统更加可靠。例如,心理、视觉、生理、语言、声学和热模态的融合数据可以使模型达到更好的性能。

另外,可以探索不同的技术,以提高提取的特征的质量,例如时序融合技术。这种类型的融合考虑了输入数据流中模态之间的时间关系。对多模态潜在结构进行建模时,一个重要的研究问题是输入数据中的间隔尺寸。将欺骗数据视为时间序列也可用于确定不同特征和模式之间的关系和依赖关系,并提取在欺骗行为发生之前在数据发生的变化。

5.4.5　情感意图理解

情感作为人类意图表达的重要组成部分,在人机交互中受到广泛的重视。目前的情感交互研究主要分为两种,一是对系统的情感反馈进行建模,如美国卡内基·梅隆大学人工智能生命实验室采用基于语音驱动的情感数字虚拟人的方式,让用户在逼真的环境中,采用人机对话的方式完成任务,这样的情感交互模式还服务于美军战士战后心理健康辅助治疗。也有模拟建立不同性格的情感表达数字虚拟人在用户打太极拳的过程中给予用户指导,探索并评价不同性格用户受到不同情感特征的虚拟人指导学习的效果,发现正向的反馈比负向的教育反馈能更有效提升教学效果。相关文献采用一个节点的机械装置模拟人的头动和眼光的注视,采用这样的反馈关注小孩的行为,使得情感交互有利于提升小孩学前教育学习

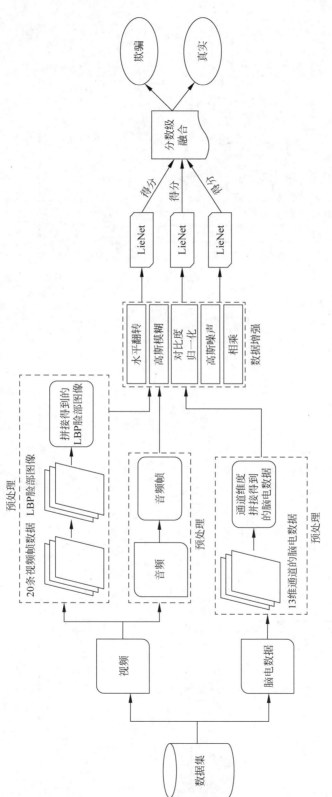

图 5-55 LieNet 的多模态数据预处理流程

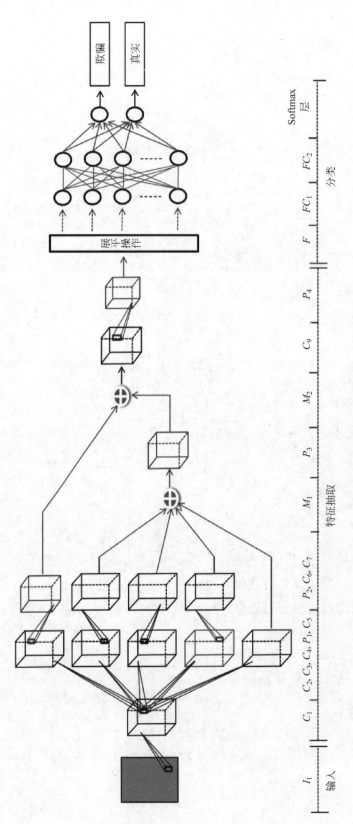

图 5-56　基于卷积操作的多模态谎言识别网络结构

时的专注力。另外,有很多研究在把情感作为理解意图的一种手段,如在有效利用情感识别驱动交互逻辑方面,相关文献将对话中的用户表情用作判断触发不同对话状态的一个依据,在交通路线对话查询中确保用户表达的情感得到关注;因为情感的模糊性,相关文献将交互中的情感分为正向、中性及负向三个极性,然后根据用户的情感极性进行对话反馈。可以看到目前的情感交互研究多集中在基于数字虚拟人和机器人载体进行情感反馈。

多模态人机对话系统通过音频采集和人脸检测手段获得用户语音、姿态和人脸图像等信息,并对其进行分析处理得到相应的文本、声学和视觉特征,在情感识别的基础上,情感状态作为多模态中的一个,用于获取用户当前情感及带有情感的表达意图,然后根据对话状态和用户情感意图产生对话反馈,其数据流程如图 5-57 所示。

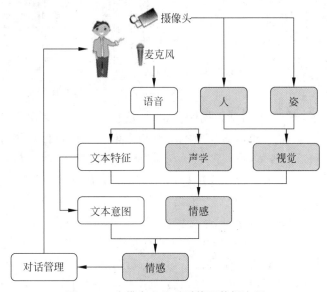

图 5-57　多模态人机对话管理数据流程

此系统更注重用户情感变化对对话过程的影响。其中多模态信息分析与融合模块强调对用户情感的准确分析,并与用户的语音和行为信息进行有效的融合。图 5-57 中灰色矩形区域是本系统的特色模块,在传统人机口语对话系统中,通常根据语音识别后的文本信息和视觉信息进行语义理解,然后通过对话管理模块返回给用户语句,本系统结合音视频融合的情感识别技术构造了情感意图类别,然后根据用户不同情感意图给出相应的反馈语句。

准确意图理解是人机对话过程中的核心问题之一。在传统方法中一般结合当前对话状态和上下文信息,利用文本特征对用户意图进行分类,进而根据不同的意图做出相应回答。传统的对话系统在构建针对用户问题的可能的回答语料库(以下简称备选语句库或备选库)时,通常根据用户意图从若干聚类得到的问答库中计算文本特征匹配度得到一条合适的回答语句,一个传统问答式对话系统的处理流程如图 5-58 所示。

尽管基于聚类的问句匹配在一定程度上提升了回答语句的多样性,然而系统回答过程中并没有结合用户的实时情感状态,本书建立的融合情感识别及对话评价反馈的意图理解方法使得在对话反馈可以更细致地应对用户的情感表达。图 5-59 给出了相应的一个对话实例,体重系统的应答结合了对话评价反馈,将用户意图进行了细分,根据识别到的不同情感类型,系统将得到更加细化的意图预测结果,从而返回更准确、合理的回答语句。

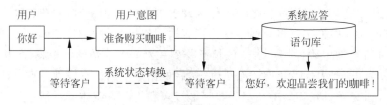

图 5-58　基于备选回答语句库的意图理解

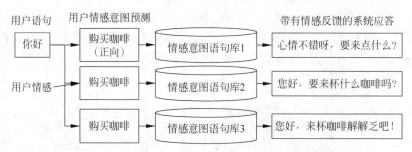

图 5-59　融合情感识别及对话评价反馈的情感意图理解

针对智能咖啡厅场景下的对话数据库,结合每轮对话的状态对用户情感和语句进行了情感意图标记,并采用主观评测的方法对本研究的多模态人机对话系统进行评估,由 20 名评测者参与了对改进后的智能咖啡厅场景情感对话的体验评估,要求每人随机同数字虚拟人对话 20min,主要分为以下 4 种方式进行:①纯语音交互方式,用户只输入语音,系统根据语音识别得到的文本进行意图理解并给出反馈语句;②基于备选语句库的纯语音交互方式,这种情况下用户同样只输入语音,系统根据相应文本进行意图理解并从备选语句库中随机挑选返回语句进行反馈;③用户采用多模态的方式与系统进行交互,但是系统没有设置独立的情感分析模块,而是直接利用多模态信息与情感意图做映射训练,从而根据输入的多模态信息直接得到情感意图并给出反馈语句;④用户采用本书提出的融合情感的多模态自然人机交互方式进行情感意图理解与交互。评测者将按照以下标准对这些动画给出平均意见得分(Mean Of Score,MOS):

5——自然,表现得像自然人与人对话的过程一样;

4——比较自然,表现接近自然人与人的对话,但是不完美;

3——中等,表现一般,对话形式略显呆板;

2——不自然,自然人机对话体验较差;

1——完全不自然。

20 位评测者给出的分数经过平均以后的结果如图 5-60 所示。图 5-60 中,第一组纯语音的交互方式平均 MOS 得分是 2.9,第二组交互方式平均得分是 3.3,第三组交互方式平均得分是 3.8,本书提出的多模态自然人机交互方式平均得分是 4.1。

可以看到,前两种仅通过语音或文本交互的方法所生成的人机对话反馈语句表现得不够自然,其中第二组加入备选语句库后用户体验效果要好于第一组。第三组直接从多模态信息特征得到情感意图的方法表现好于前两组,但可能情感意图混合训练过程中文本特征占据过大比重,导致情感意图分类准确率偏低。本书所提方法在多模态情感识别基础上,进一步融合文本意图分类结果,从而得到了更为准确的用户情感意图和更加自然的交互体验。

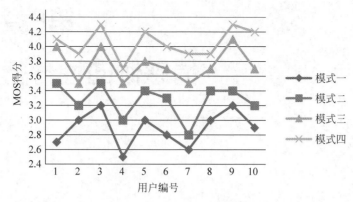

图 5-60 用户在不同交互模式下的 MOS 得分情况

习题

1. 子空间融合与细粒度融合的区别有哪些？
2. 介绍针对模态缺失的三种补偿方法。
3. 简述对话情感识别建模过程中如何融合常识信息。
4. 微表情有哪些特点？
5. 相对于基于生理参数的情感识别，基于音视频的情感识别有哪些优势？
6. 基于语音的抑郁状态分析主要用到哪些声学特征？
7. 描述情感理解在人机交互系统中的作用。

第6章
情感倾向性分析

■ ■ ■

自然语言是人类特有的交流手段,其中包含了大量的情感信息。随着信息技术的飞速发展,文本信息已经成为人类最常用的交互方式之一。研究文本中蕴含的情感信息已经得到学术界和工业界越来越多的关注。文本倾向性分析属于计算语言学范畴,涉及计算语言学、信息检索、数据挖掘、舆情分析等多个研究领域。如何在开放环境下有效对自然语言进行情感倾向性分析是当前所面临的重要挑战。本章重点阐述文本情感分析的主流方法,然后进一步介绍舆情分析。

6.1　文本情感分析

文本情感倾向性通常是指文本信息发布者通过文字向外界传达的个人情感或观点。如何让计算机学会自动判断文本的情感倾向性是人工智能和人机交互等领域研究的重要内容之一。文本情感分类旨在通过分析文本的语义倾向性特征,判断文本所包含的情感倾向性。根据所处理的文本数据不同,可以分为句子级、段落级和篇章级的文本情感分类。根据文本是否包含情感倾向将文本分为主观性文本和客观性文本。而从情感分析的细粒度上,又可分为文本的正负情感倾向性分析和细粒度主观情感分析。目前,比较多的研究是针对主观性文本的正负情感倾向性的判别。

伴随着自然语言处理学科的发展和机器学习技术的日益成熟,近年来,国际计算语言学会议(International Conference On Computational Linguistics,COLING)、国际计算语言学年会(Meeting of the Association for Computational Linguistics,ACL)、国际先进人工智能协会会议等涉及自然语言处理、人工智能、数据挖掘等领域的国际顶级会议都收录了关于文本情感分类的论文。近十年来关于文本情感分类的热度不但没有衰减,反而伴随着互联网的热度提升而不断提升。在国内,文本情感分类也逐渐成为自然语言处理的热门课题之一,全国信息检索和语言大会中关于文本情感分类的论文不断出现。

如何正确识别文本中所隐含的情感也成为自然语言处理学科中的一个重要课题,所谓文本情感分析就是对文本(如微博、新闻评论)中表述的观点和情感的倾向性进行分析,即分析说话人对某一具体事物的主观态度。根据立场和说话人喜好的不同,人们对各种现象和事件表达的态度和情感的倾向性难免存在差异。情感分类也被称为意见挖掘,涉及自然语言处理、文本分类、信息检索等很多领域。

6.1.1 基于规则的文本情感分析

基于规则的文本情感分类方法依托于语言学的研究成果,利用语言表达的规则和人工标注的情感词典,从文本中进行规则匹配和情感词识别,并根据规则匹配结果和提取的情感词计算文本的情感倾向性得分(图 6-1)。此类方法是最直接也是最有效的,但其性能受限于人工规则的完备程度和情感词典资源覆盖率。由于语言表达方式在网络平台中得到不断的发展和创新,网络情感新词和特殊情感表达方式层出不穷,人工规则和情感词典资源得不到及时的更新,导致难以有效处理新的文本数据。

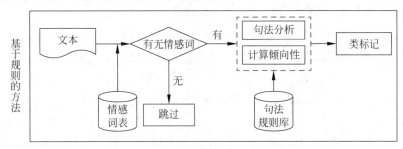

图 6-1 基于规则方法的文本情感分裂框架

国外对于文本情感识别研究始于 20 世纪 90 年代,在文本情感分析方面研究者发现了两个非常有意思的现象:①具有相反倾向的情感词一般不会一起出现;②具有相同倾向的情感词经常同时出现。这种方法的重点放在评价词语或组合评价单元的抽取的研究上。里菲尔等首次提出对于语料数据建立语义词典的观点。之后十几年的时间,随着云计算技术的发展,在大规模语料数据集上建立情感词库成为可能。再之后,更多的组合方法如情感词组与特征词组的二元组库出现。图米使用点互信息方法扩大情感词库的规模,然后把极性语义算法首次应用于文本情感分类。同时更复杂的词典结构被提出,为了能更好地解决特征的倾向性分析,提出了四元组抽取概念,从而实现了避免单一特征可能造成的困扰。

基于规则的文本情感分析中判断该词是否与情感词典中的词相关,其主要算法为情感倾向点互信息算法(Semantic Orientation Pointwise Mutual Information,SO-PMI)。当两个词的点互信息值越高,则关联程度越高,就越可能带有相同的情感倾向。如果待选词同积极情感词同时出现的概率高于该词同消极情感词出现的概率,则认为待选词的情感倾向为正面的。PMI 计算公式如下:

$$\text{PMI}(\text{word}_1, \text{word}_2) = \log_2 \left(\frac{p(\text{word}_1 \& \text{word}_2)}{p(\text{word}_1) p(\text{word}_2)} \right) \tag{6-1}$$

其中,$p(\text{word}_1 \& \text{word}_2)$ 表示 word_1、word_2 在同一条文本中出现的概率。$p(\text{word}_1)$ 表示的是 word_1 单独出现的概率,即包含 word_1 的文本占总文本的比值。$p(\text{word}_2)$ 为包含 word_2 的文本占总文本的比值。根据公式可知,当 PMI>0 时,即 word_1、word_2 同时出现的概率大于分别出现的概率,表示两个词是相关的,且值越大,两个词相关性越高;当 PMI=0 时,则表示两个词之间没有关联;PMI<0 则表示两个词是相斥的。

当语料集的总文本数为 N,n_{word_1} 表示在语料集中包含 word_1 的文本数量,$p(\text{word}_1)$ 的计算公式如下:

$$p(\text{word}_1) = \frac{n_{\text{word}_1}}{N} \qquad (6\text{-}2)$$

同理可得 $p(\text{word}_1 \& \text{word}_2)$ 的计算公式为

$$p(\text{word}_1 \& \text{word}_2) = \frac{n_{\text{word}_1, \text{word}_2}}{N} \qquad (6\text{-}3)$$

进一步,利用上述方法可以计算出待选词与情感词典基准情感词之间的相似度,即词语情感倾向的点互信息 SO-PMI,公式如下:

$$\text{SO}(\text{word}_1) = \text{PMI}(\text{word}_1, \text{PSemantics})\text{PMI}(\text{word}_1, \text{NSemantics}) \qquad (6\text{-}4)$$

$$\text{PMI}(\text{word}_1, \text{Semantics}) = \log_2\left(\frac{P(\text{word}_1 \& \text{Semantics})}{P(\text{word}_1)P(\text{Semantics})}\right) \qquad (6\text{-}5)$$

其中,PSemantics 和 NSemantics 分别为积极和消极基准词组。该算法的思路总体来说就是通过计算未知情感倾向词同积极基准词和消极基准词的 PMI 指数之差求出未知倾向词的情感倾向。Semantics 代表 word_1 同极性情感词在同一文本中出现的概率。在此基础上,分别求出 word_1 同 Semantics 所有情感词的 PMI 值相加,便可得出 word_1 同不同情感词之间的总关联度。最终详细公式如下:

$$\text{SOPMI}(\text{word}_1) = \sum_{ps \in \text{PSemantics}}^{ps} \text{PMI}(\text{word}_1, ps) - \sum_{ns \in \text{NSemantics}}^{ns} \text{PMI}(\text{word}_1, ns) \qquad (6\text{-}6)$$

基于规则的文本情感分析就可以通过上式来判断文本词的文本极性,当 SOPMI(word_1)>0 时,就认为该词是积极的;当 SOPMI(word_1)<0 时,则认为该词是消极的,文本总体情感极性,则根据该文本所有情感词得分,再结合是否有加强词或者相反词进行综合判断来确定。

6.1.2　基于统计机器学习的文本情感分析

基于统计机器学习的方法利用人工标注的训练语料,提取文本情感倾向性特征建立统计模型,具有较强的学习能力和泛化能力,能够识别未知数据,由此自动判别文本情感倾向性。基于统计机器学习的文本情感分析模型主要包括支持向量机、朴素贝叶斯、K 近邻分类算法。

1. 基于支持向量机的情感分析

支持向量机的理论思想是寻找超平面进行间距最大化分割,在数据可以线性分割的情况下,通过最大化硬间隔进行分类;在近似可分时,根据最大化软间隔进行分类,在非线性的情况下,使用核函数和最大化软间隔共同分类。支持向量机算法是一种针对样本数据复杂性进行数据分析和模式识别的方法,具有很好的泛化能力和分类性能。基于支持向量机的情感分类方法主要利用文本中情感词的统计特性作为输入特征,通过计算获取文本的情感分类结果。2005 年提出的支持向量机与决策树相结合的情感分类方法,情感识别率达71%。杨经等提出了一种基于支持向量机的文本短语情感分析方法,建立了基准情感词及情感特征分析后,采用支持向量机分类方法对句子进行情感识别,该方法有效提高了情感识别的准确率。

基于第一种情况的线性可分性构建线性支持向量机,通常用于单词级特征稀疏、特征间的弱关联性较多时。如给定训练集 $D = \{(x_1, y_1), (x_2, y_2), \cdots, (x_m, y_m)\}$,则定义超平面为

$$w^{\mathrm{T}}x + b = 0 \tag{6-7}$$

假设 w 为法向量，b 为位移量。若该超平面可以对样本正确分类，则 (x_i, y_i) 满足最大间隔假设：

$$w^{\mathrm{T}}x_i + b \geqslant +ky_i = +1 \tag{6-8}$$

$$w^{\mathrm{T}}x_i + b \leqslant -ky_i = -1 \tag{6-9}$$

其中，$y_i = \pm 1$ 分别表示正负样本，k 可为任意常数，通常为 1。上述公式可以等价于 $y_i(w^{\mathrm{T}}x_i + b) \geqslant +k$，当距离超平面最近的样本点 $y_i(w^{\mathrm{T}}x_i + b) = +k$ 时，则称其为支持向量。

但是并不是所有的分类都是线性分类问题，面对非线性分类问题，支持向量机采用通过一个函数 $\phi(x)$ 来将样本空间映射为高维空间，这样就可以使线性不可分问题变为线性可分问题了。在二维平面上混乱的东西，不能用一根棍子来区分，但是如果把它们扔到空中，二维空间变成三维的话，这堆东西也可以区分，但是这样简单地直接把低维映射到高维时可能造成维度爆炸，导致巨大的计算负担，对此，我们通过核函数 $k(x, y) = \phi(x)^{\mathrm{T}}\phi(x)$ 来解决这个问题，核函数的约束要求对于任意维度生成的矩阵总是半正定的。一般的核函数有线性核（特征维大于样本维时使用）、径向基函数核（样本维小，样本数中等时使用）。使用支持向量机进行文本情感分类的完整流程如图 6-2 所示。

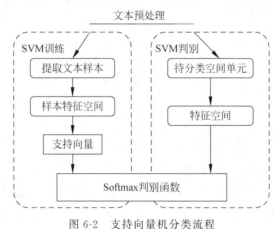

图 6-2　支持向量机分类流程

2. 基于朴素贝叶斯的情感分析

朴素贝叶斯是一种简单但非常强大的理论方法，在垃圾邮件分类、疾病诊断等领域有着广泛的应用。之所以被称为朴素是因为朴素贝叶斯原理是基于样本之间相互独立的条件推出的，这样的假设在现实生活中很难存在。然而，朴素贝叶斯的效果仍然非常好，尤其是在小规模的情况下，但是当样本之间存在强相关性时，朴素贝叶斯方法的效果变差。

假设存在样本空间 U，则样本空间 U 包括两个事件：A 事件和 B 事件在样本空间 U 中发生两个事件概率分别为 $P(A)$ 和 $P(B)$，$P(A)$ 和 $P(B)$ 都大于 0；$P(A)$ 和 $P(B)$ 被称为先验概率。

条件概率 $P(A \mid B)$ 为

$$P(A \mid B) = \frac{P(A \bigcap B)}{P(B)} \tag{6-10}$$

同理,条件概率 $P(B \mid A)$ 为

$$P(B \mid A) = \frac{P(B \bigcap A)}{P(A)} \tag{6-11}$$

$P(A \mid B)$ 和 $P(B \mid A)$ 也被称为后验概率,根据式(6-10)和式(6-11)可得

$$P(A \bigcap B) = P(B)P(A \mid B) = P(A)P(B \mid A) \tag{6-12}$$

根据乘法规则,由式(6-12)可以推出

$$P(A) = P(A \bigcap B) + P(A \bigcap \bar{B}) = P(A \mid B)P(B) + P(A \mid \bar{B})P(\bar{B}) \tag{6-13}$$

该公式推广到一般形式如下所示:

$$\begin{aligned} P(A) &= P(A \bigcap B_1) + \cdots + P(A \bigcap B_N) \\ &= P(A \mid B_1)P(B_1) + \cdots + P(A \mid B_N)P(B_N) \end{aligned} \tag{6-14}$$

基于朴素贝叶斯的文本情感分类的完整流程如图 6-3 所示。

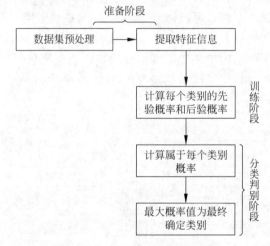

图 6-3　朴素贝叶斯情感分类流程

3. 基于 K 近邻分类算法的情感分析

K 近邻分类算法是著名的模式识别统计学方法,它是最经典的机器学习算法之一,被广泛应用于文本分类、模式识别、图像及空间分类等多个领域。其原理是给定的测试样本,基于某一距离度量匹配训练集和最接近的 K 个样本,并基于该 K 个邻近样本进行预测分类。与 K 近邻分类算法相关联的三个基本元素是 K 值的选择、距离测量和分类决策规则。

基于 K 值选择算法的性能表现为,在 K 值小的情况下,只有接近输入样本的训练集样本对预测结果起作用,容易发生超拟合;当 K 值较大时,学习的估计误差相应减小,学习的近似误差随之增大,原理是与输入样本相对较远的训练集样本对预测起作用,预测结果的影响范围增大,结果的泛化程度也更加严格。因此,在实际应用中,K 值一般为 20 以下的整数,通常使用交叉验证来选择最佳的 K 值。

距离计算方式通常有欧氏距离和曼哈顿距离两种。欧氏距离是直角坐标中最常见的距离计算方法,例如"两点间直线最短"是典型的欧氏距离计算方法,其计算公式为

$$d_{\mathrm{euc}}(x,y) = \Big[\sum_{j=1}^{d}(x_j - y_j)^2\Big]^{\frac{1}{2}} = \big[(x-y)(x-y)^{\mathrm{T}}\big]^{\frac{1}{2}} \tag{6-15}$$

曼哈顿距离表示欧氏几何空间两点之间的距离在两个坐标轴上的投影。其计算公式为

$$d_{\text{man}}(x,y) = \sum_{j=1}^{d} |x_j - y_j| \tag{6-16}$$

距离度量方式的选择通常受到维度及变量值域这两方面的影响。首先,维度越高,欧氏距离分类能力越差;第二,由于值域越大的变量往往在距离计算中占据主导地位,因此变量的标准化至关重要。

基于 K 近邻算法的情感分类的流程如图 6-4 所示。

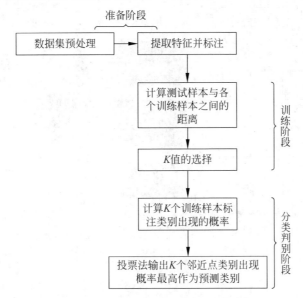

图 6-4　K 近邻算法的情感分类流程

6.1.3　基于深度学习的文本情感分析

基于深度学习的文本情感分析模型近年来不断被提出,已经成为当前最主流的建模方法。基于深度学习的文本情感分析方法主要包括基于卷积网络的情感分析、基于时序模型网络的情感分析、基于预训练网络模型的情感分析。

1. 基于卷积网络的情感分析

卷积层是对生物体内视觉皮层的模拟,卷积层具有局部连接和权重共享两个特点。受局部感受野启示,在第 N 层中,一个神经元只与第 $N-1$ 层中的几个连续神经元连接,两个神经元之间的连接代表卷积核和输入卷积操作。每个卷积核的宽度和高度较小,但深度与输入深度相同。

每个卷积核学习特征图在前向传输过程中,当进行卷积运算时,每个卷积核会在宽度和高度两个方向滑动,卷积核以及与之相对应的输入进行卷积运算。计算共享权重的过程是对所有共享参数的梯度求和的过程,在各卷积层中存在多个卷积层,由不同的卷积层学习的特征图在深度方向上层叠。

因为处理的数据是文本,所以这里使用的卷积核与图像处理过程中使用的卷积核不同。在图像处理中,卷积核一般设定为矩阵的方式,堆叠式的卷积循环神经网络中的卷积核设定为向量的方式。为了从多个维度中提取文本的 N-gram 特征,不同卷积层中的卷积核各不相同,如基于卷积神经网络的文本分类模型(Text Convolutional Neural Network,Text-

CNN)使用三个卷积层,不同卷积层中的卷积核各不相同。用于四个卷层的卷积核的长度分别为 2、3、4(图 6-5)。在每个卷积层内部,卷积核以对应的长度从前向后扫描文本,执行卷积操作,并且从所有卷积核获得的信息在后续激活层中执行相关处理池化,并合并不同的输出,最后通过 softmax 函数获得最终的分类结果。

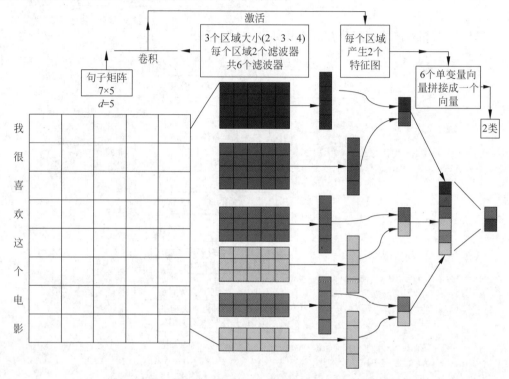

图 6-5　基于卷积神经网络 Text-CNN 的文本情感分析流程

2. 基于时间序列模型网络的情感分析

时间序列模型当前的一般基础模型是 LSTM 模型和 GRU 模型,长短期存储网络是时间循环神经网络,用于解决常见 RNN 中存在的长期依赖问题,所有 RNN 都具有重复神经网络模块的链形式。

在标准 RNN 中,这个重复结构模块只有一个非常简单的结构,比如一个 tanh 层。LSTM 论文于 1997 年首次发表,LSTM 具有独特的设计结构,适合处理和预测时间序列中间隔和延迟非常长的重要事件。通过使用 LSTM 模型,解决了 RNN 训练期间遇到的梯度消失问题;同时,LSTM 模型在发展过程中也产生了一些变种,其中一个比较成功的变种是 GRU 模型(图 6-6)。

利用时间序列模型进行文本识别的经典模型之一是基于循环神经网络的文本分类模型,训练文本数据词向量后输入双向 LSTM,双向 LSTM 可以理解为在某种意义上变长,可以捕获双向的 N-gram 信息,输出的结果输入到所有连接层,最后通过 Softmax 进行分类,得到分类结果(图 6-7)。

3. 基于预训练模型的文本情感分析

预训练方法最初在图像领域提出,取得了良好的效果,后来应用于自然语言处理。在自然语言处理中通常使用的预训练模型是基于 Transformer 的双向编码器表示的模型

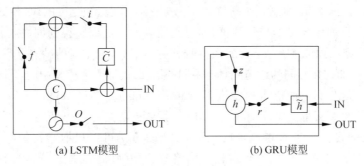

图 6-6 LSTM 模型与 GRU 模型的对比

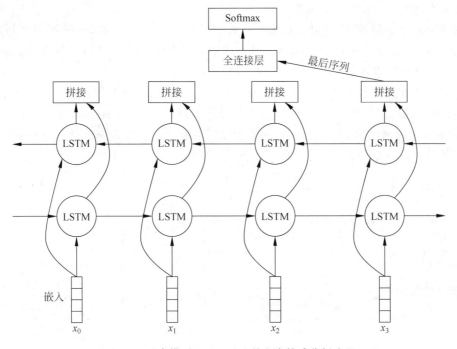

图 6-7 时序模型 Text-RNN 的文本情感分析流程

(Bidirectional Encoder Representations from Transformers,BERT)及其各种变种模型。预训练一般分为两个步骤,首先用某一大数据集对模型进行训练(该模型比较大,训练需要大量内存资源),使模型训练到良好状态;然后根据不同任务,对预训练模型进行优化,使用该任务的数据集在预训练模型上进行微调。该方法的优点是训练成本非常小,预训练的模型参数可以使新模型达到更快的收敛速度,有效提高了模型的性能,特别是对于一些训练数据不足的任务,在神经网络参数非常庞大的情况下,仅任务本身的训练数据可能无法充分进行训练,预训练方法可以使模型基于更好的初始状态进行学习,达到更优的性能。

关于自然语言处理的预训练的可以分为基于词嵌入的预训练方法和基于语言模型的预训练方法。

基于字嵌入的预训练方法:2003 年,本吉奥等在提出神经网络语言模型(Neural Network Language Model,NNLM)。训练过程中,不仅能够学习预测下一个字的概率分布,同时能够抽取字嵌入表达特征。与随机初始化的词嵌入相比,模型训练完成的词嵌入已经包含了词汇之间的信息。2013 年,米科洛夫等提出了 word2vec 工具,包括 CBOW 模型和 Skip-gram 模型。这个工具只利用大量的单语数据,通过无监督的方法训练得到词嵌入。

基于语言模型的预训练方法:词嵌入本身就有局限性,最主要的缺点是不能解决一个词的多义问题,不同的词在不同的语境中具有不同的语义,词嵌入为模型中的每个词分配了固定表示。彼得斯等提出了一种语言模型嵌入(Embedding from Language Model,ELMo),该 ELMo 使用语言模型获得上下文表示,ELMo 的具体方法是基于每个词所在的上下文,利用双向 LSTM 的语言模型来获得该词的表示,ELMo 方法可以提取丰富的特征用于下游任务。但 ELMo 只进行特征提取没有对整个网络进行预训练,没有充分发挥预训练的潜力。另一个缺点是,自注意机制的 Transformer 模型结构比 LSTM 更有效地捕获长距离依赖,从而更充分地对语句中的信息进行建模。

对于上述两个问题,雷德福等提出了一种生成式预训练 Transformer 模型(Generative Pre-Training Transformer,GPT),即生成表达式的预训练 GPT 将 LSTM 替换为 Transformer,虽然取得了更优的性能,但由于使用单向模型,所以只能用前面的单词预测后面的单词,信息可能存在不完备。戴夫林等提出了 BERT 模型,BERT 和 GPT 的结构和方法非常相似,最主要的区别是 GPT 模型使用单向语言模型,被认为是基于 Transformer 的解码器表示,而 BERT 使用的基于 Transformer 的编码器可以对来自过去和未来的信息进行建模,提取更丰富的信息。三个预训练模型如图 6-8 所示。

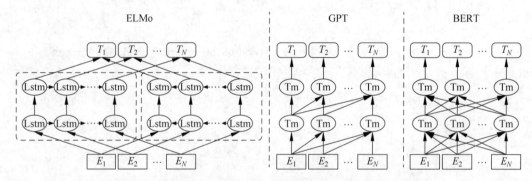

图 6-8　ELMO 预训练模型、GPT 预训练模型、BERT 预训练模型

基于预训练模型的文本情感分析方法只需要相对较少的代码编写就可以获得更优的识别效果,但是这种操作对服务器的计算资源要求很高,模型占用空间很大,制约了其在实际文本情感分析任务中的部署应用。

6.2　舆情分析

伴随着互联网时代的迅速发展,对海量数据的快速处理成为用户获取关键信息的重要环节。当前,我国的互联网基础设施建设的不断完善、利好政策的持续出台,以及互联网对于各个行业的渗透,共同促进网民规模的持续增长。2018 年 8 月 20 日中国互联网络信息中心发布第 42 次《中国互联网络发展状况统计报告》,报告显示,截至 2018 年 6 月,中国网民规模达到 8.02 亿人,2018 上半年新增网民数量为 2968 万人,与 2017 年相比增长 3.8%,互联网普及率为 57.7%。

当前,我国国民的阅读习惯产生深刻改变,传统的纸质媒体被网络媒体取代,人们在网络媒体中的阅读时长,大大超越纸质阅读。另外,手机端的迅速发展加快了网络传播的速度和便利程度。随着自媒体时代的到来,以互联网为依托的各种新型社交媒体如推特、新浪微博、微信、脸书的蓬勃发展加速了信息的传播。

互联网的快速发展催生了各种网络社交平台。用户在网络社交平台上发表个人观点、评价产品等行为逐渐成为日常生活的一部分。"以用户为中心,用户参与"的开放式网络互动平台为互联网用户发表个人观点和表达个人情感提供了新的途径。例如,具备便捷性、原创性和草根性的微博社交平台满足了互联网用户分享信息和交流情感的强烈需求,成为网络文本数据和多媒体数据的主要发源地。而以淘宝、京东为代表的网络购物平台,则通过开放产品评价功能,及时获取用户购物反馈信息,为改善用户购物体验和分析产品评价提供了数据支持。用户更多地活跃在社交媒体中,而社交媒体也逐渐成为用户表达观点、态度和看法的载体。用户借助互联网平台的开放性、交互性、超时空性和动态实时性等特点,在社交媒体中发表对热点事件的观点、看法和态度。借助于互联网平台的开放性、交互性、超时空性和动态实时性等特点,其消除了人们在社交过程中可能遇到的时间、地理位置、活动范围和活动人数等的限制。网络热点事件中包含各种类型的情感,例如开心、悲伤、喜爱、惊讶等,使得现实社会中所发生的热点事件所包含的各种类型的情感可以通过互联网用户的多种交互行为,例如评论、转发和点赞,在现实世界和虚拟世界中进行实时的传播、扩散和演化。

然而,伴随互联网浪潮而来的是网络新媒体层出不穷的网络舆情事件曝光与发酵,对传统社会生态极具破坏力。网络中社会舆情的深度发酵,也深刻地影响了现实社会的生态秩序。网络舆情信息中常包含着或褒或贬的情感色彩,往往影响读者对于此信息的主观感受。网络舆情是公众对社会生活的各方面的问题尤其是热点问题在网络空间上或显或隐的映射反映。信息爆炸带来了大量的信息冗余,使得网络舆情事件出现新的特点。社会热点话题的行业化、全民化以及区域化,往往产生全国范围的关注效应。自媒体时代,信息传播的实时性降低了监管部门的反应时间,主流媒体的二次推动加深了舆情的影响强度。因此,现代网络舆情具有两方面特点:一方面,舆情事件的产生、发展及变化周期较短,网民总是难以在短时间内对舆情事件做出准确的判断,从而极易造成社会舆论破坏;另一方面,舆情信息的不对称性会使公众与当事方对于事件的认知程度产生巨大偏差,加深事件的矛盾和误解,从而加剧舆情危机。

然而,互联网本身特有的虚拟性、隐蔽性、渗透性使得借助互联网传播的舆情信息也应运而生了以下三个特点:

(1)实时性。随着论坛、博客、微博的出现,使得很多热点事件在初始发生时就被"知情者"发布,从而第一时间获得大家的广泛关注,克服了早先传统媒体传播舆情信息的滞后性。

(2)扩散性。移动互联网的迅速发展使得人们越来越喜欢利用碎片化时间进行信息的收集、分享和传播,因此具有瞬发而即至的特点。很多舆情就是在事件发生后被评论传播进而引发主流媒体的关注和报告而成为热点。

(3)煽动性。由于互联网本身的隐蔽性和匿名性,很多信息的发布者对于信息源的真实性不加以考证就借助网络的"助推"作用传播。这使得很多不法分子利用这种言论自由扩散快的特点,使得谣言和负面新闻广泛传播,容易给当事人和无辜者造成舆论危机。一旦引发大众的不良情感,甚至会引起网络暴力,威胁社会的安全和稳定。

社交媒体文本情感数据包含不同类型的数据信息,这些数据相互杂糅交织在一起。通过对网络热点事件文本情感数据的分析,发现其具有以下3个特点:①海量稀疏性。在微博、微信等社交媒体中,大量用户实时发布观点与情感各异的文本数据。不同的事件、同一事件的不同侧面、同一侧面的不同情感数据都相互交织在一起,数以亿计的文本数据充斥在网络中。这些海量的文本数据将现实世界中用户简单情感和复杂情感实时地展现在社交媒体中,体现了文本情感数据的海量性。人们的基本情感种类是有限的,而有限种类的用户情感分布在海量的事件文本数据中,造成了文本情感数据组织结构极度混乱和极度分散问题;加之,社交媒体文本的长度限制使其往往存在句子简短、成分缺失的问题,事件的文本数据中又存在大量的无关、噪声和冗余的数据。这些因素导致了社交媒体中事件核心情感的稀疏性。②异构动态性。社交媒体的出现催生了大量更能表现用户情感的简洁生动的情感词汇和情感标签,使得越来越多的用户在使用情感词汇表达情感的同时,也与种类多样的情感标签进行自由混杂组合。组合的情感词汇和情感标签可以出现在句子中的任意位置,以加强用户情感表达的准确性及强度,同时也体现了文本情感数据的异构性。现实事件引发的衍生事件会引发社交媒体中用户情感的变化和波动。对于不同的时间段,事件情感的种类分布以及不同种类情感的强度都会发生变化。文本中事件词汇的情感也会随着侧面、语境或者时间的推移而不同,因此社交媒体数据情感具有动态性。③隐晦模糊性。在社交媒体文本数据中,词汇和标签混杂共存,许多词汇本身并没有明显情感而是通过所处的语境赋予其情感,词汇的情感隐含在所处语境中。另外,情感词汇和情感标签在不同的句子、不同的语境、不同的侧面中表达的情感可能完全不同,而具有确定情感的词汇和标签数量稀少,且缺乏清晰的侧面情感标注或者分类,使得大量词汇的情感具有隐晦模糊特性。不同文本数据表达的情感可能不同,从数据中获取的词汇和文本的情感包含多个维度,而不同维度情感之间的关系具有模糊性,一个维度的情感会对另一个维度的情感有增强或者抑制的作用,但机器无法自动从文本中直接获取明确的相关信息,从而难以辨识不同维度情感之间的相互作用关系。

鉴于互联网在未来社会发展中所占的重要地位,良好的网络舆论环境是社会治理的重要组成部分。各种网络平台产生的海量文本数据中蕴藏着巨大的社会价值和商业价值,凭借自然语言处理技术,从文本数据中挖掘隐含信息,如文本情感倾向性信息,以此分析互联网用户对某类产品、人物或者事情的观点和态度,可以为产品评价分析、用户建模、网络舆情监控提供实时和科学的决策数据。在国外,美国推特社交网络平台已经将部分用户的推文信息公开供研究者研究,主要致力于通过文本的情感分析来评估用户的情感状态,以解决一些社会问题,如孕妇产前抑郁症预测、犯罪倾向预测等。而国内,网络舆情监控也为政府部门了解群众思想动态,做出正确的舆论引导,提供了决策依据。在商业应用方面,通过对用户的产品评价信息的情感分析,了解用户对产品的满意程度以及个性化需求,为企业产品的改进和推广提供了可信数据支持。

在国内,近年来互联网舆情发展迅猛,上海密度信息技术有限公司基于新浪微博庞大的语料信息库,开发了微舆情这款软件,主要用于互联网大数据舆情、商情监测与分析。另外国内还有专注于舆情分析的软件,如红麦舆情、军犬舆情检测系统。在国外,知名的企业舆情软件主要有Buzzlogic、Radian6、TNS Cymfony等。数据分析公司Buzzlogic通过对网络上博客内容的分析,帮助企业判断和提高自身行业和品牌影响力。营销人员使用它得到用户对产品的反馈意见,公关人员使用 Buzzlogic Insights 和粉丝较多的博主建立关系,发现新舆情、跟踪服务产品问题。

习题

1. 简述情感倾向性的标注粒度。
2. 描述基于 BERT 预训练的文本情感识别建模过程。
3. 基于深度学习的文本情感分析相比于统计机器学习方法的优势有哪些?
4. 如何融合情感语义信息进行文本倾向性分析?
5. 舆情分析与文本情感分析的主要区别是什么?
6. 舆情分析有哪些应用场景?

第7章
情感生成

■ ■ ■ ■

情感表达是通过面部表情、语言声调和身体姿态等方式反映情感的变化。为了实现自然和谐的人机交互,机器不仅需要通过多模态信息感知并理解人的情感,还需要通过语音、面部表情、肢体动作等方式表达自身的情感,从而实现人机交互模式由被动交互到主动交互的升级。为了有效地生成不同粒度的连续情感状态,实现对生成情感强度的控制,需要设计合理的交互范式,通过合理的诱发手段实现逼真的情感表达。本章首先介绍情感的诱发方法和有效性分析手段,然后分别针对情感语音合成、表情生成、多模态情感生成中的关键问题进行阐述。

7.1 情感是如何激发的

情感受环境的影响,当我们看到草丛中出现一条蛇时会激发出恐惧的情感;同时,通过记忆和联想容易激发出特定的情感,突然看到蛇形曲线后联想到蛇,从而诱发出惊慌的情感;情感的激发具有爆发性,刺激、累积因素和环境的叠加能够快速诱发出不同的情感;情感的结束具有缓慢性,当刺激因素结束后,相应的情感状态缓慢消失;上述特性同时受到个体差异因素的影响。在本书7.2节详细介绍了情感诱发因素的影响。

情感的激发方式主要分为3种:表演型、引导型和自发型。表演型一般是让职业演员以模仿的方式表现出相应的情感状态,虽然表演者被要求尽量表达出自然的情感,但刻意模仿的情感还是显得夸大,使得不同情感类别之间的差异性比较明显。早期情感计算的研究主要基于表演型数据。但是,在自然环境下,人物情感的表达并不会如此夸张,导致情感分析系统在表演型数据与在自然型或引导型数据上的识别效果仍然存在着较大的差距。为了使情感分析技术更具有实用意义,研究者们开始基于引导型或自发型情感进行研究。引导型情感数据是让被试者处于某一特定的环境,如实验室中,通过观看电影或进行计算机游戏等方式,诱发被试者的某种情感。引导型情感数据产生的情感方式相较于表演型情感数据的情感特征更具有真实性,如何有效诱发情感,在本书7.3节进行了详细阐述。最后一种类型属于完全自发的情感数据,如电话会议、电影或者电话的视频片段,或者广播中的新闻片段等。由于这种类型的情感数据最具有完全的真实性和自发性,最适合用于实用的情感分析研究。

7.2 情感诱发方法

在实验环境中研究情感的可行性,在很大程度上取决于情感的诱发方法。常用的诱发方法主要分为两类,分别是通过提示情感材料诱发情感,以及通过设定情感情境诱发情感。一般来说,情感材料的特指性较好,诱发的情感单一,便于实验研究。另外,情感情境的真实感较强,诱发的情感与日常生活中的情感更为一致,便于研究结果的推广。在实际研究中,可以根据实验目标选择合适的情感诱发方法。

7.2.1 情感材料诱发

情感材料诱发旨在通过向受试者展示具有情感色彩和阴影的刺激材料来诱发受试者的情感,已经有研究中常用的情感材料包括视觉、听觉、嗅觉或混合刺激材料。情感材料的可靠性和通用性对研究结果有重大影响。国内外研究人员已经开发了一系列量化的情感刺激材料库,不仅使研究人员更容易选择适合研究的情感材料,而且可以帮助研究人员比较和重复情感研究结果。

面部表情图像也可以作为情感材料使用,个人在感受他人情感时和直接经历该情感时激活的神经活动类似。fMRI的研究表明,在疼痛刺激时和观察同伴手部疼痛刺激时,大脑活动区域相同。根据奥伯曼等的实验,个体自身经历厌恶与观察他人讨厌表情的神经活动相似。面部表情包含了非语言交流传递的大部分情感信息。利用艾克曼制作的面部表情库可以有效地诱发受试者的愤怒和快乐的情感体验。另外,蒙特利尔的情感面部表情画廊也是比较通用的面部表情素材库(图7-1)。

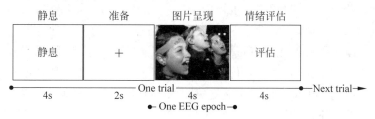

图 7-1　基于图片刺激的情感诱发

音乐素材在情感诱发上有很多优点,主要表现在3方面。首先,音乐能有效诱发强烈的情感。艾奇等的研究表明,音乐诱发具有较高的情感诱发成功率。音乐采用特殊的情感传递方式而非文字,具有很强的感染力。即使在实验室条件下,即使受试者不能做出很大的主观努力,音乐也能有效地唤起所需的情感,这有助于克服年龄、教育程度等因素引起的情感诱发困难。其次,音乐引起的情感在受试者中高度一致。韦斯特曼等对11种诱导技术进行了比较研究,发现音乐诱发的情感反应在受访者之间具有高度的同质性。由此,能够在一定程度上减少参加者间个体差异的影响。孙亚楠等选择了佩雷茨实验室用于研究音乐情感的西方古典音乐片段,发现未经正规音乐训练的中国音乐情感分类与佩雷茨实验室分类结果相似,81%情感具有跨文化的连贯性。最后,音乐能唤起相当强烈的积极消极情感。韦斯特曼等的研究表明,11种刺激引起的负面情感明显高于不愉快情感,但音乐诱发的两种情感通常具有相同的强度,有助于比较不同的情感诱发。音乐情感具有上述优点,但仍缺乏被广泛认可的标准化音乐刺激材料库。但随着研究的深入,巴赫的《勃兰登堡协奏曲》和贝多芬的《第六交响乐》通常能引发快乐的情感,霍尔斯特的《火星:战争使者》可以引发恐惧心理,巴贝尔的《弦乐柔板》可以诱发悲伤情感等。

　　视频编辑结合视觉和听觉,是动态的刺激材料,广泛用于情感研究(图 7-2)。格罗斯等认为,电影片段是诱发分立情感的最有效手段,在要求效应和生态有效性方面优于其他诱发材料。要求效应是指为迎合实验目标而尝试的虚假报告,生态有效性是指实验诱发的情感与日常生活中情感的一致性。影片剪辑有特定的情节,情感指向性高,实验指导语不需要指示被试者去感受被诱发的情感。比如,用"好好看电影"代替"感受你的感情,不要抑制它"这样的指导语,不要去追求效果,影视故事通常源于生活,尽力营造真实氛围,与其他诱发材料相比视频编辑有更好的代入感,达到更好的生态有效性。影视材料的选择应遵循以下标准:①长度较短;②容易理解,不需要追加的解释;③只包含单一的感情。谢弗等创建了一个视频情感诱发材料库,该库包含 70 个电影剪辑,用于诱发快乐、愤怒、悲伤、厌恶、温柔、恐惧和中性情感状态。

图 7-2　基于视听结合的情感诱发

　　除了视觉和听觉之外,嗅觉刺激也被用于诱发情感。气味和情感的结合可以有效地诱发受试者的情感状态。同时,嗅觉线索与其他感觉通道之间的一致性或不一致性会影响个体的认知过程。赫尔曼等使用具有正负情感效价的香料作为情感刺激材料,要求参与者评估目标语的效价。结果表明,气味效价相似的目标语的评价速度比其效价不一致的目标语快。为了研究双眼竞争现象中的嗅觉对竞争图像的主导时间的影响,试着在受试者的双眼中分别同时呈现两张不同的图像,发现在与受试者的图像一致的气味的情况下,注意该图像的主导时间会更长。嗅觉与其他感觉通道的混合使用,可以更有效地诱发受试者的情感状态。由于嗅觉刺激材料难以准备和储存,实验过程中对气味浓度、扩散和去除时间等也难以精确控制,因此嗅觉刺激的研究尚处于起步阶段,没有通用的刺激材料库。

　　为了更有效地诱发目标情感,研究人员结合了两种或多种类型的诱导材料来诱导对象的情感状态。使用被诱发的材料类型来捕捉前景中的注意力,并使用其他被诱发的材料来产生与前景情感一致的情感气氛,从而提高目标情感的诱发效果。例如,鲍姆加特纳等的调查研究了情感图像和古典音乐对 3 种情感的影响:幸福、悲伤和恐惧。结果发现,在呈现情感图像的同时播放相应的音乐可以显著提高情感诱发的效果。

　　情感材料诱发被试情感是一种简单易行、易于控制的情感诱发方法。受试者不需要主观的努力,只是放松身心,感受出现的刺激材料,使其产生的情感自然流露。使用情感材料诱发情感的关键在于情感刺激材料及其呈现方法,例如刺激材料本身的情感感染性、呈现顺序、持续时间等。通过提示情感材料诱发情感在情感研究中得到了广泛应用,但这种情感诱发方式仍存在一定问题,主要是使用情感材料诱发的情感与现实生活中个人感受情感的状况相差甚远,相关研究的结果能否在现实生活中推广也是个疑问。

7.2.2　情感情境诱发

情感情境诱发,即在实验室模拟情感发生的真实情况,通过对情境的操控诱发,改变被试的情感体验。受试者精心设计的情感活动中自然诱发目标情感,自我参与感强,诱发的情感与现实生活中的情感更为一致。

回忆想象是诱发情感的最简单方法,试图通过回忆现实生活中的经验或想象一些场景来产生准确的情感。这种方法需要有意识地配合,使脑海中浮现的情景成为一幅生动的景象,然后身临其境地去思考和感受它的情景。在回忆想象的时候,根据目标的情感调整表情和手势,可以提高情感诱发效果。自我认知的观点认为身体反应促进情感刺激的认知过程。在哈瓦斯等的研究中,被试者被要求用牙齿横向咀嚼棍子(微笑的表情),或者用嘴唇纵向连接棍子(皱眉的表情),来判断句子的效力。通过实验发现与面部表情一致的句子(例如被咬棒子的对象给予正面评价的句子),其反应明显快于不一致的句子。其余研究人员的研究也发现了同样的现象。

情感情境的设计与被分析的情感密切相关。戴特斯等要求受试者进行即兴演讲,测定演讲前、预定的演讲、演讲中、演讲后的各种生理指标的变化,分析人的不安水平。亚当等在实验室模拟荷兰式拍卖,调整各种降价指标,通过测量心率和皮肤电来分析投标人的行为习惯。研究发现,快速降价率会让投标人更加兴奋,延长参与投标的时间,投标失败带来的挫折感远远高于投标成功的喜悦,投标成功的兴奋感与最终成交价格相关。罗布等在人际关系中的压力分析中使用了虚拟人技术。实验要求 26 名医学专业大四学生对前列腺试验模拟器进行前列腺检查,实验组检查对象为与虚拟人结合的模拟器,对照组检查对象为标准模拟器。结果表明,在检测过程中,实验组学生承受着更大的压力,实验组中经历过实际检测的学生在面对虚拟人时更加紧张。电脑游戏广泛用于情境情感诱发。马蒂亚斯等根据线索判断非玩家控制角色(Non-Player-Controlled character,NPC)是否友好,设计了杀死有敌意的 NPC,将友好的 NPC 守护在目的地,消灭路上的敌人的游戏系统。同步地收集事件相关数据、受试者的心理和生理数据研究表明,游戏可以引发各种被尝试过的情感,包括喜悦、愤怒、沮丧和挫折。类似的游戏剧本还有宇宙飞船游戏和射击游戏等。

7.3　情感诱发有效性分析方法

一次有效的情感数据采集实验除了要考虑如何诱发情感外,还要保证情感诱发的有效性和可靠性。情感诱发效应受个体差异、要求效应、困倦有序效应、实验环境等诸多因素限制,在实验设计中应考虑这些因素。当然,为了确保情感分析结果实际有效,还需要对情感诱发效应和收集到的生理信号进行可靠性分析。

7.3.1　诱发效应影响因素

个体差异是影响情感诱发效应的重要因素。受试者的性别、文化背景、性格特征、情感诱发前的情感状态会影响受试者的情感体验。个体差异主要表现在 3 方面:①情感刺激感知的差异,例如,女性经历悲伤的情感,很可能对气味敏感;②情感刺激主观评价差异,例如乐观的人偏向正面提示,更积极地评价情感刺激,而悲观的人则相反;③情感调节能力的差异,许多研究表明,具有较强情感调节能力的人可以灵活使用积极或自动认知重估策略,减少情感刺激的生理觉醒,从而降低情感诱发的效果。

在实验之前是否应该向受试者明确传达实验目的值得考虑。斯莱克等的研究表明,仅仅在有指导语的条件下,就可以很容易地改变受访者的情感,在这种状态下,一些受访者获得的情感与真实情感没有太大差别。这一现象被称为要求效应,符合主试预期或被试者作虚假报告以符合实验要求。拉森等的分析表明,在实验之前清楚地描述诱导情感的目的可能有助于提高诱导效果。但是,这种改善是否是根据明确的指示进行的,主体是否更专注于体验目标的情感是有疑问的。一些策略可用于控制或降低需求效应,并且排除在数据分析期间具有明显需求效应的受试者,除非向受试者解释实验的实际目的。

如果实验必须唤起很多情感,那么必须设计情感刺激材料的显示顺序,以避免顺序的影响,即前后情感之间的干扰。许多人发现,积极情感和消极情感的切换更为困难。比如,幸福与愤怒、甜蜜与悲伤。通常,正负电价情感被分阶段触发,两种情感状态被分为 20~60s,并且应提供中性材料以恢复受试者的镇静。

实验环境是一个不可忽视的因素。首先,采集室应简单舒适,以消除实验前受试者的紧张情绪,并尽快使其平静下来。二是在实验过程中,应排除外部干扰。例如,如果需要记录人的表情,应将相机放置在隐藏的位置。研究表明,抑制负面情感刺激的表达可增强和扩展生理反应,从而影响情感的测定。此外,抑制表达本身必须消耗认知资源来处理情感信息,从而影响情感刺激的认知过程。

道德因素是情感诱发时必须考虑的问题。积极情感在很大程度上可以被接受,但消极情感可能会对受试者造成精神伤害。此外,负面情感的诱发程序可能包括让受试者感到痛苦和耻辱的过程,这在伦理上受到质疑。因此,引发真实情感的程序应尽量减少道德、实践等不利因素,并最大限度地实现真实感。

7.3.2　诱发效果评价方法

收集者完成实验后,需要评价受试者自我报告、情感量表、访谈等情感诱导效果。一般来说,情感诱导结束后应立即进行问卷调查和访谈,研究表明即时报告比拖延时间后的报告更有效。随着时间的推移,很难保证情感唤醒的准确性,这会降低评估的可靠性。

在心理学研究中,可以使用各种情感测量方法来评估情感诱发的影响,其中自我报告方法被广泛使用。自我报告方法要求对受试者提供的情感词汇进行评分,通常以 5 或 9 分量化,例如未记为 1 分,轻微记为 2 分,中度记为 3 分,较强记为 4 分,较强记为 5 分。自我报告方法适合获得有关分立情感的反馈,如幸福、悲伤、愤怒和嫉妒。它的优点是情感词汇含义清晰易懂,这对于衡量孩子在学习过程中的情感变化非常重要。其缺点是,分立情感不能涵盖所有的情感体验,混合情感要求参与者正确评估与情感相关的各种分立情感术语。

如图 7-3 所示,PAD 量表来自 PAD 三维情感模型。三个维度分别是:①喜悦度,表示个人情感状态的正负特性;②觉醒度,表示个体神经生理活性化水平;③优势度,表示个人对情景和他人的控制状态。三维坐标系将情感空间分割为 8 个子空间。每个坐标点可以被映射到特定情感,例如,如果取值的范围为 −1~1,则愤怒的坐标是(−0.51、0.59、0.25)。

在情感测量时,PAD 量表将 PAD 三维情感模型的各个维度细化为多个项目,对每个项目进行 9 分量化。评分项目由一对形容词构成,它们在所属维的量值相反,在其他两个维的量值大致相同。原始版本的 PAD 量表包含 16 个 P 维项目、34 个 A 维和 D 维项目。简化版本的 PAD 量表的各维包含 4 个项目,中文简化版的 PAD 量表如图 7-3(b) 所示,项目得分从 -4 分到 4 分,维度得分取 4 个项目的平均值。与其他量表相比,PAD 量表可以更准确地描述情感。例如,PAD 量表可以有效区分焦虑和抑郁两种情感,焦虑和抑郁属于喜悦度低、优势度低的情感,但焦虑比抑郁的活性度水平高,而积极消极情感量表(Positive and Negative Affect Schedule,PANAS)等其他情感问卷无法有效区分两者。

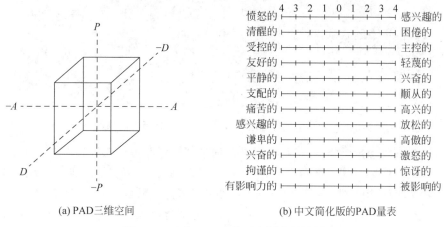

(a) PAD 三维空间　　　　　　(b) 中文简化版的 PAD 量表

图 7-3　Salt&Pepper 模型自评估计量器

SAM 量表使用图形方法来评估舒适性、唤醒性和优势度三个维度。从弱到强的 9 级评分如图 7-4 所示,每个维度由逐步变化的小人图像表示喜悦度从皱眉的不高兴表情转移到微笑的高兴表情,觉醒度从闭着眼睛睡觉的状态转变为睁大眼睛的兴奋状态,优势度从小到大的图片大小表示对个人情感的控制感。由于 SAM 量表具有直观的图示,因此该量表能够有效评价被试者当时的情感体验。虽然 SAM 量表已被证明是有效的,但仍难以向受试者明确喜悦、觉醒和优势的含义。尤其是该概念由受试者对上下文的掌握感定义,在评价中难以把控。

为了更有效地提供关于受试者情感体验的反馈,布罗肯开发了一种基于 PAD 的在线情感测量工具 AffectButton。AffectButton 只有一个按钮可以嵌入 UI,如图 7-4 所示按钮区域是动态变化的脸部的卡通图像。当鼠标在按钮表面移动时,按钮程序将鼠标坐标 (x, y) 映射到三维 PAD 坐标空间,并更改动画图像的面部表情。图 7-4 表示使鼠标从中心向上、下、左、右移动时脸部表情的连续变化。这样,受试者移动鼠标,根据按钮的面部表情按下按钮,从而能够表现情感。AffectButton 按钮比 SAM 量表更容易使用,可以返回三维信息,动态变化的脸部表情更具有表现力地一键输入。因此,不需要在测量前向受试者说明 P、A、D 的三维含义。将 AffectButton 嵌入诱发素材的播放界面中,可以实现情感的连续反馈。

例如,Emocards 根据拉塞尔情感循环结构理论,使用环状配置的 16 张漫画表情图像来描述情感,以喜悦、不高兴、紧张、平静的二维空间来测定情感。Feeltrace 和 Affect Grid 从觉醒/效价两个维度描述情感状态。这里,觉醒度表示情感的兴奋度,效价表示情感的正负特性。PANAS 用于测量个体的正向和负向情感状态。研究表明,个人在体验正向情感时

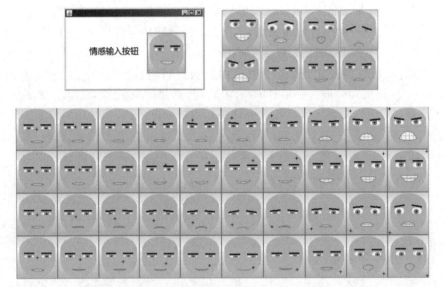

图 7-4　AffectButton 维度测量工具一些量表从其他维度测量参与者的情感

并不意味着没有负向情感体验,在拥有强烈负向情感的同时也可能有强烈的正向情感体验。正向情感和负向情感不是一维的两个方向,而是两个相对独立的维度,即二维结构 PANAS 中包含反映情感的 20 个形容词,其中 10 个表示正向情感,10 个表示负向情感。扩展版 PANAS-X 由 55 个情感形容词组成,分为 11 个维度:恐惧、敌意、有罪感、悲伤、喜悦、自信、注意、腼腆、疲劳、平静和惊讶,其中前 4 个属于负向情感,中 3 个属于正向情感,后 4 个属于中性情感。每个维度包含的形容词数为 3～8 个,例如敌意包括愤怒、敌意、易怒、蔑视、厌恶、憎恶 6 项。

　　情感复杂性导致各种情感测量方法,情感类型和维度没有统一的标准,可以根据实验中使用的情感模型选择评价效果诱导的方法。使用标准情感刺激材料库时,评估启动效果的方法应与评估刺激材料的方法一致,以便于比较分析。

　　为了实现高逼真、高自然度的情感表达,机器需要通过拟人化的方式和多维度的手段与人进行情感交互。随着人工智能技术的发展,机器不仅可以通过面部表情、言语内容、肢体动作等方式来表达不同的情感状态,甚至能在特定情境下呈现出更为细腻的"情感波动"。借助于情感生成技术,计算机能够根据情境差异,呈现出不同粒度的情感变化。接下来重点介绍情感语音合成、表情生成与多模态情感生成。

7.4　情感语音合成

　　随着信息技术的发展和语音合成技术的进步,合成语音的可懂度和自然度研究已经有了实质性的进展,有的合成系统已经能产生与真实语音几乎相同的合成语音。但是,语音作为人与人之间沟通思想和交流感情的最主要途径,包含在其中的情感信息也必然成为一种重要的资源。例如同样一句话,如果说话人的情感和语气不同,听者的感知也有可能会不同。所以,分析和处理语音信号中情感特征和语气信息,判断说话人的喜怒哀乐是一个意义重大的研究课题。因此,支持情感的语音合成系统越来越受到人们的重视。

7.4.1 基于韵律修正的情感语音合成系统

基于韵律修正的情感语音合成方法包括两方面,一是合成技术的选择,二是修正规则的制定。合成技术可以选择拼接合成以及参数合成方法。除此之外,在不同的情感状态下,各个语音特征(例如基频、时长和能量等韵律参数)依据一定的规则产生变化,可以根据基音同步叠加技术进行灵活地调整,从而合成情感语音。例如,悲伤情感属于压抑情感类,所以它的时长较平静语句慢得多,音强也大大低于其他中性语音,给基频带来的变化就是基频值降低,基频调域变窄,整个基频曲线向下弯曲;愤怒是一种比较强烈的情感,在愤怒时比较典型的声学特征包括基频会在重音音节出现突变,如去声时基频曲线的下降趋势更为强烈等,语速普遍较普通语句快,音强也明显增大;高兴时的情感语音语速一般不能准确确定,在不同的情况下会有不同的表现,高兴情感下的基频曲线除了基频值总体抬升,基频范围变宽外,基频曲线会在音节结尾处有上翘的趋势;害怕是比较难区分的情感,训练库中很多害怕语音听起来都不是特别明显,从声学参数上说语速、基频值、基频范围上同中性语音相类似,不同的地方仅在于语句的清晰度较其他情感更精确;厌恶情感和生气情感有较高的相似性,但是其基频的变化率比较宽,并在语句末端有向下倾斜的趋势。

对于这些规则有不同的表示方法,国际商业机器公司(International Business Machines Corporation,IBM)采用了分层情感标注的方式。他们设计的情感语音合成引擎中,通过一个扩展的语音合成标记语言(Speech Synthesis Markup Language,SSML)适应不同的情感状态。每个说话人需要录制 10h 的中性语音和情感语音,由规则转换的各种情感元素表示为韵律标注标签(Tones and Break Indices,ToBI),这些情感参数在合成过程中被直接使用。在中性和情感语音上分别训练决策树,该决策树用于基频曲线和时长等韵律参数的预测。同时,为了便于表示情感状态,如"传达好的信息""道歉""是否问题"等,他们制定了更多的标记语言。

共振峰情感语音合成法直接使用一系列规则预测声学参数,这些规则是由专家精心制定,但是因为规则不能覆盖复杂的语言的各种情况,并且合成过程中没有真人语音的参与,所以这种方法产生的合成语音非常不自然,有很强的机器味。不过,共振峰语音合成技术能够自由地调整声源和声道的许多参数,所以这种方法可以用语构建情感合成语音(图 7-5)。

图 7-5 共振峰情感语音合成

麻省理工学院的卡恩研究的 Affect Editor 增加了特定情感的声学修改模块,对每一类情感,都有一个明确的声学实现模型,在反复试验的过程中对已有的规则和方法进行微调。表 7-1 给出了卡恩的 Affect Editor 各个描述 6 种情感的参数值,参数值以 0 为中心,在 $-10 \sim 10$ 变化,0 表述中性情感,-10 和 10 分别表示参数的最小和最大影响,离中性情感设定值越远,表示该参数对情感的影响越大。各个参数的意义如下。

基频参数包括:

(1)重音形状:语调轮廓的陡度;

(2)基频平均值:基频 F_0 的平均值;

（3）Contour slope：基频曲线的斜率；

（4）Final lowering：下降趋势的基频曲线末端下降的斜率，或者上升趋势的基频曲线末端上升的斜率；

（5）调域：一个语句最高和最低基频之间的差距；

（6）Reference line：升高或者降低的基频最后返回到的那个值。

时间参数包括：

（1）Exaggeration：为了进一步强调基频重读的单词扩大的程度；

（2）Fluent pause：句法单元和语义单元之间停顿的频率；

（3）Hesitation pauses：句法单元或者语义单元内不停顿的频率；

（4）语速：语音的速率，单位时间内单词的个数；

（5）重音频度：重读和非重读单词个数的比率。

有关音色的参数：

（1）呼吸声：在语音流中，出现呼吸气音等声音；

（2）Brilliance：低频能量和高频能量的比值；

（3）喉音化：发音时，声门出现不连续的脉冲振动特性，老年说话人的语音常会喉音化；

（4）音强：声音的强度；

（5）停顿连续性：停顿开始的平滑和突变情况；

（6）基频连续性：语调曲线中每段连续基频值之间的距离；

（7）音速：连续声门脉冲之间的规律性。

清晰度参数：

清晰度：清晰度可分为正常、焦急、模糊和准确。清晰度描述了元音质量的变化和清辅音是否变化为相应的浊辅音。

表 7-1　6 种情感的典型韵律参数

韵律参数	生气	厌恶	高兴	悲伤	恐惧	惊讶
重音形状	10	0	10	6	10	5
基频平均值	−5	0	−3	0	10	0
Contour slope	0	0	5	0	10	10
Final lowering	10	0	−4	−5	−10	0
调域	10	3	10	−5	10	8
Reference line	−3	0	−3	−1	10	−8
Fluent pauses	−5	0	−5	5	−10	−5
Hesitation pauses	−7	−10	−8	10	10	−10
语速	8	−3	2	−10	10	4
重音频度	0	0	5	1	10	0
呼吸声	−5	0	−5	1	0	0
Brilliance	10	5	−2	−9	10	3
喉音化	0	0	0	0	−10	0
音强	10	0	0	−5	10	5
停顿连续性	10	0	−10	−10	10	−10
基频连续性	3	10	−10	10	10	5
清晰度	5	7	−3	−5	0	0

7.4.2　基于波形拼接的情感语音合成系统

波形拼接方法是由事先录好的或切分的、小的语音单元通过连接,然后使其经过韵律修饰来拼接整合成一段完整语音的技术。

波形拼接技术是建立在语音波形处理基础之上的,这种技术可以在改变语音的超音段特征同时,而不改变音段特征(谱特征)。因此,这种技术可以最大限度保留原始发音人的声音特征,从而合成的语音自然度和清晰度都相对较高。在一般的波形拼接合成系统中,只有基音频率、持续时间、强度可以进行控制,但仅仅通过这些参数是无法控制声音特征的,这会导致合成的语音听起来不是很自然,机械音很重,经过韵律修饰后使得语音边界处不连续,拼接处容易产生错误,合成效果不够稳定,需要建立大容量的语音库,兼容性和扩展性不是很理想。但是,如果目标合成语音中的大部分波形单元都可以在语音数据库找到,那么合成出的语音自然度要比按规则合成的结果高很多。但它的缺点是为了要涵盖所有大部分的语音波形片段,需要建立设计精细、科学的语音语料库,这会耗费巨大的人力和物力。

基于波形拼接技术的情感语音合成方法的缺点是它需要一个巨大的情感语音语料库,所有的合成结果都是由这个语料库中的波形片段拼接而成的,这一过程不符合真实人类发音的物理过程,所以它并不适用于语音产生的神经计算模型。

7.4.3　基于统计参数的情感语音合成系统

虽然基频、时长、音强等韵律特征参数的修改可以实现较好的情感语音合成,但是该方法同时修改了语音的基频与时长等韵律特征,影响了合成语音的音质和情感效果。

随着统计参数语音合成方法的广泛应用,该方法也逐渐应用到情感语音合成中,其中基于隐马尔可夫模型(Hidden Markov Model,HMM)的统计参数语音合成综合了统计参数语音合成方法的多种优点,在过去十年成为最受关注的方法之一。基于 HMM 的统计参数情感语音合成可以通过使用情感语料库来自动训练情感语音声学模型,统计参数合成方法流程如图 7-6 所示。

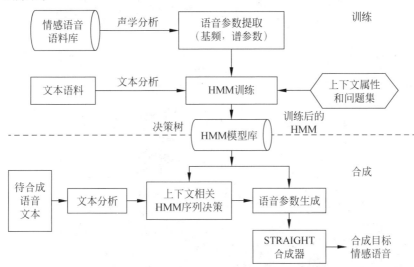

图 7-6　基于 HMM 统计参数情感语音合成流程图

　　HMM 是用于描述具有隐含未知参数的马尔可夫过程的统计模型,该过程的隐藏参数可由观察参数确定,然后使用这些参数进行进一步分析。在语音处理中,最早用 HMM 进行语音识别的研究,20 世纪 90 年代,HMM 被引入语音合成领域中。然而早期运用 HMM 进行声学模型训练以及参数生成训练的算法并不成熟,合成音质不高,合成效果并不如基于大语料库的波形拼接方法,使该方法的广泛应用受到了限制,随着语音算法的不断成熟,STRAIGHT 算法提出后可以更加准确地进行参数提取,语音参数合成器的性能也得到了提高,提高了 HMM 统计参数语音合成的质量并受到越来越多学者的热衷。该方法与其他两种方法相比可以自动训练模型,无须人工干预,同时需要较少的语料就能合成较好质量的语音,受语料库说话人的影响较小,合成质量稳定。

　　基于 HMM 的统计参数合成方法有许多优点,但同样存在不足与缺陷。

　　(1) 合成音质不高。虽然基于 HMM 统计参数合成方法相比较其他两种方法能够合成平滑流畅的语音,但由于建模过程的均值化相应,使合成语音的共振峰十分模糊。在损失了音质细节特征的同时,也会使合成变得平均化,使人的主观感受降低,参数合成器的特征参数提取与重新合成波形也会影响语音的音质。

　　(2) 合成语音韵律平淡。HMM 统计参数方法合成的语音韵律十分平稳,但也导致了韵律变化单一,不能有效表达情感特征。统计的上下文属性中一些属性没有被显性建模,也会导致语音韵律特征的缺失,合成的语音在长时间听时会使人困倦,无法达到理想的情感效果。

　　(3) 数据的依赖性。该方法相比于波形拼接与韵律修改方法需要的数据更少,但同样需要语音数据的运用,同时语音学、语言学知识以及人的主观听觉经验都难以用这种方法进行统计参数建模并利用。

7.4.4　基于深度学习的情感语音合成

　　本节介绍了建立和测试单个情感说话人基于 DNN 的情感语音合成模型的方法,通过设计此 DNN 架构,旨在通过情感说话人进行 DNN 训练合成目标情感语音。基于 DNN 的情感语音合成框架如图 7-7 所示。

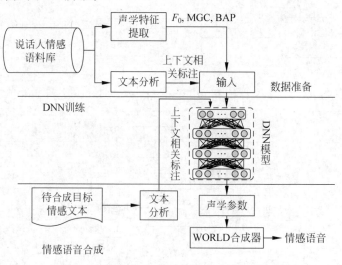

图 7-7　基于 DNN 情感语音合成训练框架

数据准备阶段,首先给出多情感说话人的大情感语料库,在基于 DNN 的语音合成中,情感语音经过声学参数提取过程,得到训练模型所需的基频(Fundamental Frequency,F_0)、广义梅尔倒谱(Mel-generalized Cepstral,MGC)系数、频带非周期分量(Band aperiodical,BAP)声学参数。

语音对应的文本经过文本分析过程,借助于词典和语法规则库,通过文本规范化、语法分析、韵律分析、字音转换等,获得输入文本的声韵母信息、韵律结构信息、词信息、语句信息,从而获得情感语音对应文本的声韵母及其语境信息,最终得到声韵母的上下文相关标注,包括声韵母层、音节层、词层、韵律词层、短语层、语句层 6 层上下文相关标注。

训练阶段,情感语音文件经过声学参数提取过程,得到训练所需的基频、谱参数等声学参数,经过文本分析过程由标注生成程序得到包含音素与上下文语境信息的上下文相关标注。随后将情感语音的语言特征作为输入,声学特征作为输出。采用反向传播算法梯度下降进行时长与声学建模,训练出情感说话人的时长与声学模型及输出参数。

合成与测试阶段,首先将 DNN 输出参数馈送到参数生成模块中以生成具有动态特征约束的平滑特征参数。然后基于线谱对(Line Spectral Pairs,LSP)的共振峰锐化被用于减少统计参数建模的过度平滑问题和所产生的"消声"语音。最后,语音波形由 WORLD 合成器通过使用生成的语音参数来合成。

本节介绍了基于长短时记忆的递归神经网络的情感统计参数化语音合成方法。其中有两种建模方法,分别为情感依赖建模和基于情感代码的统一建模。在第一种方法中,基于 LSTM-RNN 的声学模型分别针对每种情感类型建立。利用多说话者的语音数据,建立一个独立于说话者的声学模型来初始化依赖于情感的 LSTM-RNN。受语音识别和语音合成的语音编码技术的启发,第二种方法使用多种情感类型的训练数据,建立一个统一的基于 LSTM-RNN 的声学模型。在统一的 LSTM-RNN 模型中,情感码向量被输入到所有的模型层,以表示当前话语的情感特征。在一个包含 4 种情感类型(中性风格、快乐、愤怒和悲伤)的情感语音合成数据库上的实验结果表明,这两种方法都比基于 HMM 的情感依赖建模获得了更自然的合成语音。情感依赖建模方法在合成语音的主观情感分类率方面优于统一建模方法和基于 HMM 的情感依赖建模方法。此外,统一建模方法所使用的情感代码通过在训练集内插和外推,能够有效地控制合成语音的情感类型和强度。

对于第一种方法,我们在第二部分的框架中分别对每种情感建模。通过对时延和声学模型的学习,得到了输入-前馈-LSTM-LSTM-线性输出的网络结构。持续时间模型学习持续时间上下文和音素持续时间之间的映射,而声学模型学习声音上下文和频谱、韵律特征之间的映射。

对于第二种方法,受基于说话人适配的说话人编码方法的启发,我们使用情感编码来获得每种情感的特征。情感码控制技术的结构如图 7-8 所示。使用该技术,多种情感可以在一个统一的 LSTM-RNN 模型中建模,包括持续时间模型和声学模型。虽然持续时间和声学模型是单独建立的,但它们具有共同的情感代码和持续时间,当我们修改情感代码时,声音的声学特征可以同时改变。

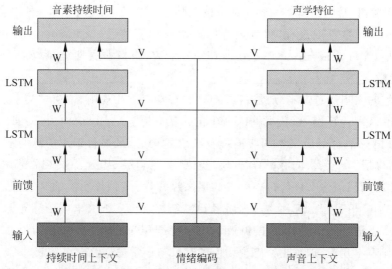

图 7-8   基于情感编码的 LSTM-RNN 统一建模模型结构

7.4.5   基于端到端的情感语音合成

端到端的语音合成方法将韵律预测和声学建模相融合,减少了管道式语音合成框架(图 7-9)存在的误差累积的问题。其中 Tacotron 作为主流的端到端的语音合成框架之一,正逐步在工业界得到广泛的应用。其整体结构如图 7-10 所示。

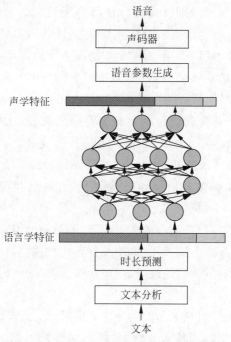

图 7-9   基于深度学习的管道式语音合成系统

Tacotron 的骨干部分是一个有注意力机制的 seq2seq 模型。它包含一个编码器、一个基于注意力机制的解码器和一个后处理网络。从高层面上说,我们的模型把字符作为输入,产生的声谱帧数据随后被转换成波形。

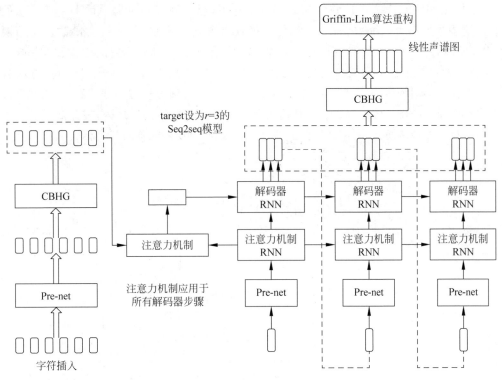

图 7-10 端到端语音合成模型：Tacotron

7.4.6 文本无关的情感语音转换

语音信号中包含了很多信息,除了语义信息外,还有说话人的风格信息(包括个性信息、情感信息等)。传统意义上,语音转换是指通过语音处理手段改变语音中的说话人个性信息,使得改变后的语音听起来像是由另外一个说话人发出的。近期,有学者提出采用语音转换的方式,改变语音中的情感信息,从而生成具有情感的语音。和传统意义上的语音转换相比,情感语音转换主要在数据准备上存在差异。具体而言,研究人员往往需要准备同一个人不同情感下的语音,基于每一种情感语音训练一套语音转换系统。

根据在训练阶段是否需要平行或非平行的语料,语音转换可分为基于平行语料转换方法和基于非平行语料转换方法。平行语料被定义为不同说话人说具有相同语言内容的语音。非平行语料则允许不同说话人说不相同语言内容的语音。语音转换通常采用的是基于平行语料转换的方法,这样做的目的是最大限度地消除文本内容对说话人个性信息转换的影响,因为在同样的录音环境及录音要求下使用相同的录音文本,可以认为不同录音人的语音数据之间的差异主要是由说话人的不同导致的。但是在有些场合建立源和目标说话人基于同一文本的平行语音库难度较大,成本高,往往会采用基于非平行语料的语音转换方法。

传统的语音转换方法,大部分都是基于平行语料的训练。平行语料是指待转换的源说话人和目标说话人提供相同文本信息的语音数据。由于文本信息是相同的,源和目标数据之间有很好的基于文本对齐的性质。可能由于不同说话人语速的不同,在时间轴上稍有差别,但是数据的顺序是一致的。可以有很多较为简单的方法来进行时域的对齐,例如动态时间规整和基于隐马尔可夫模型的自动切分。在经过对齐之后的数据是基于文本信息对应的数据,它们之间的对应关系反映了相同文本信息下,源说话人和目标说话人个性信息的差别。用这些数据作为训练数据,可以训练转换模型或转换规则,生成转换函数。在转换阶段,对于输入的源说话人的待转换语音数据,通过转换函数得到转换后的语音参数并合成出语音,得到的语音个性信息就是贴近目标说话人的个性信息。基于平行语音转换方法有两个基本的流程:训练流程和转换流程,如图 7-11 所示。在训练过程中,对源说话人和目标说话人的语音样本进行参数提取、训练,从而得到转换规则。在转换模块内,按照规则对源说话人的语音参数进行转换,再利用语音合成器进行合成,得到听起来像目标说话人的语音。

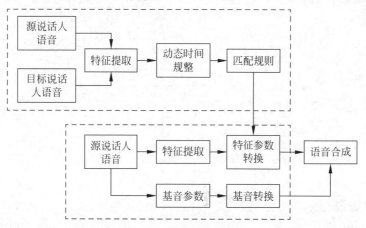

图 7-11　典型基于平行语料的语音转换方法流程

相比基于平行语料的文本相关语音转换,文本无关语音转换面对的主要问题是训练数据的对齐问题。根据语音转换的定义,转换过程不能改变语音的内容信息,这样就要求训练数据的对应关系是文本内容驱动的。在平行语料环境下,这种关系由于平行的语料而天然存在。在任意文本,甚至不同语言文本下,很难在不同的文本上下文信息中找到对应的训练数据,保证对齐的数据是基于文本内容信息对齐的。在不同语言间的跨语言语音转换中,由于不同语言所用音素集不同,一些语音无法找到对应语音内容信息的数据,使得数据对齐时产生音素缺失。这些都是非平行语料语音转换所主要面对的问题。在非平行语料语音转换方法中,基于音素后验概率的语音转换方法是最为常见的一种语音转化算法。该方法采用自动语音识别系统生成的音素后验概率作为源和目标说话人两者之间的桥梁。音素后验概率表示一个音素类的每个特定时间帧的每个发音类别的后验概率,是一个时间与类别相对应的矩阵。图 7-12 表示口头短语 Particular case 的音素后验概率表示的示例。横轴以秒为单位表示时间,纵轴包含发音类别的索引,颜色越深意味着更高的后验概率。音素后验概率可以捕捉到某一种声音中不同音素类的组成及其细微的时间变化,从而获得更准确的声学参数估计。

基于音素后验概率的非平行语料语音转换方法的框架图如图 7-13 所示,在训练阶段 1 中,使用语音识别系统进行音素后验概率生成训练,语音识别系统的输入是梅尔频率倒谱系数(Mel Frequency Cepstrum Coefficient,MFCC)特征向量,输出为音素后验概率参数。训练阶段 2 用于训练双向循环神经网络,得到目标说话人的音素后验概率与梅尔倒谱系数(Mel-cepstral coefficient,MCEP)序列之间的映射关系。在转换阶段,首先从源说话人的语音中提取源基频(Fundamental Frequency,F_0)、MFCC 特征和非周期部分(Aperiodic Component,AP)。其次,将 MFCC 输入到训练好的语音识别系统中得到音素后验概率,利

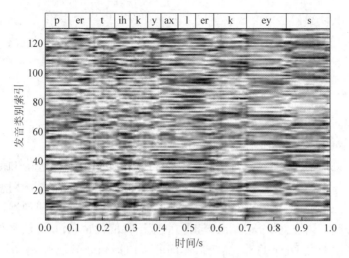

图 7-12 Particular case 的音素后验概率表示

用训练好的双向循环神经网络模型将音素后验概率转换为梅尔倒谱系数。最后,将原语音的基频特征线性变化到目标说话人的均值和标准差上,非周期部分直接复制,使用STRAIGHT 声码器合成语音。

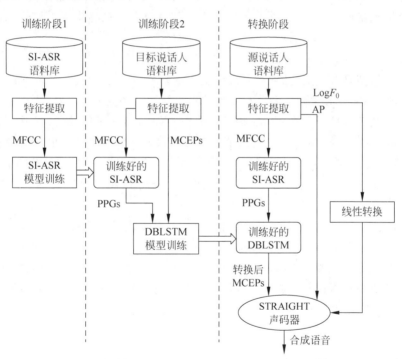

图 7-13 基于音素后验概率的非平行语料语音转换框架

7.5 表情生成

表情生成模块在情感交互系统中起着非常重要的作用,表情生成的主要目的是通过某种表情计算方法产生出带有不同表情的人脸图像。除了情感交互系统,表情生成技术在人脸编辑、影视制作、社交网络以及数据扩增等方面均有着广泛的应用。虽然表情生成技术已经取得了很多突破,但是想要合成出高逼真度的人脸图像仍然是一个具有挑战性的课题。本节将重点介绍表情生成的主流方法。

7.5.1 基于表情比率图的表情生成方法

将广泛使用的渐变技术用于生成人脸表情是一种直观的方法,按其特点可分为基本渐变、基于视点的渐变和三维渐变 3 类。

基本渐变指普通的二维渐变,包括源图像和目标图像对应点的变形和淡入淡出。有时将 warp 和 morph 均称为"变形",实际上混淆了两者的概念。warp 是指对一幅图像进行某种运算,使图像本身发生变化;而 morph 是指从一幅图像到另一幅图像逐渐变化的过渡过程,本书用"变形"和"渐变"两个词加以区别。两幅图像间的 morph 方法是首先分别按照特征结构对两幅原图像做 warp 操作,然后从不同的方向渐隐渐显地得到两个图像序列,最后合成得到 morph 的结果。

生成表情的基本渐变技术的原理是定义一个在单位时间区间上的形变函数,通过对同一对象 2 种不同的表情图像进行帧间插值,计算生成中间状态特征点的二维位置坐标,从而产生 2 个指定的脸部表情图像之间的光滑过渡,即在 2 个已有的表情之间生成新的表情。基本渐变的缺点是:要求确定 2 个图像特征点之间点对点的对应关系;其次,当试点和姿势发生变化时,会产生不真实的脸部表情图像。

基于视点的渐变克服了图像变化对视点和头部姿势的敏感性,但图像中目标对象可视度的变化对变形结果有一定的影响,因此出现三维渐变。三维渐变是二维图像渐变和三维几何模型变形相结合的产物,需要计算三维位置坐标和纹理空间坐标值,可以附加物体的物理特性描述。其实质是用三维插值实现脸部表情之间的形状变化,用二维渐变实现对应纹理图像的变化。插值分为两种:几何插值和参数插值。几何插值直接更新人脸网格上顶点的位置;参数插值对控制表情的函数参数进行插值,从而达到间接控制顶点移动的目的。三维渐变获得了独立于视点的真实性,但是动画还是受预先定义的关键表情之间插补的限制。

此外,还有将三维模型映射到二维参数空间,通过变形其二维参数空间,达到实现三维模型变形的方法。渐变的关键是帧间插值。线性插值由于简单而被广泛使用;复杂一些的情况可以使用余弦或类似的插值函数,使表情动画在开始和结束时有加速或减速的效果;使用双线性插值等其他技术能够表达更加丰富的表情。插值方法要求必须有同一个人的两幅表情图像或表情模型,当实际中只有一幅表情图像或模型时,单纯的表情渐变方法就无能为力了。

7.5.2 基于几何驱动的真实化人脸表情生成方法

表情映射是一种将某个人脸对象的表情重新定位到其他特定人脸上的方法,广泛应用于表演驱动的脸部动画中,可分为一般表情映射和表情比率图两类。

1. 一般表情映射

一般表情映射的基本思路是:给定某人的中性脸和表情脸图像,确定两幅图像中的特征点,然后计算这两组特征点的差向量,并将它作用到另一个人的中性脸的特征点上,使该中性脸依次进行图像变形,从而得到新的表情。其实质是利用已经存在的顶点运动向量等数据,将其他人脸对象的表情映射到或者定位到新的特定人脸上。

这类方法借助两幅参考图像的帮助实现了任意对象新表情的生成,弥补了单纯的表情渐变方法的缺陷。但它也有一个明显的缺点,即整个过程仅针对人脸表情进行,没有考虑皮肤变形挤压产生的皱纹等变化丰富的表情细节,因而影响了表情的真实感程度。

改进的方法在获得特征点差向量的基础上,根据少量已知的表情样本图像,推测出一些决定表情皱纹的细节点的移动,生成皱纹,以此提高逼真度。其中表情样本图像事先离线获得,每人 10~15 幅。特征点可以通过自动的方法计算出来,数量不多的情况下也可以直接手工操作确定。为了说明所提方法的有效性,图 7-14 和图 7-15 分别选取了代表性的男性样本和女性样本进行说明。图 7-14(a)是这种方法所选取的 145 个特征点,左下角是嘴张开时的情况。由于表情皱褶位于脸部的不同区域,因此根据这些特征点将脸部划分为 14 个区域进行计算,如图 7-14(b)所示,最后再进行无缝拼接,得到最终的表情图像。图 7-15 是将女性表情映射到男性脸上的效果。这种方法可以扩展应用到三维情况。

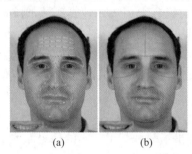

(a) (b)

图 7-14 特征点和脸部子区域划分

图 7-15 将女性表情映射到男性脸上

2. 表情比率图

基于表情比率图(Expression Ratio Image,ERI)的人脸表情细节整体迁移算法,其核心部分 ERI 又称作表情比率图,是一个用于捕获由于法向扰动而引起的光照变化的且与脸部皮肤颜色无关的数据结构。一个输入人脸的 ERI 能被应用到任何其他人脸来得到正确的光照改变,从而将一个人的表情细节更好地整体转移到另一个人的脸部。表情比率图的表情映射生成方法能较好地处理在常光照下的人脸几何形变,但是对在固定人脸几何形状时变化的光照条件问题则无法处理。这个局限有两类解决方案:①使用常规数字图像处理中的直方图匹配法;②采用全局计算的二次照明技术。

面部 P 点处光照强度为

$$I = \rho \sum_{i=1}^{m} I_i \boldsymbol{n} \cdot \boldsymbol{l}_i \tag{7-1}$$

式中,ρ 为点 P 处反射系数,$\boldsymbol{n}$ 为 p 处的法向方向,$\boldsymbol{l}_i$ 为第 i 个光源点在 p 点处的光线方向,I_i 为点 p 指向第 i 个光源点的光线强度。

面部 P 点经过形变后的强度为

$$I' = \rho \sum_{i=1}^{m} I_i \boldsymbol{n}' \cdot \boldsymbol{l}_i \tag{7-2}$$

变形后和变形前的比率 R 为

$$R = \frac{I'}{I} = \frac{\rho \sum\limits_{i=1}^{m} I_i \boldsymbol{n}' \cdot \boldsymbol{l}'_i}{\rho \sum\limits_{i=1}^{m} I_i \boldsymbol{n} \cdot \boldsymbol{l}_i} \tag{7-3}$$

面部 P 点变形后的结果和变形前的结果有如下关系：

$$I' = RI \tag{7-4}$$

ERI 方法的另一个小局限性是使用了较为稀疏的脸部图像标记，使得脸部特征对应质量不高。另外，由于其使用了基于三角化的网格嵌入式形变，容易导致输出图片带有较为明显的人工痕迹。

针对表情比率图方法存在着不能很好反映皱毛发光照等细节纹理的缺陷，因此提出了一种几何驱动式表情生成的照片真实感人脸图像生成算法，如图 7-16 所示。这种基于几何驱动的方法生成效果可以处理纹理细节等问题。所谓几何驱动的表情生成技术，就是采用一种基于样本实例的方法，而没有像传统方法那样利用物理模拟法来计算其对应的表情图。基于样本的方法本质上就是计算一系列样本表情的凸组合来生成照片真实感的脸部表情，然后从几何信息反推出纹理信息。和数据驱动的人脸表情生成方法类似，都将脸部区域划分成了几部分子区域，但是该方法是自动推算纹理细节变形程度，而乔希等的方法需要人工标定。给定一套预先确定的特征点几何位置，系统就可以自动生成目标人脸对应表情图片，生成结果细节特征丰富，且光照准确极具真实感。由于通常生成系统需要的特征点远远多于直接从动作序列得到的特征点数，因此使用此方法一个大的障碍是需要对特征标记点进行逐幅图像的追踪，从而导致很大的工作量。为此提出了一种基于样本的从跟踪的子集中，间接推断没标记的特征点的移动情况的程序。此外，他们开发了一套拖曳式表情编辑用户接口界面，用户可以直接控制移动特征点交互式生成任意表情。该方法最大的局限性在于生成数据库时需要准备目标人脸一整套的样本表情。

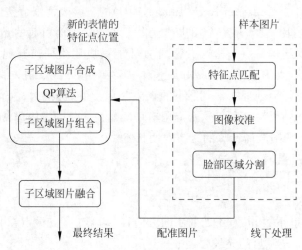

图 7-16　几何驱动的人脸表情生成方法的工作流程

7.5.3　基于表情系数的表情生成方法

这类方法采用双线性核降秩回归(Bilinear Kernel Rank Reduction Regression，BKRRR)

方法来学习中性表情和其他表情之间的变形系数,从而生成目标人脸的表情;探索了3种算法来计算表情形变系数,分别是子空间迭代法、广义特征分解技术和交替最小二乘法,并且比较了每种方法的计算精度和计算复杂度。他们先采用核降秩回归(Kernel Rank Reduction Regression,KRRR)算法生成人脸表情。在程序中输入一张没有训练过的人脸中性表情图像 xt,通过训练样本集合 Y 的脸部表情的线性组合可以生成一张同一个人新的表情图像。但是根据实验结果,KRRR 算法不能很好地生成脸部的细节特征。这是因为采用该算法生成的图片是训练样本集合的线性组合。但是在训练样本集合里面很多的细节是不存在的。随后采用 BKRRR 算法来提取身份信息和表情特征,根据实验结果,这种算法在生成不同表情时可以保留人脸的身份信息。最后,进一

步采用 BKRRR 算法的修正算法来生成面部的细节特征,比如皱纹、眼镜、胡子、痘痘等。最终的实验基于卡内基·梅隆大学的人脸数据库。其实验结果表明该方法能正确恢复出人物身份,但是细节纹理特征仍有待改进。

进一步提出了一种基于多层结构的人脸特征学习和生成夸张表情的系统。在表情生成系统里面特别强调脸部图像的情感表达,即人们从另外一个人脸部感受到的情感信息。这种生成方法是通过提取表情系数,建立中性表情和其他夸张表情之间的联系,为了说明所提方法的有效性,图 7-17 和图 7-18 分别选取了代表性的样本进行示意说明。该方法把表情系数称作人格特征模型,从语义层面上看,人格特征模型表示的就是人们在交流中传递出来的情感,比如高兴、沮丧、担心、忧虑

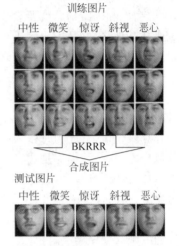

图 7-17　双线性核降秩回归表情生成

等;而从具体的数据层面看,人格特征模型表示的是形状特征和纹理特征,如图 7-18 所示。

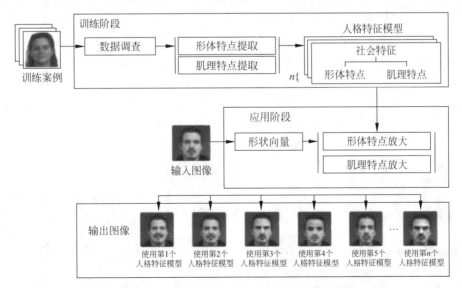

图 7-18　基于训练样本生成方法的系统概览

7.5.4　基于五官移植的表情生成方法

　　人们在平时照相时,往往很难捕捉到完美的瞬间,一般是由于相机参数设置错误或者相机终端反应太慢的原因。具体来看:第 1 种情况是因为相机参数设置问题导致画面整体过曝或者欠曝;第 2 种是因为相机反应过慢而捕捉到了眨眼,或者不太自然的表情。在拍摄集体相片时,第 2 种原因导致的人脸表情不自然的问题往往更为棘手。考虑到给定一张没有笑容的人像照片,通常可以找到同一个人拥有笑容的类似照片,提出了一种方法来替换整张脸部的表情。该方法允许用户保存某部分图像,而只进行局部五官的移植。由于人们在做出表情时主要依靠眼睛和嘴巴部分传达出视觉信号;假设人物需要做出真挚诚恳的表情,他的嘴巴和眼睛部分就要表现出明显可见的变化,并且嘴巴和眼睛部分的形状变化会影响到脸部其他区域(从额头到下巴)的位置变化。图片生成工具可以通过切割某部分脸部区域,然后无缝融合到另一张脸上,但是这种方法并不能让生成的图片自然协调。

　　表情移植方法可用于实现三维感知的脸部五官迁移,如图 7-19 所示。使用这种表情移植生成算法,用户可以把输入人脸图片中的某部分五官组件(比如鼻子)移植到另一张照片上,并得到整体自然的效果。此算法首先解决了由于五官替换带来的局部表情迁移问题。为了计算表情流,首先为每张人脸图片重建一个三维人脸模型,使用一个参数化集成的三维人脸数据库,这个数据库是通过对一大组人脸三维模型数据进行降维分析和机器学习得到的。与传统的三维模型拟合只为了降低每张图片的拟合误差的做法不一样的是,该方法联合重建出一对具有同样身份不同表情的三维人脸模型对,这一对模型分别匹配上输入的 2 张表情图像。该联合重建过程划归为一个受人物身份约束的拟合误差极小化问题。在这对匹配好的三维人脸模型上,再计算一个三维流场并将之投影到二维得到一个二维流场。在参数化集成三维人脸数据库学习阶段,先利用 ASM 在二维图片上进行标记并提取目标图片和参考图片的特征点;再对所有训练样本的矩阵进行 PCA 降维;最后对五官移植产生的空洞与缝隙进行最优化无缝处理。为了得到整体协调的脸部表情效果,该方法利用表情流对整张人脸面部的肌肉系统进行重分布以适应新插入的五官区域,避免出现不和谐和瑕疵的情形。面部表情引起的面部皮肤纹理变化称为表情细节,表情细节能够更好地传递一个人的内心活动。基于传统图像变形的人脸表情生成方法无法生成人脸表情的细节,其生成的表情缺乏真实感。李佳等在图像变形的基础上提出了一种基于小波和高通滤波的表情细节生成方法,先采用基于三角网的图像变形技术进行人脸像素级对齐,再使用小波和高通滤波相结合的方式来进行表情纹理的全局细节生成,并叠加到图像变形得到的表情人脸上。但此方法对于夸张的人脸表情生成仍有一定的缺陷。

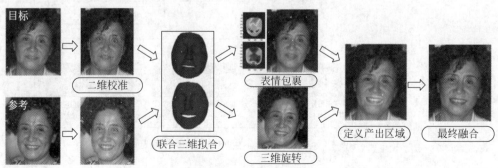

图 7-19　表情移植方法的系统概览

7.5.5 基于统计学的表情生成方法

统计学方法以建立人脸二维图像样本数据库为基础,基本思想是利用样本库中的人脸图像,以线性组合或其他组合方式表示新的人脸。这种表示建立在一个人脸空间上,该人脸空间中的基底可以直接由训练集内的样本图像表示,也可以用主成分分析或独立成分分析得到的抽象基底表示。通过总结人脸对象的一般规律,对特定人脸图像进行模型匹配与表达,可以结合不同熟悉特征的人脸图像数据库实现不同的脸部图像处理效果。

基于稠密特征对应的人脸表情生成算法建立形状与纹理分离的人脸线性统计模型,以形状向量和纹理向量的向量化方式表示人脸图像。向量化表达是指将特征点集(如图像的像素点)排列成一个有序的向量,通过相对于一个确定的参考图像完成特征对准,从而使每个向量的相应维都代表同一个特征点。不同人像间的形状和纹理都存在差异性,形状的差异使每个像素点存在一个$(\Delta x, \Delta y)$的位置偏移量,纹理向量描述的则是消除了人脸形状差异后的纹理信息,即经过对准后的特定人脸纹理。

生成表情时,同时考虑脸部的形状变化和相应的纹理变化,充分利用人脸表示的向量化机制。该方法比 ERI 方法的变形操作次数少,不需要对表情比率图滤波,在线处理的数据量大大降低,提高了实时处理的速度。

7.5.6 基于 PixelRNN 模型的表情生成

像素循环神经网络(Pixel Recurrent Neural Networks,PixelRNN)是使用概率链式法则来计算一张图片出现的概率,生成的像素网络由多达 12 个快速二维 LSTM 层组成。这些层在其状态下使用 LSTM 单元,并采用卷积一次性计算数据的一个空间维度上的所有状态。我们设计了两种类型的层。第一种是行 LSTM 层,沿每一行应用卷积。第二类是对角双向 LSTM 层,其中卷积以一种新颖的方式沿图像的对角线应用。网络还包含了 LSTM 层周围的剩余连接;我们观察到,这有助于对 PixelRNN 进行 12 层深度的训练。

PixelRNN 的目标是估计自然图像的分布,可以用来跟踪计算图像的似然概率,并产生新的图像。网络一次扫描图像一行,每一行中一次扫描一个像素。对于每个像素,它预测在给定扫描上下文的可能像素值的条件分布。将图像像素的联合分布分解为条件分布的乘积。预测中使用的参数在图像中的所有像素位置共享。

为了捕捉生成过程,建议使用二维 LSTM 网络,从左上角的像素开始,然后向右下角的像素前进。LSTM 网络的优点是它有效地处理了对对象和场景理解至关重要的长期依赖关系。二维结构保证了信号在从左到右和从上到下的方向都很好地传播。

目标是将概率 $p(x)$ 分配给由 $n \times n$ 像素组成的每个图像 x。可以将图像 x 作为一维序列 $x_1, \cdots, x_{n1}$,其中像素是从图像逐行提取。为了估计联合分布 $p(x)$,我们把它写成像素上条件分布的乘积,每一项为给定前 $i-1$ 个像素点后第 i 个像素点的条件概率分布:

$$p(x) = \prod_{i=1}^{n^2} p(x_i \mid x_1, \cdots, x_{i-1}) \tag{7-5}$$

$p(x_i \mid x_1, \cdots, x_{i-1})$ 是第 i 个像素的概率 x(给定所有以前的像素 $x_1, \cdots, x_{i-1}$)。生成将按行进行,并按像素进行像素。

每个像素 x_i 依次由三个值共同确定,每个颜色通道分别为红色、绿色和蓝色。我们重

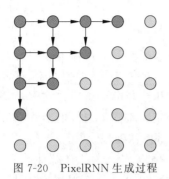

图 7-20　PixelRNN 生成过程

写分布作为以下乘积：

$$p(x_{i,R} \mid x_{<i}) p(x_{i,G} \mid x_{i<i}, x_{i,R}) p(x_{i,B} \mid x_{i,R}, x_{i,G})$$

$$(7-6)$$

因此，每种颜色都取决于其他通道以及先前生成的所有像素。

分布通过神经网络 RNN 来建模，再通过最大化训练数据 x 的似然来学习出 RNN 的参数。从图 7-20 左上角开始生成图像。由于 RNN 每个时间步的输出概率都依赖于之前所有输入，因此能够用来表示上面的条件概率分布。

7.5.7　基于 GAN 模型的表情生成

随着深度神经网络技术的日趋发展，将深度学习应用到表情生成领域的研究成果渐渐增多。通过训练卷积神经网络可以学习一个人的嘴部区域的图片和虚拟人物嘴部区域的映射关系，在此基础上采用卷积神经网络来分割脸部区域从而达到表情迁移的目标。近年来生成对抗网络逐渐流行，最近通过使用这一框架来生成人脸表情是一个比较新颖的研究方向。在原始生成对抗网络模型上进行改进提出了星型对抗生成网络（Star Generative Adversarial Network，StarGAN）网络模型，使用生成对抗网络进行人脸的表情迁移，如图 7-21 所示。其主要贡献是首次提出了使用单一网络模型可进行多种属性的人脸表情迁移，将人脸表情进行了 0 或者 1 的向量化表示并将其当作条件输入给网络。其使用 Rafd 公开数据集，这是一个高质量的脸部数据库，总共包含 67 个模特，总共 8040 张图，包含 8 种表情，即愤怒、厌恶、恐惧、快乐、悲伤、惊奇、蔑视和中立。每一个表情包含 3 个不同的注视方向，且是使用 5 个相机从不同的角度同时拍摄的。网络结构分为生成网络和判别网络，其中生成网络通过输入的原始人脸表情图像和所对应目标人脸表情标签向量进行学习，通过生成网络直接渲染生成出在保留了原始人脸身份信息的前提下所对应的目标人脸的表情图片。判别网络用来判断生成的人脸图片是否真实以及是否属于输入的目标人脸属性。其生成的图片真实自然，但是因为深度学习依赖于数据驱动，其数据集中包含的表情种类单一且同一表情可有不同程度的表现，将表情进行向量化限制了属性的多样性。

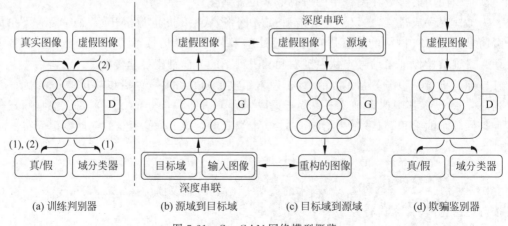

图 7-21　StarGAN 网络模型概览

针对 StarGAN 网络模型的局限性提出了一些改进的方案：通过将目标图片作为条件和原始图片一并输入给生成网络,并在编码生成特征后进行人脸表情属性的特征交换,然后再将交换属性后的特征进行解码生成具有原始人脸身份信息的具有目标人脸表情的图片,一定程度上解决了人脸表情属性的单一性问题。通过引入并调节风格控制变量 θ 来改变人脸属性的多样性；由于人脸的表情变化一般都是连续的,改变某一表情的多样性可能不会是连贯的,只能生成离散的人脸表情图片。为了突破这一局限,提出了一种基于 AU 标注的新型生成对抗网络条件化方法,该方法使用符合人类解剖结构的面部动作编码系统来编码面部表情,可以从单张图像和动作单元生成连续的表情动画,生成的图像具备连贯性、真实性、广泛性。阿加瓦尔等采用了自组织映射的深度学习算法来训练表情映射关系。根据其提供的实验结果,该算法只需要输入一张目标人脸的中性表情图片,就可以输出想要的基础表情或者混合表情的图片,并且生成的表情具有丰富的细节特征,比如皱纹和牙齿等,看起来也很自然。首先把表情想象成相对于中性表情的脸部外观变化程度,然后把这个变化存储在一种基于训练的表情映射节点的特定模式中。假如想要生成 2 种基本表情混合的表情,可以通过表情映射的 2 个节点的加权平均来实现。

我们现实需求中通常的做法是将某张图片的人脸部分截取出来,只对这部分做人脸表情生成后再将人脸贴回原图实现图片中改变人脸的表情,但 StarGAN 生成的图片虽改变了相应的表情却也改变了整张图片的样式,导致生成的图片被贴回原图中时会有明显的不平滑边缘,看起来很不真实,并且 StarGAN 不能实现渐近的表情生成(例如从哭脸逐渐转化为笑脸的过程),无法用来生成动态图片,只能实现域和域之间的映射。因此 GANimation 提出了一种可以支持渐近式插值并且生成的人脸图片贴回原图平滑的表情生成算法。

7.6　多模态情感生成

多模态情感生成是情感生成的一种全面的表示,使得生成的情感表达更具有表现力和真实性,可以带给人一种沉浸感以增强现实感。在这里需要特别指出的是,个体情感的表达是可以从多个模态(语音、面部表情以及生理信号等)感知出来的。本节中,我们主要考虑的是语音和面部表情这两种模态的情感一致性生成和表达,之所以这样主要是考虑到语音和面部表情是使被感知方最能够也最容易感知的模态形式,这也符合我们日常的生活习惯。

此外,由于前面讲述了情感语音生成和面部表情生成,所以在这里我们有必要论述一下单模态情感生成和多模态情感生成的相同点和不同点。首先,我们需要指出与多模态情感识别类似,单模态情感生成是多模态情感生成的基础,是多模态情感生成必不可少的部分；其次,多模态情感生成并不是简单地将单模态情感累加到一起,而是需要根据情感的变化来使得语音信息和面部表情的表达一致。所以,使得语音表达的情感和面部表情表达的情感同时呈现出来才是多模态情感生成研究的关键部分,也就是说随着时间的推移,人们在语音和面部表情中所感知的情感是相同的或者基本相同才是多模态情感生成应该达到的目的。譬如,当人们遇到令人高兴和悲伤的事情时,个体所表现出来的语音和面部表情基本上是同时存在的差异,这也就是我们通常所说的"察言观色"。

从目前学术界的研究情况来看,情感生成是一个比较前沿的科研方向,大多数科研工作者的工作集中在单模态情感生成也就是情感语音生成以及面部表情生成上,而比较少地涉及多模态情感生成。这主要是两个原因造成的:①单模态情感生成本身的研究在实验时受到很多条件的限制,使单模态情感生成并没有达到相对逼真的效果,尤其是在面部活动的长时变化更是很难控制,同时语音参数中表达情感的参数也很难寻找,从而使调制出来的语音在感知上不够顺畅情感表达上存在瑕疵;②反映面部表情的视频和情感语音的同步问题本身也是一个十分具有挑战性的事情,也就是使带有同种情感的面部活动和情感语音一致地表现出来会给研究课题带来很大的难度。从产业界来看,多模态情感生成的应用前景十分广泛,这主要是考虑到类人机器人的出现,类人机器人与我们具有类似的五官,将来它们在和人类的交流的过程中不可能永远是一副面孔,而需要根据用户的情感状态反馈出适当的语音和面部表达,这样才会使用户有沉浸式的体验感,从而使得机器人能够更好地服务于人类。另外,虚拟主播的出现也是多模态情感生成的一个重要的研究方向,当然目前的虚拟主播大多数是播报新闻的应用场景,但是我们有理由相信在将来肯定会出现那些类似于网飞、斗鱼等网络虚拟主播以及虚拟歌手或者虚拟乐队的应用呈现。这些都需要虚拟个体以多模态的形式出现并且具有相应的情感表现来让观众获得愉悦感。

本节讨论的多模态情感生成主要考虑的是网络流媒体中所表现出来的情感语音和面部表情同步展现,而不考虑类人机器人中的多模态情感表达。这主要是考虑到当前的音视频同步技术主要考虑的是网络流媒体中的传播和播放。如何使流媒体系统基于人们具有保障的和高质量的服务质量一直以来都是学术界和产业界所关注的热点话题。而同步性和实时性是流媒体服务系统质量中的重要指标,当然也是多模态情感生成在流媒体中呈现的重要指标。所谓同步性,就是说各媒体流之间必须保持视域约束关系,包括情感语音音频流和音频流之间的同步、面部表情视频流与视频流间的同步以及音频流和视频流的同步。同步关系和同步原则需要体现在系统运行的每一个环节中。所谓实时性,就是网络传输和合成处理不能产生较大的延迟以满足多模态情感表达的需求。同时,个别流的异常不能影响整个情感呈现过程。图 7-22 展示了一个音视频同步处理过程。

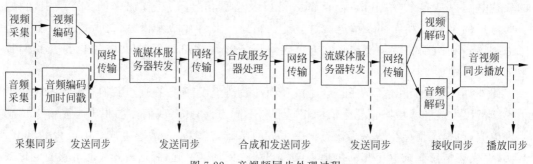

图 7-22　音视频同步处理过程

目前,国内外许多研究人员基于不同的应用场景,对多媒体同步技术进行了广泛深入的研究和探索。

基于播放期限的同步:连续媒体数据(这里指情感语音或面部表情数据)是由许多逻辑数据单元(Logic Data Unit,LDU)组成的时间序列,并且 LDU 之间存在恒定的时间序列关联。当在通信传输期间存在时延抖动时，连续介质内部的 LDU 的相互时间间隔改变。最简单的方法是在再现缓冲器中，调整时滞的变化部分，过滤时滞的抖动，从而使数据的端到端时滞基本不变，使从缓冲器输出到播放器的 LDU 序列保持原来的时间间隔，实现流内同步。如果能够使缓冲器的容量无限大，则相当于在接收到整个数据流之后再进行再现，显然可以对任何抖动进行过滤，但是不能容忍再现延迟。如果是实时通信，则不能执行这样的缓冲器设计。因此，该方法的关键在于，如何选择适当的缓冲器容量以消除等待时间抖动的影响，同时兼顾通信的实时性。这种同步方法的局限性在于，端到端的等待时间上限是已知的，或者统计特性是已知的。

基于高速缓存数据量控制的同步：缓冲器的输出（这里是指情感声音和面部表情视频）根据本地时钟的节拍，向播放器连续地提供媒体数据单元。缓冲器的输入速率由源时钟、传输等待抖动等要素决定。缓冲器中的数据量由于时钟偏移、网络传输条件的变化等的影响而变化。因此，需要周期性地检测缓存的数据量，如果延迟量溢出或超时超过预定阈值，则可能会出现不同步现象，需要采取措施重新同步。该方法改变媒体流的传输或回放过程，可以动态地适应端到端等待时间的变化。

时间轴同步方法：基于全局时间轴的同步通过依赖于一个时间轴描述相互独立的对象（这里指的是情感声音数据和面部表情视频数据的一部分），丢弃或改变一个对象不影响其他对象的同步。为了保持全局时间线，说明允许每个对象将此全局时间映射到本地时间，并沿着该本地时间前进。如果全局时间与局部时间的误差超出指定范围，则必须与全局时间重新同步。时间轴同步可以更好地表达来自媒体对象内部结构的抽象定义，由于同步仅基于固定的时间点定义，因此如果媒体对象没有确定的演示时间，则此方法的能力是有限的（例如，依赖于用户交互而发生的现象）。

基于虚拟时间轴的同步：虚拟时间轴是基准时间轴方法的一种普遍化情况，在该方法中，以用户定义的测量单位定义时间轴，同步关系以该时间轴为基准，并且可以使用一些虚拟轴生成虚拟坐标空间。

参考点同步方法：在参考点同步方法的描述中，将时间相关媒体对象视为离散子单元序列。这样，媒体对象表示的开始点和结束点以及各子单元的开始点都被用作参照点。此方法没有明确的时间轴来描述对象之间的时间关系、对象之间的同步定义，为在不同对象的字单元之间具有相同时间表示的参照点连接。在该同步中，动态对象（例如视频、音频）被表示为在常数时段中由时间无关的子单元组成的序列。在这种情况下，同步由在相同时间内出现的不同对象的相关子单元来描述，与基于时间轴的同步类似。通过该方法，同步可以在表示中的任意定时进行；另外，该表现持续时间无法预知的对象也能够容易地综合。

区间同步法：在该方法中，将各对象的表现持续时间称为 1 区间，根据艾伦定义的统一时间模型，两个区间之间可以用不同的定时来表示。这是一种简单的方法，可以用来定义两个或多个媒体对象之间的同步关系。因此，为了表示这些区间的重复、交叉、顺序等关系，可以定义数十种操作将两个以上的媒体对象关联起来。该方法可用于定义不同时间相关媒体对象之间的同步关系。一种灵活的同步表示方法可以使用多个运行时媒体表示参数。虽然可以有效地表示不同媒体对象的起点和终点的时序关系，但对于不同对象内部的各子单元之间的同步问题却无能为力。

习题

1. 分析基于韵律修正的情感语音合成方法是否会影响语音的可懂度。
2. 基于端到端的情感语音合成的主要优势有哪些？
3. 情感语音合成与情感语音转换的主要区别是什么？
4. 如何融合时序信息进行表情生成？
5. 简述基于 GAN 模型的表情生成算法。
6. 多模态情感生成如何解决不同模态之间的同步问题？

第8章
情感计算的应用

∎∎∎

　　情感计算在国计民生中有着广阔的应用前景,在医疗、金融、媒体、安全、交互等领域发挥着重要作用。美国《国家人工智能研究和发展战略计划》《日本复兴战略》《在英国发展人工智能》均在规划中布局情感计算,包括美国国防高级研究计划局(Defense Advanced Research Projects Agency,DARPA)、谷歌、微软等企业和机构累计投入超过 20 亿美元研发资金支撑情感智能社会;全球著名咨询机构高德纳和麦姆斯咨询报告,全球情感计算市场预计到 2024 年市场规模将增至 560 亿美元。构建高鲁棒的情感计算平台能够有效促进产品研发落地以更好满足人们的需求。本章分别介绍情感计算在情感机器人、医疗健康、社交媒体、公共安全、智能金融、智慧教育等不同领域的应用。

8.1　情感机器人的应用

　　情感机器人就是利用智能化的手段赋予机器人以类人的情感,使之具有表达、识别和理解复杂情感,模仿、延伸和扩展人类情感的能力;这是许多科学家的梦想,当前情感是横跨在人机之间一条无法逾越的鸿沟。

　　尽管机器人技术的发展非常迅速,但远远没有达到类人的水平,其中一个重要的原因就是现有机器人的“情商”为零。由于缺乏情感的引导,机器人本身没有自主性和灵活性,难以友好地与人交互,更谈不上创造性,只能按照固定的程序完成特定的任务,无法应付复杂多变的环境,不能处置灵活机动的任务,因此机器人的应用范围受到了极大的限制。

　　由于情感的赋能,机器人拥有了类人的智能效率性、行为灵活性、决策自主性和思维创造性。从纯逻辑的角度看,机器人与人就没有本质上的差异了,机器人可以从事人类所能从事的几乎所有工作,包括生产劳动、企业经营、社会管理、人际交往和技术创新等,可以在更大程度上和更深层次上辅助人,从而有效扩展它的应用范围,圆满完成主人交给的各种复杂的工作任务,其社会需求量必将大大增加,研发真正意义的情感机器人无疑会产生巨大的经济效益。

　　日本已经形成举国研究“感性工学”的高潮。1996 年日本文部省就以国家重点基金的方式开始支持“情感信息的信息学、心理学研究”的重大研究课题,参加该项目的有十几个科研单位,主要目的是把情感信息的研究从心理学角度过渡到心理学、信息科学等相关学科的交叉融合。每年都有日本感性工学全国大会召开。与此同时,一向注重经济利益的日本,在感性工学产业化方面取得了很大成功。日本各大公司竞相研发了多款机器人系列产品。其中,以索尼公司的 AIBO 机器狗和 QRIO 型以及 SDR-4X 型情感机器人为典型代表。日本新开发的情感机器人取名"小 IF",可从对方的声音中分析情感的微妙变化,然后通过自己表情的变化在对话时表达喜怒哀乐等不同情感,还能通过对话模仿对方的性格和癖好。

美国麻省理工学院开展了对"情感计算"的研究;2008 年 4 月美国麻省理工学院的科学家们展示了他们开发出的情感机器人 Nexi,该机器人不仅能理解人的语言,还能够对不同语言做出相应的情感反应,同时能够通过转动和眨眼、皱眉、张嘴、打手势等形式表达其丰富的情感。这款机器人能够根据面部表情变化做出相应的反应。它的眼睛中装有摄像机,当看到与它交流的人之后就会立即确定房间的亮度并观察交流者的表情变化。

欧洲各国也在积极地对情感机器人技术进行深入研究。欧洲许多大学成立了情感计算方向相关的研究小组。其中比较著名的有日内瓦大学的情感研究实验室、布鲁塞尔自由大学的情感机器人研究小组以及英国伯明翰大学的认知与情感研究小组。在市场应用方面,德国在 2001 年研发了基于 EMBASSI 系统的多模型购物助手。EMBASSI 是由德国教育及研究部资助并由 20 多个大学和公司共同参与的,以考虑消费者心理和环境需求为研究目标的网络型电子商务系统。英国科学家已研发出名为"灵犀机器人"的新型机器人,这是一种弹性塑胶玩偶,其左侧可以看到一个红色的"心",而它的心脏跳动频率可以变化,通过程序设计的方式,让机器人可对声音、碰触与附近的移动产生反应。

我国机器人的研究始于 20 世纪 70 年代后期,国家 863 计划将机器人技术作为一个重要的发展主题,投入几亿元的资金开展机器人研究,中国科学院、哈尔滨工业大学、北京航空航天大学、清华大学、北京科技大学等单位都做了非常重要的研究工作,代表性产品有工业机器人、水下机器人、空间机器人、核工业机器人。将情感引入机器人具有十分重要的意义,使机器人向类人智能的目标迈进了一大步,有效增强了其使用功能,扩展了其应用范围。如果机器人具有与人一样的情感和意志,就具有了独立的人格、自控的行为、自主的决策、创新的思维和自由的意志,能够在复杂的环境条件下,了解和猜测主人的价值取向、主观意图和决策思路,灵活地、积极地、创造性地进行活动,使其运行过程具有更明确的计划性、更高的主动性和更强的创造性,圆满完成主人交代的各种复杂工作任务,从而在更大范围内取代人。届时,从纯逻辑的角度来看,人与机器人就再没有任何本质差异了,这将是人工智能技术的一次重大飞跃,必然会对人类社会的各方面产生深远的影响。

8.2　医疗健康的情感应用

情感在人类的日常生活中具有重要的作用,它是人适应生存的心理工具,并且能激发人的心理活动和行为动机,同时也是心理活动的组织者。从这个角度来说,情感的外在表达在某种程度上反映了个体的心理活动情况,从而反映了个体的心理健康状况,很多心理健康测试也正是基于此来进行的。积极的情感往往表现出积极乐观的态度,在生活中就会表现有自信、有希望;相反,消极的情感往往表现出消极的态度,就会丧失前进的动力,缺乏对生活的兴趣,甚至引发个体的不正常行为。另外,个体的情感也会引起生理上的变化,它会唤起呼吸反应、心脏反应、胃肠反应、内分泌反应等。如果过度的处于某种不适的情感状态中就会使人患上生理疾病而影响健康,所以疾病的引发并不一定都是外在的因素,有很大的一部分来自个体的内在因素。本节主要介绍一些情感计算在医疗健康领域中的应用。

8.2.1 情感计算辅助检测抑郁症中的应用

抑郁症作为一种常见的心理精神疾病,影响范围广,波及社会不同年龄段、不同阶层、不同性别和不同职业的群体。日常生活中,当患者由于精神状态异常造成婚姻不和谐、工作能力下降、生活质量降低等问题时,对社会造成了潜在的负担。另外,抑郁症患者隐藏的自虐、自残,甚至伤害亲人的危险性增高。因此,提升抑郁症的诊断率对社会及个人都有积极帮助。

在临床上,对于抑郁的诊断并不是一件容易的事情,这是因为抑郁症并不像其他生理疾病那样具有很明确的指标性,无法通过一些医学化验或者拍摄器官影像来完成诊断,需要医生设计合理的话术进行交互,从而在交流过程中来捕获异常的行为心理变化,所以诊断抑郁对医生来说是一件非常耗费精力的事情。不难想象,这样的诊断过程会带来两个问题:①医生在诊断过程中容易产生疲劳,这会增加医生在后续的过程中出现误诊的概率;②由于医生是在和病人交流的过程中完成诊断的,所以对医生的临床经验要求比较高,这会导致医患比例的失衡。上述两个问题可以通过计算机技术进行缓解,具体来说,利用医生的经验来启发计算机算法的设计,从中能捕获关键的信息来对被试个体抑郁状态进行预测。这样一来,对医生来讲,当医生对患者诊断为抑郁症时,可再使用计算机进行辅助检测,从而确诊患者的病情;当医生无法判断出患者是否患有抑郁症时,可参考计算机的结果进行最终确诊。这样不仅减轻了医生负担,还有助于提升确诊率。同时,融合患者说话时语音和面部表情信息进行判断还可以作为检测患者患病程度轻重的有效方法。对于一些心理敏感和情感脆弱的患者,他们不接受量表检测,更不愿意与医生进行交谈,患者由于心理问题所能表现出的行为特征不明显,医生很难从他们的外表中对他们的健康状况进行判断。而利用计算机辅助检测抑郁症时,患者不需要经历复杂的问询,只需要在自发讲述的同时通过计算机对其说话时的语音和面部表情进行分析判断,从而就可得出是否患有抑郁症的结论。对医院来讲,抑郁症的诊断和评估是一项艰难的任务,诊断的结果常常取决于临床医生的经验以及与患者之间的沟通。当医生使用计算机工具问诊时,仅仅需要一台带有摄像头和麦克风的电脑,麦克风设备自动采集患者说话的语音信息,摄像头同步捕捉患者面部表情信息,通过计算机进行实时分析,从而得出结论,供医生参考。这样不仅使用方便、成本低,又能满足实际需要,最大程度避免了误诊引起的医患纠纷和负面舆论影响。本节主要介绍基于语音和面部表情的抑郁诊断方法,之所以只选择这两种模态的原因是:①音视频信号中确实存在着与抑郁相关的信息和内容;②音视频是一种无入侵式的诊断方式,这对于诊断抑郁来说是十分重要的,使人在正常交流状态下进行诊断会增加诊断的准确率。

基于语音的抑郁症检测起步较早,经历了长期的发展过程,近些年已引起众多研究机构和科研人员的重视,并取得了许多成果。蒙特等的报告指出随着患者抑郁程度的加重,其语音基频范围会缩小,且基音均值也会减小,但经过治疗且病情得到改善后,患者讲话时的停顿减少,语速会增加。托里斯等开创了基于语音的抑郁检测的先河,通过构建相关特征聚类的手段,结合遗传算法试图找到使分类准确度最大化的一组聚类。这些研究成果以临床医生对抑郁患者语音特征值的观察和记录为主,经过一段时间的记录后,通过假设检验法分析这些语音指标,从而判断患者病情变化的趋势。虽然这一时期的研究都只是在探索阶段,却为后来的实验提供了有力的基础。莫尔等基于人类发声机理,将韵律特征、声道特征、声门特征进行组合应用在抑郁检测中,发现声门特征和韵律特征的组合可达到较理想的结果。科恩等对抑郁症访谈过程中的行为进行了记录,指出非言语内容的表达方式可作为抑郁症检测的辅助手段。卡明斯等发现语音语谱图在朗读语音中比较适用,其利用梅尔频率倒谱系数特征和共振峰特征在 47 个抑郁患者构建的库上进行评估,识别正确率可达到 80%。近年来,国内高校和科研机构也展开了相关的研究,并取得了不少具有重要影响力的成果。

从以上研究成果可以看出,基于音视频的情感识别和抑郁检测有着共同的特征。首先,两者都是基于语音或者面部肌肉的动态变化来进行识别或者诊断的,也就是说,两者都希望在数据中寻找一些有规律的、能反映某种表现形态的时序动态变化作为识别或者诊断的依据。另外,从心理学上来说,抑郁症患者在面对一些情况(如观看令人高兴的图片或者视频)时,所表现出来的面部动态变化与正常人存在差异,抑郁症患者对快乐事情的兴奋程度要低于正常人;同时,在言语表达上,由于抑郁症患者的语调通常比较低迷,变化幅度小,抑扬顿挫的情况少。从感知层面上分析,抑郁症患者的这些外在表现基本上与负向情感的表现类似,但是,这里需要将抑郁患者的负向情感和正常个体的负向情感区分开来,因为抑郁症患者的负向情感是长期的,即便有高兴的刺激来诱发,此时抑郁症患者的高兴程度也不如正常个体的表现。所以,抑郁症诊断是一个长期的过程,一般需要持续两周以上,这与正常个体的负向情感状态有着很大的不同。

经过临床医生近年来的观察和统计,抑郁症患者在言语行为上的表现主要有以下几种:语速缓慢、停顿次数增加;讲话音量低,没有力量;发音不清晰,语调单一,甚至在访谈中会出现经常叹气和突然哭泣等现象。这些言语特征在重度抑郁人群中所占比例较高,在正常人中所占比例较低,这就充分证明了用语音检测抑郁症是存在理论基础的。近年来,在语音情感分析中,韵律学特征、声谱图相关特征以及声学质量参数相关特征是常用的特征。本节分别从韵律学特征和谱相关特征这两类中选取具有代表性的特征作为后续研究的基础,主要包括基音频率特征、共振峰特征、能量特征、短时平均幅度特征和梅尔频率倒谱系数特征。

随着近年来利用基音频率特征进行医学诊断例子的增多,一些临床试验也证实了抑郁症患者的基音特征与正常人的基音特征是存在差别的,抑郁症患者会表现出音高范围减小、音高降低、语速变慢或突然发声现象。因此,对抑郁患者语音进行基音周期特征分析对于提高抑郁症的诊断率,减少对患者造成的误诊率是有必要的。目前,相关研究者们从频域特性出发,利用频率谱等手段提出了一些估计方法,包括谱平衡线性预测法、倒谱法、小波变换分析法等。共振峰特征可反映出声道特性,反映一个人说话的个性特征。同一个人在不同情感状态下其声道会有不同的变化。因此,通常选取第一、二、三共振峰频率作为特征参数,对不同情感语音的发声特点进行分析。近年来,关于共振峰的提取衍生出很多算法,例如倒谱法、谱包络法和线性预测法等。线性预测法求取共振峰时,其共振峰中心频率和带宽可由预测系数构成的多项式精确求出,但其频率灵敏度与人耳相位不匹配;谱包络法求取共振峰时,先对原始语音频谱包络进行估计,谱包络中的最大值即对应的是共振峰;采用倒谱法时,需要添加一个倒谱滤波器将声道的倒谱分离,然后进行相应的反变换即可获得对数谱,经平滑处理后可求出各个共振峰。语音能量表示说话人音量的高低,一度被认为是最有潜质识别抑郁症的相关韵律特征,在真实生活中,当人们处于生气和惊讶状态时,说话的音量会增大,信号的振幅也会增加;当处于失望和哀痛状态时,音量会降低,信号的振幅会变低。一些对抑郁症的研究也表明,抑郁症患者得病初期,其语音能量速度与患病程度之间呈显著正相关,且与健康语音相对比,抑郁症患者的语音能量和语速均较低。因此,本节选择说话人的能量特征参数,作为判断是否患有抑郁症的辅助标准之一。短时平均幅度特征也是抑郁症的辅助检测标准之一,用于分析振幅能量和动态范围。

抑郁症患者的面部表情和正常个体的面部表情也有一些差异,主要体现在面部的额肌、皱眉肌、降唇肌、颧肌、咬肌以及下唇方肌等。正是根据这些面部区域的分布,有一些方法通过捕获面部肌肉的变化来预测被试个体的抑郁水平。美国西弗吉尼亚大学学者将面部视频中的面部图像分为上半脸和下半脸两部分,并使用三维的卷积神经网络来捕获不同区域的面部动态变化,最后将这两部分的特征拼接在一起作为最终的视频表示,他们在 AVEC 2013 和 AVEC 2014 两个数据集上得到了不错的实验结果,并在此基础上利用神经网络的可视化技术,发现激活的区域与生理学的研究是类似的。首都师范大学学者将视频中的每帧图像分成上、中、下三个面部区域,并使用残差网络来提取面部特征,同样使用网络的可视化技术分析网络的激活区域,发现网络主要提取的是眼部特征,这也与生理学的研究结论类似。

8.2.2 情感计算在睡眠瘫痪唤醒中的应用

众所周知,人的一生中大约有三分之一的时间是在睡眠中度过的,睡眠对人的健康及生存质量有很大的影响。据世界卫生组织的调查,大约有 27% 的人都存在睡眠问题,而睡眠瘫痪则是睡眠障碍中比较严重的一种,它是指人在睡眠时,因梦中受惊吓而喊叫,或是在特别情况下出现的不能动弹的现象。随着现代人工作节奏的加快,这种状况的发生也正日渐趋于复杂宽泛。而且,糟糕的睡眠状况将会对人的学习、生活和工作造成极大的危害。因此,通过科学的方法和先进的技术设计研发一个睡眠瘫痪唤醒系统,对于提高人们的睡眠质量、提高人们的健康水平和生活质量具有一定的现实意义。

人的睡眠过程通常分为 5 个阶段,即入睡期、浅睡期、熟睡期、深睡期和快速动眼期。整夜睡眠经历的睡眠周期个数为 3~5 个。睡眠瘫痪大多发生在睡眠周期中的快速动眼期。在这个阶段,人们进入熟睡并开始做梦,身体随意肌静止,这种临时性瘫痪有时会导致人们在突然惊醒后依然无法动弹。在快速动眼期中,人体的骨骼肌除了呼吸肌及眼肌外,都处于极低张力的状态。而睡眠瘫痪症则是因在快速动眼期中的未知原因,意识已清醒过来,但是肢体的肌肉仍停留在低张力状态,而造成意识指挥失灵的情形。此种情况下,人们因身体出现异常状态而大脑又无法迅速对其进行解释,从而产生恐惧、惊悚等情感,甚至产生幻觉。随着社会的发展进步,人们的工作、学习和生活压力也越来越大,生活不规律、熬夜、失眠以及焦虑已经成为许多人的生活常态,加之很多人在工作、生活中长期久坐、缺乏运动,致使睡眠瘫痪的发生率大幅提升,并且伴有高龄化趋势。在此背景下,随着信息技术的迅猛发展,可以利用计算机技术来捕捉并处理情感,在人们发生睡眠瘫痪这一病症时,可由传感器捕捉到人的生理信号,并由计算机创建模型,研发得到具备分析解释能力的计算系统。

近年来,可穿戴式设备的款式激增且形态纷呈。其中,手腕式可穿戴设备,即智能手表或手环,因其功能齐全、携带方便等优点而吸引了广大的市场受众。苹果、谷歌、索尼、华为、小米等科技厂商竞相推出了智能手表或智能手环。这些可穿戴式智能装备大多可通过蓝牙同步手机打电话、收发短信、监测睡眠、监测心率、久坐提醒、跑步计步、远程拍照、音乐播放、录像等。其中配置的诸多功能方便了人们的生活工作,使得人们对自己的身体和情感获得了全面深入的了解,比如睡眠监测功能让人们对自己的睡眠质量和休息水平建立具体掌控机制,有助于合理调节自身作息。利用可穿戴设备采集到的生理信号可作为情感检测的原始数据来分析用户的情感状态,一旦发现用户处于睡眠瘫痪状态后由唤醒器及时对用户进行唤醒。

一般来说,当人们紧张时,皮肤血管的舒张程度、汗腺分泌都会随之改变,从而引起皮肤电阻的变化。镇定放松时,皮肤电阻会增大(电流减小);而紧张兴奋时,皮肤电阻降低,这种现象称为皮肤电反射。皮肤电阻的变化能同时反映交感神经的活动,这种活动往往表现为紧张、恐惧的情感变化,因此如果要检测紧张、恐惧等情感,皮肤电反射是一个良好有效的恒定指标。人的皮肤电阻阻值较大,一般在 $2\sim50k\Omega$。而由情感、呼吸变化引起的皮肤电阻变化幅度较基数而言十分微小,因此需要对数据进行一些预处理操作。皮肤电反射信号有时会受到外界干扰,室内温度的差异往往会导致生理信号测量失准,因此还需要增加一个对皮肤温度及加速度测量的传感器设置。

另外,在不同的情感状态下,人的心率变化是不相同的,在睡眠过程中,人的心率一般来说处于一种比较平稳的状态,起伏波动并不会像处于某种兴奋状态时那么剧烈。因此,我们可以通过度量这些差异来判断用户是否处于惊恐的状态并选择是否唤醒用户。心率测量法有很多种,其中较为成熟的有血氧法、光电容积法和心电信号法。具体来说,血氧法需要在人体组织足够薄的地方才可以进行测量,目前只有人的指尖和耳垂符合要求,所以无法应用于智能手环上。但是,可以采用光电容积法的传感器来进行测量,该传感器可适用于身体的大部分,且其体积较小。测量时,利用峰值波长为 550nm 的绿光发光二极管照射腕部皮肤表面,通过测量动脉血管的组织容积在心跳时造成的反射光强度变化,获得微弱的心率信号。这种方法对运动带来的噪声抵抗力较强,并可以使用加速度计高效滤除运动噪声,而且采用绿光可将因外界温度变化造成的信号漂移降至最小,更加适合搭载到智能手环中。

通过对皮肤电反应、体温、心率等生理信号的数据采集,利用情感计算对这些生理信号进行分析处理,将用户睡眠中发出的各种生理信号与处于睡眠瘫痪中的标志信号进行匹配测验,若发现与睡眠瘫痪的功能标志高度吻合的信号则判定用户处于睡眠瘫痪,进而将用户从睡眠瘫痪中及时唤醒。

8.2.3　情感计算在老年人健康预警中的应用

随着经济的发展和医疗水平的提高,人口老龄化现象日益严重,中国以及世界上很多国家老年人口的比例在持续增长。目前我国老年人总量呈直线上升趋势,人数已经突破 2 亿,占总人口的 16.1%,可见我国正处于加速进入老龄化社会。我国老龄化现象日益严重,老年人的各项机能也随年龄的增长不断衰退,出现了一系列健康问题,老年人的健康安全监护问题成为社会热点关注问题。如何使老年人的晚年生活更加有保障和质量,是当今社会面临的重要问题。

当前人类社会正处于前所未有的两个重大趋势:人口结构的快速老化与科学技术的高速发展。一方面,老年群体身体健康状况随着年龄的逐渐变差,给他们的日常生活带来了些许不便,严重情况下甚至会丧失生活自理能力。老年人对日常生活辅助需求的扩大化已然成为趋势。另一方面,随着微电子和通信技术的快速发展,越来越多的智能化辅助工具和设备通过无线、有线等方式连入智能空间,可以提供各种智能辅助服务来提升老年人的健康、生活能力和生活品质。在这样的背景下,面向老年人生活的智能产品这一领域的新兴课题成为近几年研究的热点。

面向老年用户的可穿戴设备设计从负性情感的角度,对老年人的情感问题进行调研分析并找出对产品的核心需求,结合可穿戴设备的技术,设计一款关爱老年人情感问题,保障老年人日常生活安全与关爱身心、健康等问题的可穿戴式智能产品,让老年人愉快地体验科技的便利,避免负性情感的发生,调节负性情感的状态。从理论价值的角度看,丰富和细化了老年负性情感相关研究,为老年产品设计提供了理论参考。这项应用可以从负性情感的角度着手,对老年人的负性情感进行针对性研究,涉及老年人的生理、社会、疾病等因素,并分析其特征、原因及应对措施。从应用价值的角度看,为老年人可穿戴设备指明了设计研究方向,使设计师在今后的设计中能关注情感问题,尤其是负性情感,设计出具备老年人关怀的产品。

老年群体的弱势存在,更加需要给予他们关怀和保护,退化的生理和相应的心理变化,使他们成为多发病、易发病的人群,年轻一代异地工作的普遍化,也推动了老年人远程实时健康监护的可穿戴设备需求量的增加。从负性情感的角度,老年人在日常生活中使用的可穿戴设备需要具备哪些功能,并且什么样的可穿戴设备是符合老年人心理需求的,从而避免负性情感的产生,都是该项应用应当深入研究的问题。通过可穿戴设备的设计发展,为老年群体提供更好的产品体验,从可穿戴产品设计的各个角度着手,围绕老年人负性情感内容进行针对性设计和研发,这不仅是可穿戴设备的蓝海市场,更是一个可持续发展的庞大市场。正性情感和负性情感在个体进化过程中的适应意义使其具有不同的生理反应。从生物进化角度、神经递质和内分泌反应、自主神经系统反应、脑机制等差异可有效区分正负性情感的区别。通过正负性情感的对比区别研究,可得知在负性情感的研究中,生理信号选取心电信号、肌电信号这两种生理信号的反应强烈且与正性情感对比显著。发展心理学将情感调节视为个体生命持续发展的核心动力。情感的调节与失调在治疗心理健康与心理疾病方面都起着十分重要的作用。情感的产生和调节是一个复杂的加工过程,情感的调节发生在对情感的识别计算并加工的现有水平之上,情感唤醒到产生之间的任何时期都可进行情感调节。

老年人较容易产生负性情感。生理上的老化、社会角色的转变等主客观因素导致老年人较青年人相比,更容易产生消极的情感反应。老年时期的中枢神经系统有过度活动的倾向和较低的唤起水平,并且老年人的适应环境能力偏弱,应变能力较低,情感体验较一般人而言来得强烈,所以负性情感体验会随着年龄的增长会愈发强烈,而且由于生理变化及体内稳态的调整能力下降,负性情感一旦激发,恢复平静需花费较长时间。为此,可以利用可穿戴设备来捕获老年人的生理信号,并利用生理信号的情感分析技术判断当前老年人的情感状态,以此对老年人及其家人给予有效的预警信息。

8.3 微博话题舆情分析的应用

通过对微博进行舆情分析,可以更好地了解广大微博用户对于微博内容的意见和情感,对于微博话题的舆情分析有助于政府部门对于人们情感极度不稳定的微博内容及时地进行预警,也能为在线商家提供更受欢迎的商品的上架方案。近几年,微博舆情成为研究的热点。

国内在微博舆情方面的研究尚处于初步阶段,很大一部分关于微博舆情研究都是基于微博舆情预警、以传播为立足点来研究舆情演化,以及以微博情感倾向分析为基础的微博舆情研究等方面。舆情预警机制是通过对突发事件进行网络舆情监测和分析完成对突发事件进行预警,提前制订出相应方案。曾润喜等构建出网络舆情的监测、分析、预报和预控子系统,制定出相应的舆情预警指标完成对突发事件的预警,实现对舆情预警的研究。张一文等通过研究构建出一套网络舆情指标体系。该体系主要是实现对舆情热度的分析研究,从事件、网络媒体以及网民三方面进行研究,但是由于舆情研究的初步性,他们并没有给出具体详细的计算方案。林政等将研究文档按关键句与细节语句分类,这对于舆情分析结果有很大帮助。刘全超等提出针对微博内容特征以及微博间转发评论关系特征构建舆情分析所使用的网络用语词典以及表情符号库,设计基于多特征的微博话题舆情倾向性判定算法。唐晓波等将图论引用到舆情分析中,用图论完成建立现实生活中舆情问题的模型,并结合共词网络以及复杂网络分析方法,实现对复杂网络的舆情分析研究。

天津社会科学院的刘毅编著的《网络舆情研究概论》开创了网络舆情研究的历史先河。该书涉及网络舆情的各方面,就网络舆情的理论、网络舆情的诱因及动态发展、网络舆情的监测与管理都进行了深入探讨。在该书中,作者还提出了一种采用内容分析法分析网络舆情的工作框架。在网络舆情分析的其他研究方面,姜胜洪阐述了网络舆论的形成和表现形态。马海兵概述了网络舆情的概念和特点,以及我国在网络舆情方面还存在的问题,提出了网络舆情分析系统应该采用什么样的技术,需要实现什么功能。徐晓日对网络舆情的特点进行总结,分析了我国网络舆情事件应急处理中的一些问题,指出影响我国舆情监测效果的主要因素是技术落后。在群体突发事件方面,陈月生阐述了舆情发展的各阶段对群体突发事件的影响,提出了几种对舆情监控引导的方法。郭乐天和刘毅则针对网络舆情的特点提出了政府针对网络舆情监控所应采取的一系列措施。

网络舆情的研究方向朝着多元化、更宽广的趋势发展。国外许多专家对于网络舆情分析从舆情分析方法、舆情分析建模、网络舆情分析传播、网络舆情紧急事件分析等方面都做出了很多探索性研究。最具代表性的是一种大数据环境中的基于分布式系统基础架构的微博舆情监控系统的舆情分析方法,通过挖掘和分析大规模数据集,实现热点话题的检测和跟踪,对微博进行社交网络分析;所提系统将支持为党政机关,企业等单位提供自动化、系统化和科学的信息并及时组织检测敏感信息,把握热点和公众舆论的趋势。另一种网络舆情分析系统,包括网络数据获取、获取数据处理、处理后的数据分析、分析结果的可视化呈现。网络数据获取部分使用 Larbin 网络爬行器技术,实现 Web 内容的收集;舆情信息分析部分采用改进的单通道聚类算法,该算法使用多中心,利用向量的标题和主体进行双向比较,更好地反映了公共的动态意见主题;该舆情分析系统运行稳定,效率高。有学者研究了网络舆情分析的主题演变,建立了网络公共的属性意见信息;网络文本数据的潜在语义基于属性通过使用主题模型来描述公众意见,并且文本流采用结合时间在线分析的方法建模;同时提出了基于在线潜在狄利克雷分配(Online Latent Dirichlet Allocation,OLDA)的主题演化方法,利用不同时间片段之间的主题相关性,有效地检测网络舆论的主题演进。

随着大量用户涌入电子商务、网络社交等平台,产生了大量的网络文本数据,为研究网络用户对产品、社会热点事件的态度提供数据支持,同时也为企业获取用户消费反馈和政府的舆情监控提供了新的途径。

(1) 舆情监控:针对社会事件舆论情况的数据,分析事件的不同维度情感、准确定位事件的主要维度情感以及产生原因,可以帮助民众快速了解事件发展过程中的情感变化,同时帮助决策者快速了解事件情感并制定决策。

(2) 产品监测:企业在发布产品之后通常要收集用户对相应产品的使用感受、关注度、是否有兴趣再次购买意愿等信息。通过分析企业产品事件数据的情感,准确定位产品产生的社会情感,可以帮助评估该企业的产品设计,指导改善产品和服务提供决策意见。企业还可以根据情感信息发现竞争对手的优势和劣势,也可以为用户提供是否购买的参考意见。

8.4　安全领域的情感应用

测谎技术曾在美国的犯罪侦查史上立下过汗马功劳。美国橡树岭国家实验室以研制核武器而著名。这个实验室从成立之时就定期对职员进行测谎,后来负责人认为这一技术侵犯人权便中止了测谎。之后的十几年间,橡树岭实验室先后丢失了 1780 余磅制造原子弹的核材料,这些丢失的材料足以造出 85 枚原子弹。在此情况下,测谎在橡树岭实验室被重新恢复。在对 400 名职员进行测谎后,一些泄密者和偷窃者陆续被发现,测谎仪还帮助他们找到了一名外国情报机关的间谍。

世界上公认的第一台专用测谎仪是美国加州警察局的拉森和基勒两人于 1921 年研制成功的,首先应用于加州伯克利市一宗盗窃案的侦破,并取得成功。此后,测谎仪在美国的警察机关、保安部门、私人侦探所得到广泛使用,一些私人测谎公司也纷纷开业。20 世纪 50 年代,美国军方在福特·高登建立了一所测谎学校,它至今仍是美国军方和政府测谎人员的主要培训基地。现在美国有 3000 多名测谎专家,分别服务于警察机关、军事情报部门和私人测谎机构,他们都经过特别专业的学习和培训,具有丰富的心理学知识和实践侦查经验,为测谎结果的准确性提供了保证。苏联在 20 世纪 20 年代开始研究这一技术,90 年代初这一技术引起了俄罗斯安全部门的关注。如今俄罗斯安全部门工作人员仍在自己的侦查活动中广泛利用测谎仪。

对于测谎技术,国内过去长期持否定态度,认为是主观唯心主义,是脱离群众的。自 20 世纪 90 年代以来,我国公安部率先引进测谎技术,在侦查破案中取得良好的效果。检察机关的反贪部门也开始在侦查实践中应用测谎,沈阳中级人民法院、昆明中级人民法院也先后开设了测谎技术部门。

测谎技术不管在监察机关、军事情报部门,还是公安部和国家安全部门都能起到一定的借鉴作用。但自 1981 年引进第一台测谎仪以来,尽管可以发现不少测谎的成功案例,却几乎难以检索到我国自己的测谎理论与实验研究文献。由于缺乏中国人自己的说谎与测谎实验研究的支撑,测谎技术的应用价值自然受到很大的局限,因而在我国开展说谎与测谎研究是迫切而又必需的,这将对我国司法、刑侦、军事安全运用等领域起到重要的作用。

在心理学的研究中,研究者主要侧重于言语和非言语两大指标来进行测谎的研究。非言语信息主要包含眼球、身体动态、面部表情、手势和脑图像等;言语信息则包含言语相关的内容(如基频、重音和语义等)。

　　非言语信息的测谎研究一般都会假设人们说谎的时候都会伴随着特别明显的心理活动变化,而这些变化通常能为判断其是否说谎提供有效的线索。我国最新研制的 PG-I 型测谎仪,可以同时测试人体的皮肤电、呼吸和脉搏三项生理指标,在测量参数上选择皮肤电反应、呼吸波和脉搏波(血压)三项参数,这是因为无论是测谎还是心理分析训练,都是要测量人体中最敏感、不易受大脑皮层意识控制而反映人本能的条件反射、心理矛盾和心理压力(恐慌心理)的生理指标。根据国内外大量测试数据统计结果,生理测试仪各项参数指数的权重为:皮电 65%、呼吸 15%、脉搏 10%、其他 10%。随着核磁共振成像、脑电图以及其他现代技术的发展,首次准确测量了与思维、情感和行为相关的大脑活动。这在原则上使研究者可以将大脑活动模式直接与认知、情感过程或状态关联。该技术被应用在开发可信度高的脑成像测谎技术。在美国,许多被告代理投入大量资金用于调查犯罪和恐怖袭击的新测谎技术的开发。许多大学和私有公司尝试开发利用 fMRI、EEG、近红外线等与大脑功能直接相关的技术开发测谎仪器。但由脑成像测谎技术引起的伦理问题十分复杂,不乏许多与传统多导生理记录仪导致的伦理或法律上的问题一致。但也有部分伦理问题是全新的,如对于个人“认知自由”这一权利参数的定义,即在未取得个体同意的情况下,国家是否有权力介入个体的思维过程。显而易见的是,关于脑成像技术的恰当使用和限制性亟须广泛全面的讨论。

　　目前对于言语信息研究的文献还相对较少,这些研究主要分为两大部分:基于文本的测谎研究和基于语音的测谎研究。在这些研究工作中,主要将测谎视为一个分类问题,通过带有标记的数据来有监督地训练分类器,从而达到自动分类的目的。所以,这些方法主要可以分为两大块:特征提取和分类算法研究。常用的一些比较显著性的特征包括语义特性、声学和韵律特征以及一些语音事件特征。而在分类器的选择上,最常见的是基于支持向量机的分类模型。这是由于支持向量机能够有效地处理多特征和过拟合的问题,并且其分类误差也比较小。另外,一些研究学者也尝试过用贝叶斯分类和决策树的方法来训练测谎的分类模型。

　　由于音视频信号获得的便捷性和非接触性,使得基于音视频分析的测谎技术相比于其他技术而言有着一定的优势:音视频信号采集方便且隐蔽,不会给被测者带来额外压力,容易得到较为真实的被测者信号且不易受到其他生理参数的干扰。检测被测者在紧张压力下发音器官和细微表情的状况是基于音视频测谎技术的基本原理,这与脑电信号、肌电信号测谎技术的机理较为接近,且可以在被测人不知情的状况下进行数据采集,这使得对被测者的心理生理活动常态化测量成为可能,可以实现远程监控,并且不易引起说话人的心理防御,而且更具客观性和有效性。

8.5　金融领域的情感应用

　　情感分析作为当前人工智能领域的热门应用方向,也在金融行业中发挥着越来越重要的作用,目前已被应用到诸多金融产品中,众多券商的人工智能技术平台通过提供情感分析接口为其产品提供技术支持;分析挖掘各大财经网站、股票论坛中不同的立场、不同思维方式人群的不同观点与情感,分析挖掘反映投资者情感的网络舆情,为投资者提供参考。将情感分析算法与金融业务深度结合,具有深远的意义。

国外在金融情感分析领域,早期主要集中在关于情感的度量方法以及情感词典的构建。随着互联网的发展,研究人员开始利用数据挖掘技术对金融领域信息进行研究。舒马赫等通过对金融新闻的分析提出了一个基于机器学习的预测模型,将 9200 多篇金融相关文章及 1000 多万条相关的股票言论进行了分析,能够通过预测模型估计文章发出约 20min 以后的股价;采用支持向量机算法对特定的离散数值进行分类建模,挖掘出金融文章中所预计的股票价格和真实价格非常接近,并且股价的变化趋势基本相同。博伦通过推特用户情感预测股票走势,发现将"冷静"情感指数后移 3 天后和道琼斯工业平均指数惊人的一致。米尔森使用自然语言处理技术和支持向量机模型对推特用户的信息进行情感分析,从而预测股市的交易行为。塞缪尔以语法为基础利用语义分析提出了情感分析引擎 SAE,对金融数据的分析从单词水平扩展到词组水平,并通过三种评估方式表明该方法能够有效进行情感分析,通过上述文本信息表达的情感有助于预测股票市场的变动趋势。切克利收集了五家著名上市公司的推特信息构建情感指数,通过格兰杰因果关系检验表明"看涨指数"和"一致性指数"会影响股票波动程度和交易量,而只有"看涨指数"会影响股票的价格变动趋势,并在此基础上构建了基于情感变量的增强模型来预测股市的变动情况,结果显示相比仅仅通过股票历史数据的预测模型而言,这个增强模型可以减少预测误差,获得较好的预测效果。

国内研究起步相对较晚,近几年国内学者也将情感分析广泛地应用于金融领域。金雪军等抓取了股票论坛"东方财富吧"一年时间的 580 万条发帖数据,借助数据挖掘技术提取投资者在平台上发表的意见,建立了看涨指数与趋同指数,研究发现看涨指数与股票收益率呈正向相关,且看涨指数对第二天的收益率具有预测作用,意见趋同指数对成交量有显著影响,意见趋同程度越低,股票的交易量越大。何平、吴添等基于主成分分析法构建了投资者情感指数,使用面板数据回归方法对 2454 只个股数据进行了分析研究,结果显示投资者情感确实对股票波动性有显著影响,投资者情感越高个股波动率越高,同时影响股票波动性的一个重要渠道是通过影响股票的换手率来实现的。黄润鹏和董理、王中卿以股票的技术指标为基础,通过融入情感技术对模型加以优化,用支持向量回归的方法构建股票市场行为的预测模型,并与多种回归预测方法进行比较,验证了加入情感因素后的模型能够获得较为理想的预测效果。

国外对金融情感领域的研究相对较早,因此发展较为成熟,而国内相对步伐较为缓慢,基于中文的特性,难度也相对会更大,但经过近年来的研究,也取得了很大的突破与进展,从最初的二分类到目前的多分类细粒度情感分析,随着专业情感语料库的出现,使得金融和情感相结合领域得到了有效拓展。随着人工智能技术的快速发展特别是深度学习越来越成熟,在对股票的预测问题上也已经研究出了多种基于深度学习的预测模型,并且能够取得较为理想的预测效果。随着技术的不断迭代进步,金融与情感的结合会变得越来越重要。

8.6 教育领域的情感应用

社会信息化的发展推动着教育领域的变革,学习方式与学习环境都发生了巨大的变化,教育也从最初的课堂学习,到在线学习,到移动学习,再到现在的泛在智能化学习。目前,云计算、物联网、虚拟现实技术、普适计算及人工智能的发展与成熟为新一轮的教育信息化提供了强大的技术支持。在这种背景下,智能化学习环境的出现成为必然的发展趋势,而这种教育模式下,不再仅仅是学生机械性地听老师讲授,而是要让学生的学习效果得到极大提高,其中情感就占据着重要地位,如认知心理学家西蒙和诺尔曼分析了情感在学习效果方面发挥着重要作用;他们发现哪怕只有很少的积极情感,不仅可以让人感觉良好,还可以产生一种思维,这种思维会更有创造性、更具灵活性地解决问题以及更有效更果断地作出决定。这项研究在不同年龄、不同职业的人群中得到了验证。

在学习过程中,教师如果能够识别学生的情感状态,并做出相应的反馈,就可以激发其积极的情感,使学生内心产生对教师的好感、依赖和敬慕,进而产生学习热情,使其处于兴奋状态,促进学习水平的提高,从而达到最优的学习效果。

目前发展最为迅速的网络教学环境中,师生在物理空间上的分离,导致师生无法及时有效地通过表情、眼神和肢体动作等方式进行情感交流和反馈。教师得不到学生的情感状态信息,学生得不到教师的反馈,学生的学习效果会受到大的影响。因此,在教学中如何获得学习者的情感,具有重要的研究价值和应用需求。在网络学习环境中,为了准确获取学习者的情感状态,需要语音识别、人脸表情识别、身体姿势和运动的识别、文本识别等多项技术支撑。

在教学过程中,教师主要通过语音传递教学内容,实现知识的传输。教师的语速、语调、情感、姿态等“非言语行为”必不可少。人们在接收语音所包含的内容信息的同时,也接收了包含在语音中的情感信息,这类“非言语行为”信息非常重要。在人机交互的学习环境中,可以通过语音情感识别技术,对学生在交互过程中的情感信息进行捕捉和识别,并判定学生的学习状态和对所学知识的接受情况,从而有效地提高学习效果。

在线学习方式中能快速直接获得学习情感信息的介质是文本,文本的数据量是巨大的,如讨论区、网络论坛、博客、调查反馈等交流活动中均覆盖到大量的文本信息。这些文本情感信息反映了学习者在学习过程中的情感状态。慕课等在线学习平台学员数量众多,讨论区产生的文本数据庞大。而人数有限的教师和助教难以实时、准确地辨别文本的情感状态,并给出及时的反馈。针对这一问题,通过文本情感分析技术能够自动或半自动地分析文本情感、筛选文本信息,辅助教师针对学习者的情感状态快速做出合理的反馈。实时监控参与者的情感变化,及早发现学生反映的问题并及时给予恰当的干预;同时可以用于事后分析学生在学习过程中的情感变化,因材施教,实施个性化教学。这也必然节省了教师和助教的大量宝贵时间和精力,提高教学效率。

心理学家梅拉宾的研究结果表明,情感表达由 7% 的言辞＋38% 的声音＋55% 的共同影响组成。由此可见,通过面部表情分析情感状态相比其他模态信号更具可靠性。表情作为人类情感表达的主要方式,其中蕴含了大量有关内心情感变化的线索,通过面部表情可以推断人们内心微妙的情感状态。因此国内外学者对教育系统中参与者的面部情感进行深入研究。解迎刚对在线系统中学习者的喜欢和厌恶两种情感进行识别,利用识别结果来判断学习者对课程是否感兴趣。汪亭亭等为了识别并干预网络学习者出现的疲劳状态,定义了“专注”“疲劳”“中性”三种与学习相关的情感状态。孙波等在三维虚拟学习平台 Magic Learning 的师生情感交互子系统上实现了基于面部表情的学习者情感识别及情感干预手段。

脑电分析、心电分析以及皮肤电等神经生理信号可以有效捕获人类主观心理特征。但通过复杂的可穿戴设备测量上述生理信号的变化来识别学习者学习过程中的情感状态,在实际应用中会存在比较多的困难,远没有语音、表情和文字的情感交互方式在教育领域应用得广泛。随着科技的进步和可穿戴设备的迭代升级,相信在解决了设备便捷性等应用方面的问题后,基于生理信号的情感分析也会在教育领域得到广泛应用。

习题

1. 列举典型的情感机器人系统。
2. 情感计算面向医疗健康有哪些应用?
3. 描述测谎技术的主要手段。
4. 展望情感计算在金融领域的应用前景。
5. 情感计算在未来应用中会面临哪些伦理问题?

附录A
情感计算算法基础

A.1 *K* 近邻方法

    K 近邻法(*K*-nearest neighbor,KNN)是 1967 年提出的一种基本分类与回归方法,是一个理论上比较成熟的方法,也是最简单的机器学习算法之一(图 A-1)。它的工作原理是:存在一个样本数据集合,也称为训练样本集,并且样本集中每个数据都存在标签,即我们知道样本集中每一个数据与所属分类的对应关系。输入没有标签的新数据后,将新的数据的每个特征与样本集中数据对应的特征进行比较,然后通过算法提取样本最相似数据(最近邻)的分类标签。一般来说,我们只选择样本数据集中前 k 个最相似的数据,这就是 *K* 近邻算法中 k 的出处,通常 k 是不大于 20 的整数。最后,选择 k 个最相似数据中出现次数最多的分类,作为新数据的分类。

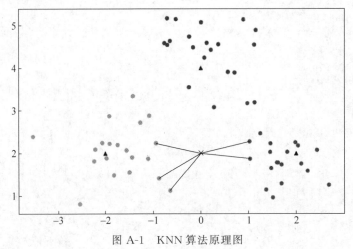

图 A-1　KNN 算法原理图

    KNN 算法主要要考虑三个重要的要素,对于固定的训练集,只要这三点确定了,算法的预测方式也就确定了。这三个要素分别是 k 值的选取、距离度量的方式和分类决策规则。对于 k 值的选择,没有一个固定的经验,一般根据样本的分布,选择一个较小的值,可以通过交叉验证选择一个合适的 k 值。对于分类决策规则,一般都是使用前面提到的多数表决法。而对于距离的度量,有很多的距离度量方式,但是最常用的是欧氏距离,即对于两

个 n 维向量 x 和 y,两者的欧氏距离定义为

$$D(x,y)=\sqrt{(x_1-y_1)^2+(x_2-y_2)^2+\cdots+(x_n-y_n)^2}$$

$$=\sqrt{\sum_{i=1}^{n}(x_i-y_i)^2} \tag{A-1}$$

大多数情况下,欧氏距离可以满足我们的需求,我们不需要再去操心距离的度量。当然也可以用其他的距离度量方式,比如曼哈顿距离,定义为

$$D(x,y)=|x_1-y_1|+|x_2-y_2|+\cdots+|x_n-y_n|=\sum_{i=1}^{n}|x_i-y_i| \tag{A-2}$$

更加通用点,比如闵可夫斯基距离,定义为

$$D(x,y)=\sqrt[p]{(|x_1-y_1|^p)+(|x_2-y_2|^p)+\cdots+(|x_n-y_n|^p)}$$

$$=\sqrt[p]{\sum_{i=1}^{n}(|x_i-y_i|)^p} \tag{A-3}$$

可以看出,欧氏距离是闵可夫斯基距离在 $p=2$ 时的特例,而曼哈顿距离是 $p=1$ 时的特例。

假设 X_test 为待标记的样本,X_train 为已标记的数据集,算法原理的伪代码如下:

(1)遍历 X_train 中的所有样本,计算每个样本与 X_test 的距离,并把距离保存在 Distance 数组中。

(2)对 Distance 数组进行排序,取距离最近的 k 个点,记为 X_knn。

(3)在 X_knn 中统计每个类别的个数,即 class0 在 X_knn 中有几个样本,class1 在 X_knn 中有几个样本等。

(4)待标记样本的类别,就是在 X_knn 中样本个数最多的那个类别。

A.2　高斯混合模型

高斯混合模型(Gaussian Mixture Model,GMM)通过高斯概率密度函数(正态分布曲线)精确地量化事物,它将事物分解为若干个基于高斯概率密度函数(正态分布曲线)的形式。所以我们需要先了解下什么是高斯分布。高斯分布有时也被称为正态分布,是一种在自然界大量存在的、最为常见的分布形式(图 A-2)。

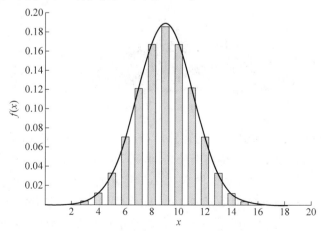

图 A-2　标准高斯(正态)分布

图 A-2 非常直观地展示了高斯分布的形态。接下来看下严格的高斯公式定义,高斯分布的概率密度函数公式如下:

$$f(x \mid \mu, \sigma^2) = \frac{1}{\sqrt{2\sigma^2 \pi}} e^{-\frac{(x-\mu)^2}{2\sigma^2}} \tag{A-4}$$

式(A-4)中包含两个参数,参数 μ 表示均值,参数 σ 表示标准差,均值对应正态分布的中间位置,标准差衡量了数据围绕均值分散的程度。在已知参数的情况下,输入变量指 x,可以获得相对应的概率密度。

高斯混合模型是对高斯模型进行简单的扩展,GMM 使用多个高斯分布的组合来刻画数据分布。

举例来说:想象下现在咱们不再考察全部用户的身高,而是要在模型中同时考虑男性和女性的身高。假定之前的样本里男女都有,那么之前所画的高斯分布其实是两个高斯分布叠加的结果。相比只使用一个高斯来建模,现在我们可以用两个(或多个)高斯分布。

混合高斯模型公式如下所示:

$$p(x) = \sum_{i=1}^{K} \phi_i \frac{1}{\sqrt{2\sigma_i^2 \pi}} e^{-\frac{(x-\mu_i)^2}{2\sigma_i^2}} \tag{A-5}$$

该公式和之前的公式非常相似,细节上有几点差异。首先分布概率是 K 个高斯分布的和,每个高斯分布有属于自己的均值和方差参数,以及对应的权重参数,权重值必须为正数,所有权重的和必须等于1,以确保公式给出数值是合理的概率密度值。换句话说,如果我们把该公式对应的输入空间合并起来,结果将等于1。

为什么要用混合高斯模型呢? 因为单一高斯模型会有一些限制,如:它一定只有一个众数,它一定对称的。举个例子,如果我们对下面的分布分别建立单高斯模型(图 A-3)和混合高斯模型(图 A-4)会得到显然相差很多的模型。

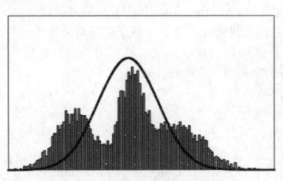

图 A-3   使用单高斯不合理模型

混合高斯模型的求解方法是最大期望算法(Expectation-Maximum,EM)算法,这与单高斯模型的求解算法不同,在求解单高斯分布时,我们用最大似然估计的方法得到了理论上的最优解。当我们使用相同的方法试图求解高斯混合模型时,会卡在中间步骤上(具体来说,是单高斯分布求和出现在了对数函数中)。索性我们可以用迭代的方法来求解 GMM,具体来说,EM 训练过程,直观地来讲是这样:我们通过观察采样的概率值和模型概率值的接近程度,来判断一个模型是否拟合良好。然后通过调整模型以让新模型更适配采样

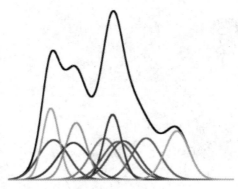

图 A-4　混合高斯模型

的概率值。反复迭代这个过程很多次，直到两个概率值非常接近时，停止更新并完成模型训练。

EM 可以分为 E-Step 和 M-Step：

E-Step：

$$p(z_j \in \gamma_k \mid Y_j, \theta^{(i)}) = \frac{w^{(i)} f(Y_j \mid \theta_k^{(i)})}{\sum\limits_{k=1}^{K} w_k^i f(Y_j \mid \theta_k^{(i)})} \tag{A-6}$$

$Z_j \in \gamma_k$ 表示第 j 个观测点来自第 k 个分模型。

Step：

$$w_k^{(i+1)} = \frac{\sum\limits_{j=1}^{N} p(Z_j \in \gamma_k \mid Y_j, \theta^{(i)})}{N} \tag{A-7}$$

$$\mu_k^{(i+1)} = \frac{\sum\limits_{j=1}^{N} Y_j P(Z_j \in \gamma_k \mid Y_j, \theta^{(i)})}{\sum\limits_{j=1}^{N} P(Z_j \in \gamma_k \mid Y_j, \theta^{(i)})} \tag{A-8}$$

$$\sum\limits_{k}^{(i+1)} = \frac{\sum\limits_{j=1}^{N} P(Z_j \in \gamma_k \mid Y_j, \theta^{(i)})(Y_i - \mu_i)^2}{\sum\limits_{j=1}^{N} P(Z_j \in \gamma_k \mid Y_j, \theta^{(i)})} \tag{A-9}$$

至此，完成了参数求导，涉及具体求参时，形式会有差别。

A.3　隐马尔可夫模型

隐马尔可夫模型（Hidden Markov Model，HMM）是关于时序的概率模型。描述由一个隐藏的马尔可夫链随机生成不可观测的状态序列，再由各个状态生成一个可观测的随机序列的过程（图 A-5）。

对于 HMM 模型，首先我们假设 Q 是所有可能的隐藏状态的集合，V 是所有可能的观测状态的集合，即

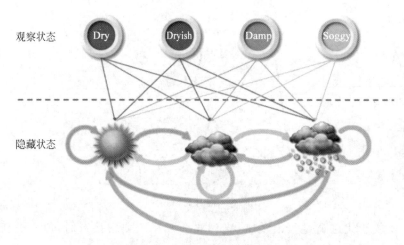

观察状态 Dry Dryish Damp Soggy

隐藏状态

图 A-5 隐马尔可夫模型

$$Q = \{q_1, q_2, \cdots, q_N\}, \quad V = \{v_1, v_2, \cdots, v_M\} \tag{A-10}$$

其中，N 是可能的隐藏状态数，M 是所有的可能的观察状态数。

对于一个长度为 T 的序列，I 对应的状态序列，O 是对应的观察序列，即

$$I = \{i_1, i_2, \cdots, i_T\}, \quad O = \{o_1, o_2, \cdots, o_T\} \tag{A-11}$$

其中，任意一个隐藏状态 $i_t \in Q$，任意一个观察状态 $o_t \in V$。

HMM 模型做了两个很重要的假设如下：

(1) 齐次马尔可夫链假设。即任意时刻的隐藏状态只依赖于它前一个隐藏状态。当然这样假设有些极端，因为很多时候我们的某一个隐藏状态不仅只依赖于前一个隐藏状态，可能是前两个或者是前三个。但是这样假设的好处就是模型简单，便于求解。如果在时刻 t 的隐藏状态是 $i_t = q_i$，在时刻 $t+1$ 的隐藏状态是 $i_{t+1} = q_j$，则从时刻 t 到时刻 $t+1$ 的 HMM 状态转移概率 a_{ij} 可以表示为

$$a_{ij} = P(i_{t+1} = q_j \mid i_t = q_i) \tag{A-12}$$

这样 a_{ij} 可以组成马尔可夫链隐马尔可夫的状态转移矩阵 $\boldsymbol{A}$：

$$\boldsymbol{A} = [a_{ij}]_{N \times N} \tag{A-13}$$

(2) 观测独立性假设。即任意时刻的观察状态只仅仅依赖于当前时刻的隐藏状态，这也是一个为了简化模型的假设。如果在时刻 t 的隐藏状态是 $i_t = q_j$，而对应的观察状态为 $o_t = v_k$，则该时刻观察状态 v_k 在隐藏状态 q_j 下生成的概率为 $b_j(k)$，满足

$$b_j(k) = P(o_t = v_k \mid i_t = q_j) \tag{A-14}$$

这样 $b_j(k)$ 可以组成观测状态生成的概率矩阵 $\boldsymbol{B}$：

$$\boldsymbol{B} = [b_j(k)]_{N \times M} \tag{A-15}$$

除此之外，我们需要一组在时刻 $t=1$ 的隐藏状态概率分布 Π：

$$\Pi = [\pi(i)]_N, \quad \pi(i) = P(i_1 = q_i) \tag{A-16}$$

一个 HMM 模型，可以由隐藏状态初始概率分布 Π 状态转移概率矩阵 $\boldsymbol{A}$ 和观测状态概率矩阵 $\boldsymbol{B}$ 决定。Π、$\boldsymbol{A}$ 决定状态序列，$\boldsymbol{B}$ 决定观测序列。因此，HMM 模型可以由一个三元组 λ 表示如下：

$$\lambda = (\boldsymbol{A}, \boldsymbol{B}, \Pi) \tag{A-17}$$

A.4 支持向量机

支持向量机(Support Vector Machine,SVM)是一种二分类模型。它的基本模型是定义在特征空间上的使不同类别数据间隔最大的线性分类器,间隔最大使其有别于感知机。支持向量机还包括核技巧,这使它成为实质上的非线性分类器。支持向量机的学习策略就是间隔最大化,形式上可化为一个求解凸二次规划的问题,也等价于正则化的合页损失函数的最小化问题。

SVM 学习的基本想法是求解能够正确划分训练数据集并且几何间隔最大的分离超平面。如图 A-6 所示,$\boldsymbol{w} \cdot \boldsymbol{x} + \boldsymbol{b} = 0$ 即为分离超平面,对于线性可分的数据集来说,这样的超平面有无穷多个(即感知机),但是几何间隔最大的分离超平面却是唯一的。

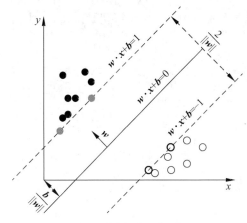

图 A-6 样本点和超平面

假设给定一个特征空间上的训练数据集 $T = \{(x_1, y_1), (x_2, y_2), \cdots, (x_N, y_N)\}$,其中 $x_i \in \mathbb{R}^n, y_i \in \{+1, -1\}, i = 1, 2, \cdots, N$,$\boldsymbol{x}_i$ 为第 i 个特征向量,y_i 为类标记,当它等于 $+1$ 时为正例;为 -1 时为负例。再假设训练数据集是线性可分的。

对于给定的数据集 T 和超平面 $\boldsymbol{w} \cdot \boldsymbol{x} + \boldsymbol{b} = 0$,定义超平面关于样本点 (x_i, y_i) 的几何间隔为

$$\gamma_i = y_i \left(\frac{\boldsymbol{w}}{\| \boldsymbol{w} \|} \cdot \boldsymbol{x}_i + \frac{\boldsymbol{b}}{\| \boldsymbol{w} \|} \right) \tag{A-18}$$

超平面关于所有样本点的几何间隔的最小值为

$$\gamma = \min_{i=1,2,\cdots,N} \gamma_i \tag{A-19}$$

实际上这个距离就是所谓的支持向量到超平面的距离。根据以上定义,SVM 模型的求解最大分割超平面问题可以表示为约束最优化问题:

$$\max_{\boldsymbol{w}, \boldsymbol{b}} \gamma \ \text{s.t.} \ y_i \left(\frac{\boldsymbol{w}}{\| \boldsymbol{w} \|} \cdot \boldsymbol{x}_i + \frac{\boldsymbol{b}}{\| \boldsymbol{w} \|} \right) \geqslant \gamma, \quad i = 1, 2, \cdots, N \tag{A-20}$$

将约束条件两边同时除以 γ,得到

$$y_i \left(\frac{\boldsymbol{w}}{\| \boldsymbol{w} \| \gamma} \cdot \boldsymbol{x}_i + \frac{\boldsymbol{b}}{\| \boldsymbol{w} \| \gamma} \right) \geqslant 1 \tag{A-21}$$

因为 $\|w\|,\gamma$ 都是标量,所以为了表达式简洁起见,令

$$w = \frac{w}{\|w\|\gamma}, \quad b = \frac{b}{\|w\|\gamma} \tag{A-22}$$

得到

$$y_i(w \cdot x_i + b) \geqslant 1, \quad i = 1, 2, \cdots, N \tag{A-23}$$

又因为最大化 γ,等价于最大化 $\frac{1}{\|w\|}$,也就等价于最小化 $\frac{1}{2}\|w\|^2$($\frac{1}{2}$ 是为了后面求导以后形式简洁,不影响结果),因此 SVM 模型的求解最大分割超平面问题又可以表示为约束最优化问题:

$$\min_{w,b} \frac{1}{2}\|w\|^2 \text{ s.t. } y_i(w \cdot x_i + b) \geqslant 1, \quad i = 1, 2, \cdots, N \tag{A-24}$$

式(A-24)就是一个凸函数,并且不等式约束为仿射函数,因此可以使用拉格朗日对偶去求解该问题。根据拉格朗日乘子法,引入拉格朗日乘子 α,且 $\alpha \geqslant 0$。我们可以知道,先不考虑 $\min$,上述问题等价于

$$\max \frac{1}{2}\|w\|^2 + \sum_{i=1}^{N} \alpha_i(1 - y_i(w \cdot x_i + b)) \tag{A-25}$$

然后考虑 $\min$,则有

$$\min \max \frac{1}{2}\|w\|^2 + \sum_{i=1}^{N} \alpha_i(1 - y_i(w \cdot x_i + b)), \quad \text{s.t. } \alpha_i \geqslant 0 \tag{A-26}$$

应用拉格朗日对偶性,通过求解对偶问题得到最优解,则对偶问题的目标函数为

$$L(w,b,\alpha) = \min \max \frac{1}{2}\|w\|^2 + \sum_{i=1}^{N} \alpha_i(1 - y_i(w \cdot x_i + b)), \quad \text{s.t. } \alpha_i \geqslant 0$$

$$\tag{A-27}$$

这就是线性可分条件下支持向量机的对偶算法。这样做的优点在于:①原问题的对偶问题往往更容易求解;②可以自然地引入核函数,进而推广到非线性分类问题。

我们可以先求目标函数对于 w 和 b 的极小值,再求拉格朗日乘子 α 的极大值。首先,分别对 w 和 b 分别求偏导数,并令为 0,可得

$$w = \sum_{i=1}^{N} \alpha_i y_i x_i \tag{A-28}$$

$$\sum_{i=1}^{N} \alpha_i y_i x_i = 0 \tag{A-29}$$

将以上两个等式代入拉格朗日目标函数,消去 w 和 b,得

$$L(w,b,\alpha) = \frac{1}{2}\sum_{i=1}^{N}\sum_{j=1}^{N} \alpha_i \alpha_j y_i y_j (x_i \cdot x_j) - \sum_{i=1}^{N} \alpha_i y_i\left(\left(\sum_{j=1}^{N} \alpha_j y_j x_j\right) \cdot x_j + b\right) + \sum_{i=1}^{N} \alpha_i$$

$$= -\frac{1}{2}\sum_{i=1}^{N}\sum_{j=1}^{N} \alpha_i \alpha_j y_i y_j (x_i \cdot x_j) + \sum_{i=1}^{N} \alpha_i \tag{A-30}$$

即

$$\min L(w,b,\alpha) = \frac{1}{2}\sum_{i=1}^{N}\sum_{j=1}^{N} \alpha_i \alpha_j y_i y_j (x_i \cdot x_j) - \sum_{i=1}^{N} \alpha_i, \quad \text{s.t. } \alpha_i \geqslant 0, \quad \sum_{i=1}^{m} \alpha_i y_i = 0$$

$$\tag{A-31}$$

由式(A-28)和式(A-29)可知存在$\boldsymbol{\alpha}^*$至少存在一个$\alpha_j^*>0$(反证法可以证明,若全为0,则$\boldsymbol{w}=0$,矛盾),对此有

$$y_j(\boldsymbol{w}^* \cdot \boldsymbol{x}_j + b^*) - 1 = 0 \tag{A-32}$$

因此可以得到

$$\boldsymbol{w}^* = \sum_{i=1}^{N} \alpha_i^* y_i \boldsymbol{x}_i \tag{A-33}$$

$$b^* = y_j - \sum_{i=1}^{N} \alpha_i^* y_i (\boldsymbol{x}_i \cdot \boldsymbol{x}_i) \tag{A-34}$$

这样,我们就能够求解得到线性支持向量机的目标函数的各个参数,进而得到最优的超平面,将正负样本分隔开。但是在本节中我们没有对求解向量$\boldsymbol{\alpha}$的算法展开叙述。

A.5 随机森林

集成思想分为两大流派:Boosting 和 Bagging。Boosting 一派通过将弱学习器提升为强学习器的集成方法来提高预测精度,典型的算法为 AdaBoost。而 Bagging 则通过自助采样的方法生产众多并行类的分类器,通过"少数服从多数"的原则来确定最终的结果。典型的随机森林算法(Random Forest, RF)是最常用也是最强大的监督学习算法之一,于 2001 年提出。随机森林兼顾了解决回归问题和分类问题的能力,正如它的名字一样,随机森林算法由一定数量的决策树组成。决策树的数量越多,随机森林算法的鲁棒性越强,精度越高。为了组成随机森林,我们需要用同样的方法构造一定数量的决策树,方法可以是信息增益或 Gini 算法等。

随机森林的"随机"主要体现在随机选择样本和随机选择特征。随机森林算法的步骤如下:

(1) 假设样本集为$D = \{(x_1, y_1), (x_2, y_2), \cdots, (x_m, y_m)\}$,共有$M$个样本,每个样本有$P$个特征。采用 Bootstraping 随机取$m(m < M)$个样本,用来训练一个决策树,作为决策树根节点处的样本。

(2) 在决策树的每个节点需要分裂时,随机从P个属性中选取出$p(p < P)$个属性,然后从这p个属性中采用某种策略(比如说信息增益)来选择1个属性作为该节点的分裂属性。

(3) 决策树形成过程中每个节点都要按照步骤(2)来分裂一直到不能够再分裂为止。注意整个决策树形成过程中没有进行剪枝。

(4) 按照步骤(1)~(3)建立大量的决策树,最终构成随机森林。

给定一个新的识别对象,随机森林中的每一棵树都会根据这个对象的属性得出一个分类结果,然后把这些分类结果以投票的形式保存下来,随机森林选出最高的分类结果,使其为这个森林的分类结果,如图 A-7 所示。

例如,四分类问题标签分别为$\{0,1,2,3\}$,随机森林一共有 12 棵树,其中在一个分类任务中 6 棵决策树预测结果为类 0,4 棵决策树预测结果为类 1,2 棵决策树预测结果为类 3,选取最高的分类结果类 0 作为最终的随机森林的预测结果。对于回归问题,把每一棵决策

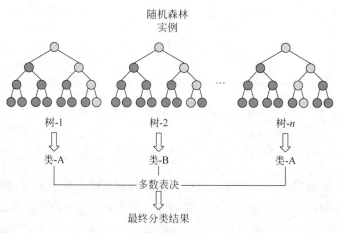

图 A-7　随机森林模型的典型结构

树的输出进行平均得到最终预测结果。

随机森林通过两个"随机"的过程给模型带来了"多样性",这种多样性不仅来自样本扰动,还来自属性扰动,这就使得最终集成的泛化性可通过个体学习器之间差异度的增加而进一步提升。

随机森林具有很多优点,它可以处理很高的维度,而不用进行特征选择,训练速度很快,而且不容易过拟合。对于不平衡的数据集来说,它可以平衡误差。但是它被证明在某些噪声较大的分类或回归问题上会过拟合。

A.6　AdaBoost

AdaBoost 算法作为 Boosting 流派的经典算法于 1997 年提出。该算法的主要思想是将多个弱学习器提升为强学习器。AdaBoost 的做法是,提高那些被前一轮弱分类器错误分类样本的权值,那些没有得到正确分类的数据由于其权值的加大而受到后一轮弱分类器的更大关注,对于弱分类的组合,AdaBoost 采取加权多数表决的方法,具体地,加大分类器误差率小的弱分类器的权值,使其在表决中起到较大的作用,减少分类误差率大的弱分类器的权值,使其在表决中起较小的作用,其算法流程如图 A-8 所示。

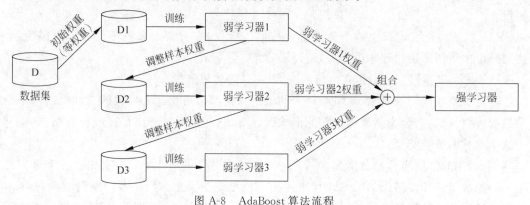

图 A-8　AdaBoost 算法流程

假设样本集为 $T=\{(x_1,y_1),(x_2,y_2),\cdots,(x_m,y_m)\}$，共有 M 个样本，训练集的在第 k 个弱学习器的输出权重为 $D(k)=(w_{k1},w_{k2},\cdots,w_{km})$；$w_{1i}=\dfrac{1}{m}$；$i=1,2,\cdots,m$。

由于多元分类是二元分类的推广，这里假设为二元分类问题，输出为 $\{-1,1\}$，则第 k 个弱分类器 $G_k(x)$ 在训练集上的加权误差率为

$$e_k=P(G_k(x_i)\neq y_i)=\sum_{i=1}^m w_{ki}I(G_k(x_i)\neq y_i) \tag{A-35}$$

对于弱学习器权重系数，在二分类问题中，第 k 个弱分类器 $G_k(x)$ 的权重系数为

$$\alpha_k=\frac{1}{2}\log\left(\frac{1-e_k}{e_k}\right) \tag{A-36}$$

更新样本权重 D，假设第 k 个弱分类器的样本集权重系数为 $D(k)=(w_{k1},w_{k2},\cdots,w_{km})$，则对应的第 $k+1$ 个弱分类器的样本集权重系数为

$$w_{k+1,i}=\frac{w_{ki}}{Z_k}\exp(-\alpha_k y_i G_k(x_i)) \tag{A-37}$$

其中，Z_k 是归一化因子：

$$Z_k=\sum_{i=1}^m w_{ki}\exp(-\alpha_k y_i G_k(x_i)) \tag{A-38}$$

它使 $D(k+1)$ 成为一个概率分布。构建基本分类器的线性组合：

$$f(x)=\sum_{k=1}^K \alpha_k G_k(x) \tag{A-39}$$

得到最终的分类器：

$$G(x)=\text{sign}(f(x))=\text{sign}\left(\sum_{k=1}^K \alpha_k G_k(x)\right) \tag{A-40}$$

AdaBoost 算法和随机森林的集成思想是一致的，都是由多个弱分类器集成为一个强学习器，所以它们的结构也类似，不同的 AdaBoost 提供一种框架，在框架内可以使用各种方法构建子分类器，可以使用简单的弱分类器，而随机森林只能使用决策树作为弱分类器。起初 AdaBoost 算法不需要弱分类器的先验知识，最后得到的强分类器的分类精度依赖于所有弱分类器。无论是应用于人造数据还是真实数据，AdaBoost 都能显著地提高学习精度。在训练的过程中不需要进行特征选择，泛化能力强，也不会出现过拟合的现象。但是它对离群点敏感，换句话说就是对噪声较大的数据容易表现较差。

A.7　深度置信神经网络

深度置信网络是一个概率生成模型，由多个受限玻耳兹曼机（Restricted Boltzmann Machine，RBM）堆叠而成。深度置信网络的最底层接收输入数据向量，并通过 RBM 转换输入数据到隐含层，即高一层 RBM 的输入来自低一层 RBM 的输出。下面将首先对 RBM 的结构和原理进行介绍，然后给出深度置信网络的结构。

受限玻耳兹曼机 RBM 是基于能量生成模型的一个特例,能够学习数据的固有内在表示,RBM 模型的基本结构如图 A-9 所示。统计学中也表明,任何概率分布都可以转变成基于能量的模型。因此,RBM 能够为不知道分布的数据提供一种学习的模型。每个 RBM 包含一个可视层和一个隐含层,只有可视层和隐含层单元之间有双向连接权值,而可视层单元与可视层单元及隐含层单元与隐含层单元之间没有连接。在给定可视层单元 $\boldsymbol{v}=\{v_1,v_2,v_3,\cdots,v_I\}\in(0,1)$、隐含层单元 $\boldsymbol{h}=\{h_1,h_2,h_3,\cdots,h_I\}\in(0,1)$、权重矩阵 $\boldsymbol{w}$、可视层单元的阈值 a 和隐含层单元阈值 b 的条件下,所有可视单元和隐含单元联合状态 (v,h) 的能量函数为

$$E(\boldsymbol{v},\boldsymbol{h})=-\sum_{i=1}^{I}a_iv_i-\sum_{j=1}^{J}b_jh_j-\sum_{j=1}^{J}\sum_{i=1}^{I}w_{ji}v_ih_j \tag{A-41}$$

其中,I 为可视单元的数量,J 为隐含单元的数量。根据式(A-41)得到的能量函数 $E(v,h)$ 可以得到隐含层和可视层之间的联合概率分布为

$$p(\boldsymbol{v},\boldsymbol{h})=\frac{\mathrm{e}^{-E(\boldsymbol{v},\boldsymbol{h})}}{Z} \tag{A-42}$$

$$Z=\sum_{\boldsymbol{v}}\sum_{\boldsymbol{h}}\mathrm{e}^{-E(\boldsymbol{v},\boldsymbol{h})} \tag{A-43}$$

其中,Z 是一个模拟物理系统的标准化常数,由所有可视层和隐含层单元之间的能量值相加得到。通过式(A-42)的联合概率分布,可以得到可视层向量 $\boldsymbol{v}$ 的独立分布为

$$p(\boldsymbol{v})=\sum_{\boldsymbol{h}}p(\boldsymbol{v},\boldsymbol{h})=\frac{\sum_{\boldsymbol{h}}\mathrm{e}^{-E(\boldsymbol{v},\boldsymbol{h})}}{\sum_{\boldsymbol{v}}\sum_{\boldsymbol{h}}\mathrm{e}^{-E(\boldsymbol{v},\boldsymbol{h})}} \tag{A-44}$$

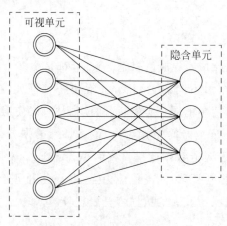

图 A-9　RBM 模型的基本结构

因为 RBM 的同一层任何两个单元之间都没有连接,所以给定一个随机输入可视层向量 $\boldsymbol{v}$,所有的隐含层单元是互相独立的,因此根据式(A-42)的联合概率分布,得出在给定可视层向量 $\boldsymbol{v}$ 的条件下,隐含层向量 $\boldsymbol{h}$ 的概率,如式(A-45)所示。类似地,给定一个随机输入隐含层向量 $\boldsymbol{h}$,可以得到在给定隐含层向量 $\boldsymbol{h}$ 的条件下,可视层向量 $\boldsymbol{v}$ 的概率,如式(A-46)所示。

$$p\left(\frac{\boldsymbol{h}}{\boldsymbol{v}}\right) = \prod_j p(h_j = 1/\boldsymbol{v}) \tag{A-45}$$

$$p\left(\frac{\boldsymbol{v}}{\boldsymbol{h}}\right) = \prod_i p(v_i = 1/\boldsymbol{h}) \tag{A-46}$$

考虑 RBM 的结构单元是一个二值状态,在定义逻辑斯谛 sigmoid 函数的前提下,可以得到激活概率:

$$p\left(h_j = \frac{1}{\boldsymbol{v}}\right) = \mathrm{sign}\left(b_j + \sum_{i=1}^{I} v_i w_{ji}\right) \tag{A-47}$$

$$p\left(v_i = \frac{1}{\boldsymbol{h}}\right) = \mathrm{sign}\left(a_i + \sum_{j=1}^{J} h_j w_{ij}\right) \tag{A-48}$$

根据式(A-47)和式(A-48),在给定可视层向量 $\boldsymbol{v}$ 后,可以通过 $p\left(h_j = \frac{1}{\boldsymbol{v}}\right)$ 计算隐含层单元 $\boldsymbol{h}$ 的状态,然后通过 $p\left(v_i = \frac{1}{\boldsymbol{h}}\right)$ 得到重构可视层单元 $\boldsymbol{v}_{重构}$ 的状态。通过一定的规则,使可视层单元和重构可视层单元之间的差异最小,即可认为隐含层单元是可视层单元的另外一种表达,因此隐含层单元可以作为可视层输入单元的特征提取结果,从而达到了特征提取的目的。

RBM 的本质就是使得学习到的 RBM 模型符合输入样本分布的概率最大,即在给定训练数据的情况下,通过调节相应的参数,式(A-44)的概率 $p(\boldsymbol{v})$ 的值能达到最大。由式(A-44)可知,要想使概率 $p(\boldsymbol{v})$ 的值达到最大,我们可以通过调节权重矩阵 $\boldsymbol{w}$、可视层单元的阈值 a 和隐含层单元阈值 b 去降低能量函数值,间接地提高概率 $p(\boldsymbol{v})$ 的值。通过使用极大似然估计,即对式(A-44)两边取对数,然后执行随机梯度下降,如式(A-49)所示,我们可以从训练样本中学习 RBM 模型的参数 $\theta = \{a_i, b_j, w_{ji}\}$,使概率 $p(\boldsymbol{v})$ 的值最大。

$$\frac{\partial \log p(\boldsymbol{v})}{\partial \theta} = -\sum_{\boldsymbol{h}} p\left(\frac{\boldsymbol{h}}{\boldsymbol{v}}\right)\frac{\partial E(\boldsymbol{v},\boldsymbol{h})}{\partial \theta} + \sum_{\boldsymbol{v}}\sum_{\boldsymbol{h}} p(\boldsymbol{v}/\boldsymbol{h})\frac{\partial E(\boldsymbol{v},\boldsymbol{h})}{\partial \theta} \tag{A-49}$$

深度置信网络可以看作由多个 RBM 堆叠而成,通过对多个 RBM 进行堆叠,可以从复杂数据中提取深层次的特征。然而对 RBM 进行堆叠仅仅能从复杂原始数据中获得一些高层次特征,还不能够对数据进行直接的分类,要想获得一个完整的深度置信网络模型,还需要在堆叠 RBM 的最顶层添加一个传统的监督分类器。一个完整的深度置信网络基本结构如图 A-10 所示。

由图 A-10 可以看出,深度置信网络模型由一定数量的 RBM 和分类器组成,第一层和第二层形成第一个 RBM,第二层和第三层形成第二个 RBM,以此类推,总共形成 4 个 RBM。将第四个 RBM 的输出层得到的结果输入到一个传统的监督分类器中,即可对数据进行分类。如果将分类器层计入总层数,图 A-10 表示是一个 6 层的深度置信网络结构。深度置信网络模型由最底层接收输入数据,依次通过 4 个堆叠 RBM 层和一个分类器对数据进行特征提取和分类。输入层的节点数由输入数据的维数决定,输出层的节点数由输入数据的类别数决定。

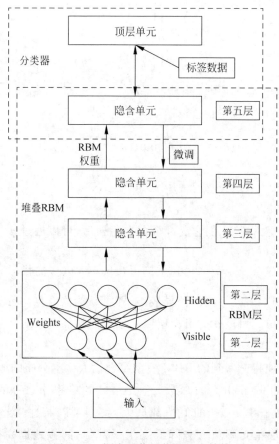

图 A-10　深度置信网络的基本结构

A.8　卷积神经网络

　　卷积神经网络是受灵长类动物视觉神经机制的启发而设计的一种具有深度学习能力的人工神经网络。卷积神经网络是一种特殊的深层次网络模型,其特殊性主要体现在两方面:一方面是其相邻两层的神经元之间的连接采用的是局部连接而不是全连接,另一方面是在同一层中的部分神经元的权值是共享的。通过这两种方式,卷积神经网络在很大程度上减少了权值数量,降低了网络模型的复杂度。

　　卷积神经网络是多层感知器的变种,其来源是早期对于猫初级视皮层的研究。根据相关学者的研究,初级视皮层包括简单细胞和复杂细胞,简单细胞主要感知其感受野内的特定边缘刺激,而复杂细胞以简单细胞的输出为输入,以更大的感受野来响应边缘刺激,但忽略刺激的具体位置。卷积神经网络主要采用三种结构来实现对灵长类动物视皮层的模拟,分别为局部连接/局部接受域、权值共享和子采样。

　　1) 局部连接与权值共享

　　卷积神经网络的一个特点就是采用局部连接和权值共享来减少需要训练的参数数目。卷积神经网络在相邻的两层之间采用局部连接来利用图像的局部特征,如图 A-11 所示,每一层的神经元只与其前一层的神经元存在局部连接,这种结构将学习到的过滤器限定在局部空间里(因为每个神经元对其感受野之外的神经元不做反应),减少了神经元之间的连接数目;另外,多个这样的层堆叠在一起之后,会使得过滤器逐渐成为全局的,覆盖到更大的区域。

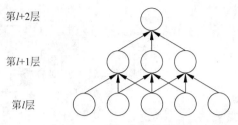

图 A-11　局部连接示意图

权值共享使得共享同一权值的神经元在不同位置检测同一特征,将共享同一权值的神经元组织成一个二维平面,得到特征图。从特征提取的角度来说,二维空间上的局部感受野可以从二维图像中提取初级视觉特征,例如端点、角点和特定角度的边缘等,后续各层可以通过组合这些初级特征得到更高层次、更加抽象的特征。而权值共享使得对于输入中的平移变化,在特征图中会以同样的方向和距离出现,因此采用权值共享使得卷积神经网络具有平移不变性。

卷积神经网络采用局部连接和权值共享,以卷积的方式在输入的每个位置提取输入的局部特征,有效模拟了灵长类动物初级视皮层中的简单细胞。

2) 子采样操作

子采样操作是在水平和竖直方向以步长为 S 对特征图中的所有 $W \times W$ 大小的连续子区域进行特征映射,其中 $1 \leq S \leq W$,一般情况下,$S = W$ 映射的过程通常为最大值映射或者是平均值映射,即在 $W \times W$ 的子区域中,选取最大值或者计算子区域中的平均值作为映射值。如图 A-12 所示,特征图的大小为 6×6,若按以步长为 2 对特征图中所有大小为 2×2 的连续子区域进行子采样,采样后特征图的大小为 $(6/2) \times (6/2)$,即 3×3。通过子采样,减少了神经元的数目,简化了后续网络的复杂度,并且使得神经网络对输入的局部变化有一定的不变性,有效地模拟了灵长类动物视皮层复杂细胞。

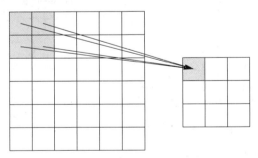

图 A-12　子采样示意图

传统的卷积神经网络主要是由多层特征提取阶段和分类器组成的单一尺度结构,每个特征提取阶段包括卷积层和子采样层,一般情况下,卷积神经网络一共会有 1~3 个特征提取阶段。对于分类器,一般采用一层或两层的全连接人工神经网络作为分类器。图 A-13 是一个有着两个特征提取阶段的用于手写字体识别任务的卷积神经网络。

3) 卷积层

卷积层是卷积神经网络的核心组成部分,其具有局部连接和权值共享特征。卷积层同

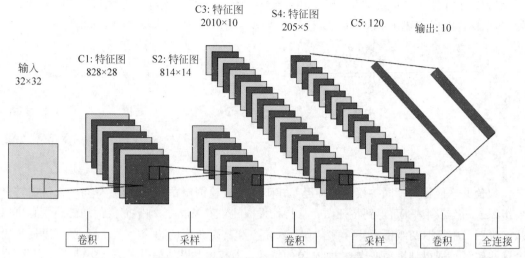

图 A-13　手写字体识别 CNN 的体系结构

一特征图中的神经元提取前一层特征图中不同位置的局部特征,而对于单一神经元来说,其提取的特征是前一层若干不同的特征图中相同位置的局部特征。卷积层所完成的操作为,前一层的一个或者多个特征图作为输入与一个或者多个卷积核进行卷积操作,产生一个或者多个输出。如图 A-14 所示,一个大小为 5×5 的卷积核与输入特征图进行二维离散卷积操作,输出特征图中的相邻神经元共享大部分的输入特征图中的神经元,以保证输入特征图中的特征区域不会被遗漏。右边输出特征图中的一个神经元是左侧输入特征图中大小为 5×5 的连续子区域与卷积核卷积的结果。该子区域就称为该神经元在输入特征图上的感受野,即右边神经元所能"看"到的区域。常用的卷积操作为,对于一个大小为 $m\times n$ 的特征图,用大小为 $k\times k$ 的卷积核对其进行卷积操作,得到的输出特征图的大小为 $(m-k+1)\times(n-k+1)$。

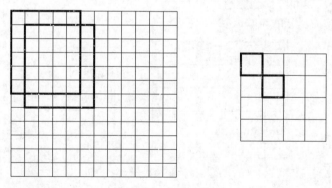

图 A-14　卷积示意图

在卷积操作之后,会在卷积结果上加上一个可训练的参数,称为偏置,到目前为止,所有的操作都只是线性操作,为了使神经网络具有非线性的拟合性能,需要将得到的结果输入一个非线性的激活函数,通过该函数映射后最终得到卷积层的输出特征图。

4)子采样层

子采样层的作用是对卷积层输出的特征图进行采样,如图 A-15 所示,采样层是以采样区域的大小为步长来进行扫描采样,而不是连续的。采样区域的宽度 w 和高度 h 不一定相等,首先将输入特征图划分为若干个 $w \times h$ 大小的子区域,每个子区域经过子采样之后,对应输出特征图中的一个神经元,神经元的值计算公式如下:

$$O = (\sum \sum I(i,j)^p \times G(i,j))^{1/p} \tag{A-50}$$

其中,I 表示输入特征图,G 代表高斯核,O 代表输出特征图,p 的值在 $1 \sim \infty$ 中选择,当 $p=1$ 时,子采样层执行的是均值采样,将会计算各个子区域中的均值作为子采样结果;当 $p \to \infty$ 时,子采样层执行的是最大值采样,将会选取各个子区域中的最大值作为子采样结果。

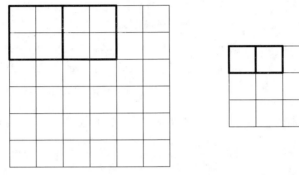

图 A-15 采样示意图

一个大小 $m \times n$ 为的输入特征图,经过 $w \times h$ 的尺度进行采样之后,得到大小为 $(m/w) \times (n/h)$ 的特征图。

5)分类器

经过卷积神经网络逐层提取到的特征可以输入任何对于权值可微的分类器,这样使得整个卷积神经网络可以采用梯度下降法等基于梯度的算法进行全局训练。常用的分类器有一层或者两层的全连接神经网络、多项式逻辑回归分类器及其扩展 Softmax 分类器,甚至是对于权值不可微的分类器。

在没有特别说明的情况下,卷积神经网络的分类器默认为一层或者两层的全连接人工神经网络。

A.9 循环神经网络

传统的神经网通常假设所有的输入信号彼此独立,互不关联。虽然该假设可以简化神经网络的设计,但是对很多任务实际上是不成立的。比如在预测一段语音中的情感时,只有对前面的内容有所了解,才能较为准确地对整个语音的情感做出判断。循环神经网络应用于情感计算领域的出发点就在于解决此类问题,其核心思想在于利用数据的序列信息。一个典型的循环神经网络(Recurrent Neural Network,RNN)的结构如图 A-16 所示,该网络含有一个输入层、一个输出层以及一个隐藏层。图中右半部分表示该网络展开后的计算图,其中每个时间点均有输出,并且各个隐藏单元之间有循环的连接。

图中,x_t 表示第 t 个时间点的输入,这里的时间点 t 并不是代表现实中的时间,它只是表示在整个序列中的某个位置。比如 x_1 表示的是在某个句子中的第二个词语的独热编码。h_t 表示第 t 个时间点的隐藏层状态,其计算依赖于之前时间点的隐藏单元的状态值以

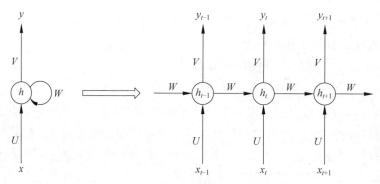

图 A-16　循环神经网络基本结构

及当前时间点的输入,计算表达式为

$$h_t = f(Ux_t + Wh_{t-1}) \tag{A-51}$$

这里的函数 $f(\cdot)$ 一般表示的是激励函数,这里用双曲正切函数举例,即 $f(u) = \dfrac{e^u - e^{-u}}{e^u + e^{-u}}$。$U$ 和 W 分别表示输入层和隐藏层待学习的参数。o_t 表示第 t 个时间点网络的输出,以预测词语或字符为例,可以将输出表示为一个向量,向量中的每个元素对应字典中每个词语可能出现的概率,即

$$y_t = \text{softmax}(Vh_t) \tag{A-52}$$

其中,V 对应隐藏层到输出层的连接权重,此处可以将 $\text{softmax}(\cdot)$ 看作一个多分类器,并且满足 $\text{softmax}(x)_i = \dfrac{\exp(x_i)}{\sum\limits_{j=1}^{n} \exp(x_j)}$。

由于 RNN 在计算当前时间点输出时除了需要当前输入,还需要之前时间点的隐藏层信息作为参考,所以网络训练时采用的算法和反向传播算法又有一定的区别,将其称为基于时间的反向传播算法。以图 A-16 的循环神经网络为例,定义网络的损失函数如下:

$$E_t(y_t, y_{\text{target}_t}) = -y_{\text{target}_t} \log y_t \tag{A-53}$$

$$E(y, y_{\text{target}}) = \sum_t^T E(y, y_{\text{target}}) = -\sum_t^T y_{\text{target}_t} \log y_t \tag{A-54}$$

在训练过程中要依据梯度的变化来优化三个参数 U、V、W,也就是说通过取得 $\dfrac{\partial E}{\partial U}$、$\dfrac{\partial E}{\partial V}$、$\dfrac{\partial E}{\partial W}$ 的值来优化参数。当三个参数的值均趋于稳定时,可以看作此时训练已经收敛至局部最优解,也就是说训练结束。

A.10　注意力机制模型

RNN 在情感计算方面仍然存在梯度消失和梯度爆炸问题,为了避免该问题,Hochreiter 等提出并实现了 LSTM。在一个 LSTM 模型中,每个单元包含输入门 i_t、遗忘门 f_t、输出门 o_t 以及记忆单元 c_t。输入词向量可以表示为 $\{x_1, x_2, \cdots, x_n\}$,其中 x_t 为一个单元的输入,是输入文本中一个单词的词向量。h_t 表示网络中的隐藏层向量。单元中的 3 个门和记忆单

元可由以下公式计算得出：

$$X = \begin{bmatrix} \boldsymbol{h}_{t-1} \\ \boldsymbol{x}_t \end{bmatrix} \tag{A-55}$$

$$f_t = \sigma(\boldsymbol{W}_f \cdot \boldsymbol{X} + \boldsymbol{b}_f) \tag{A-56}$$

$$i_t = \sigma(\boldsymbol{W}_i \cdot \boldsymbol{X} + \boldsymbol{b}_i) \tag{A-57}$$

$$o_t = \sigma(\boldsymbol{W}_o \cdot \boldsymbol{X} + \boldsymbol{b}_o) \tag{A-58}$$

$$c_t = f_t \odot c_{t-1} + i_t \odot \tanh(\boldsymbol{W}_c \cdot \boldsymbol{X} + \boldsymbol{b}_c) \tag{A-59}$$

$$\boldsymbol{h}_t = o_t \odot \tanh(c_t) \tag{A-60}$$

式中，$\boldsymbol{W}_f$、$\boldsymbol{W}_i$、$\boldsymbol{W}_o \in \mathbb{R}^{d \times 2d}$ 为权重矩阵；$\boldsymbol{b}_f$、$\boldsymbol{b}_i$、$\boldsymbol{b}_o \in \mathbb{R}^d$ 表示训练过程中学习到的偏置值；σ 表示激活函数；$\odot$ 表示点乘。

　　双向循环神经网络由前向神经网络和后向神经网络构成，前向神经网络负责记忆上文信息，后向神经网络负责记忆下文信息，对情感识别起到了促进作用。双向 LSTM 由两个 LSTM 构成，且连接着同一个输出层，为输出层的数据同时提供上下文的信息。图 A-17 为双向 LSTM 沿时间的展开图。

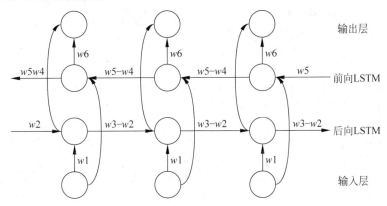

图 A-17　双向长短时记忆网络结构图

　　然而在更多时候，人脑关注事物会为关键部分分配更多的注意力，注意力机制即为该现象的抽象化。通过计算注意力概率分布，对情感识别的关键性部分分配更重的权重，进行突出，进而对模型起到优化作用。注意力机制最主要的特质是为情感中的关键信息分配更多的权重，使得模型更多地关注重要的情感信息。

　　根据 LSTM 产生的隐藏层特征 $\boldsymbol{H} = [\boldsymbol{h}_1, \boldsymbol{h}_2, \cdots, \boldsymbol{h}_N]$ 构建注意力机制的输入，$\boldsymbol{H} \in \mathbb{R}^{d \times N}$，其中，$d$ 表示隐藏层的长度；N 为输入文本的长度。注意力机制最终产生注意力权重矩阵 $\boldsymbol{\alpha}$ 和特征表示 $\boldsymbol{v}$ 可由以下公式计算得出：

$$u_i = \tanh(\boldsymbol{W}_s \boldsymbol{h}_i + \boldsymbol{b}_s) \tag{A-61}$$

$$\boldsymbol{\alpha}_t = \frac{\exp(u_i)}{\sum\limits_i \exp(u_i)}, \quad \sum_i \boldsymbol{\alpha}_i = 1 \tag{A-62}$$

$$\boldsymbol{v} = \sum_i \boldsymbol{\alpha}_i \boldsymbol{h}_i \tag{A-63}$$

参 考 文 献

[1] Agarwal S, Mukherjee D P. Synthesis of realistic facial expressions using expression map[J]. IEEE Transactions on Multimedia, 2018, 21(4): 902-914.

[2] Agrafioti F, Hatzinakos D, Anderson A K. ECG pattern analysis for emotion detection[J]. IEEE Transactions on Affective Computing, 2012, 3(1): 102-115.

[3] Al Jazaery M, Guo G. Video-based depression level analysis by encoding deep spatiotemporal features [J]. IEEE Transactions on Affective Computing, 2018, 12(1): 262-268.

[4] Alghowinem S, Goecke R, Wagner M, et al. Detecting depression: A comparison between spontaneous and read speech[C]//IEEE International Conference on Acoustics, Speech and Signal Processing, 2013: 7547-7551.

[5] Baumgartner T, Esslen M, Jancke L. From emotion perception to emotion experience: Emotions evoked by pictures and classical music[J]. International Journal of Psychophysiology, 2006, 60(1): 34-43.

[6] Berridge K C, Scherer K. Comparing the emotional brains of humans and other animals[J]. Handbook of Affective Sciences, 2003: 25-51.

[7] Busso C, Bulut M, Lee C C, et al. IEMOCAP: Interactive emotional dyadic motion capture database [J]. Language Resources and Evaluation, 2008, 42(4): 335.

[8] Cannizzaro M, Harel B, Reilly N, et al. Voice acoustical measurement of the severity of major depression[J]. Brain and Cognition, 2004, 56(1): 30-35.

[9] Chao L, Tao J, Yang M, et al. Long short term memory recurrent neural network based multimodal dimensional emotion recognition[C]//Proceedings of the 5th International Workshop on Audio/Visual Emotion Challenge, 2015: 65-72.

[10] Chaudhry R, Ravichandran A, Hager G, et al. Histograms of oriented optical flow and binet-cauchy kernels on nonlinear dynamical systems for the recognition of human actions[C]//2009 IEEE Conference on Computer Vision and Pattern Recognition. IEEE, 2009: 1932-1939.

[11] Chen S, Jin Q. Multi-modal conditional attention fusion for dimensional emotion prediction[C]// Proceedings of the 2016 ACM on Multimedia Conference. ACM, 2016: 571-575.

[12] Christer Gobl, Ailbhe Ni Chasaide. The role of voice quality in communicating emotion, mood and attitude[J]. Speech Communication, 2003, 40(1): 189-212.

[13] Cowie R, Douglas-Cowie E, Tsapatsoulis N, et al. Emotion recognition in human-computer interaction [J]. IEEE Signal Processing Magazine, 2001, 18(1): 32-80.

[14] Deng J, Xia R, Zhang Z, et al. Introducing shared-hidden-layer autoencoders for transfer learning and their application in acoustic emotion recognition[C]//Proc. International Conference on Acoustics, Speech, and Signal Processing (ICASSP). 2014: 4851-4855.

[15] El Ayadi M, Kamel M S, Karray F. Survey on speech emotion recognition: Features, classification schemes, and databases[J]. Pattern Recognition, 2011, 44(3): 572-587.

[16] Eskimez S E, Duan Z, Heinzelman W. Unsupervised learning approach to feature analysis for automatic speech emotion recognition[C]//2018 IEEE International Conference on Acoustics, Speech and Signal Processing (ICASSP). IEEE, 2018: 5099-5103.

[17] Eyben F, Wöllmer M, Schuller B. Opensmile: The munich versatile and fast open-source audio feature extractor[C]//Proceedings of the 18th ACM International Conference on Multimedia. 2010: 1459-1462.

[18] Feng S, Xing L, Gogar A, et al. Distributional footprints of deceptive product reviews[C]//Proceedings of the International AAAI Conference on Web and Social Media. 2012, 6(1): 98-105.

［19］ Ganis G，Kosslyn S M，Stose S，et al. Neural correlates of different types of deception：An fMRI investigation［J］. Cerebral Cortex，2003，13(8)：830-836.

［20］ Gratch J，Marsella S. A domain independent framework for modeling emotion［J］. Journal of Cognitive Systems Research，2004，5(4)：269-306.

［21］ Gupta R，Sahu S，Espy-Wilson C，et al. Semi-supervised and transfer learning approaches for low resource sentiment classification［C］//2018 IEEE International Conference on Acoustics，Speech and Signal Processing (ICASSP). IEEE，2018：5109-5113.

［22］ Havas D A，Glenberg A M，Rinck M. Emotion simulation during language comprehension［J］. Psychonomic Bulletin & Review，2007，14(3)，436-441.

［23］ Hazarika D，Poria S，Mihalcea R，et al. Icon：Interactive conversational memory network for multimodal emotion detection［C］//Proceedings of the 2018 Conference on Empirical Methods in Natural Language Processing. 2018：2594-2604.

［24］ Hazarika D，Zimmermann R，Poria S. MISA：Modality-invariant and-specific representations for multimodal sentiment analysis［C］//Proceedings of the 28th ACM International Conference on Multimedia. 2020：1122-1131.

［25］ He Z，Zuo W，Kan M，et al. Attgan：Facial attribute editing by only changing what you want［J］. IEEE Transactions on Image Processing，2019，28(11)：5464-5478.

［26］ Hu B，Li X W，Sun S T，et al. Attention recognition in EEG-based affective learning research using CFS+KNN algorithm［J］. IEEE/ACM Transactions on Computational Biology and Bioinformatics，2018，15(1)：38-45.

［27］ Huang G B，Lee H，Learned-Miller E. Learning hierarchical representations for face verification with convolutional deep belief networks［C］//Computer Vision and Pattern Recognition (CVPR)，2012 IEEE Conference on. IEEE，2012：2518-2525.

［28］ Huang J，Tao J，Liu B，et al. Multimodal transformer fusion for continuous emotion recognition［C］// ICASSP 2020-2020 IEEE International Conference on Acoustics，Speech and Signal Processing (ICASSP). IEEE，2020：3507-3511.

［29］ Kanade T，Cohn J F，Tian Y. Comprehensive database for facial expression analysis［C］//Proceedings fourth IEEE International Conference on Automatic Face and Gesture Recognition. IEEE，2000：46-53.

［30］ Kang W，Cao D，Liu N. Deception with side information in biometric authentication systems［J］. IEEE Transactions on Information Theory，2015，61(3)：1344-1350.

［31］ Katsigiannis S，Ramzan N. DREAMER：A database for emotion recognition through EEG and ECG signals from wireless low-cost off-the-shelf devices［J］. IEEE Journal of Biomedical and Health Informatics，2018，22(1)：98-107.

［32］ Kim S B，Han K S，Rim H C，et al. Some effective techniques for naive bayes text classification［J］. IEEE Transactions on Knowledge and Data Engineering，2006，18(11)：1457-1466.

［33］ Koelstra S，Muhl C，Soleymani M，et al. Deap：A database for emotion analysis；using physiological signals［J］. IEEE Transactions on Affective Computing，2012，3(1)：18-31.

［34］ Li B，Chan K C C，Ou C，et al. Discovering public sentiment in social media for predicting stock movement of publicly listed companies［J］. Information Systems，2017，69：81- 92.

［35］ Li J L，Lee C C. Attention learning with retrievable acoustic embedding of personality for emotion recognition［C］//2019 8th International Conference on Affective Computing and Intelligent Interaction (ACII). IEEE，2019：171-177.

［36］ Li J，Lin Z，Fu P，et al. Past，present，and future：Conversational emotion recognition through structural modeling of psychological knowledge［C］//Findings of the Association for Computational

Linguistics：EMNLP 2021. 2021：1204-1214.

[37]　Lian Z,Chen L,Sun L,et al. GCNet：Graph completion network for incomplete multimodal learning in conversation[J]. IEEE Transactions on Pattern Analysis and Machine Intelligence,2023.

[38]　Lian Z,Liu B,Tao J. CTNet：Conversational transformer network for emotion recognition[J]. IEEE/ACM Transactions on Audio,Speech,and Language Processing,2021,29：985-1000.

[39]　Lian Z,Liu B, Tao J. Smin：Semi-supervised multi-modal interaction network for conversational emotion recognition[J]. IEEE Transactions on Affective Computing,2022.

[40]　Liang J,Li R,Jin Q. Semi-supervised multi-modal emotion recognition with cross-modal distribution matching［C］//Proceedings of the 28th ACM International Conference on Multimedia. 2020：2852-2861.

[41]　Liu Y J,Zhang J K,Yan W J,et al. A main directional mean optical flow feature for spontaneous micro-expression recognition[J]. IEEE Transactions on Affective Computing,2015,7(4)：299-310.

[42]　Li Y,Tao J,Chao L,et al. CHEAVD：a Chinese natural emotional audio-visual database[J]. Journal of Ambient Intelligence and Humanized Computing,2017,8：913-924.

[43]　Lv F,Chen X,Huang Y,et al. Progressive modality reinforcement for human multimodal emotion recognition from unaligned multimodal sequences[C]//Proceedings of the IEEE/CVF Conference on Computer Vision and Pattern Recognition. 2021：2554-2562.

[44]　Majumder N,Hazarika D,Gelbukh A,et al. Multimodal sentiment analysis using hierarchical fusion with context modeling[J]. Knowledge Based Systems,2018,161(1)：124-133.

[45]　Majumder N,Poria S,Hazarika D,et al. Dialogue RNN：An attentive RNN for emotion detection in conversations[C]//Proceedings of the AAAI Conference on Artificial Intelligence. 2019,33(01)：6818-6825.

[46]　McKeown G,Valstar M,Cowie R,et al. The semaine database：Annotated multimodal records of emotionally colored conversations between a person and a limited agent[J]. IEEE Transactions on Affective Computing,2012,3(1)：5-17.

[47]　Metallinou A,Wollmer M,Katsamanis A,et al. Context-sensitive learning for enhanced audiovisual emotion classification[J]. IEEE Transactions on Affective Computing,2012,3(2)：184-198.

[48]　Miyawaki E,Perlmutter J S,Tröster A I,et al. The behavioral complications of pallidal stimulation：A case report[J]. Brain and Cognition,2000,42(3)：417-434.

[49]　Moore E,Clements M A,Peifer J W,et al. Critical analysis of the impact of glottal features in the classification of clinical depression in speech[J]. IEEE Transactions on Bio-Medical Engineering,2008,55(1)：96-107.

[50]　Nicolaou M A,Gunes H,Pantic M. Continuous prediction of spontaneous affect from multiple cues and modalities in valence-arousal space[J]. IEEE Transactions on Affective Computing,2011,2(2)：92-105.

[51]　Niu M,Tao J,Liu B,et al. Multimodal spatiotemporal representation for automatic depression level detection[J]. IEEE Transactions on Affective Computing,2020.

[52]　Panksepp J. Emotions as natural kinds within the mammalian brain[J]. Handbook of Emotions,2000：137-156.

[53]　Patel D,Hong X,Zhao G. Selective deep features for micro-expression recognition[C]//2016 23rd International Conference on Pattern Recognition (ICPR). IEEE,2016：2258-2263.

[54]　Pfister T,Li X,Zhao G,et al. Recognising spontaneous facial micro-expressions[C]//2011 International Conference on Computer Vision. IEEE,2011：1449-1456.

[55]　Picard R W, Vyzas E, Healey J. Toward machine emotional intelligence：Analysis of affective physiological state[J]. IEEE Transactions on Pattern Analysis and Machine Intelligence,2001,

23(10)：1175-1191.

[56]　Picard R W. Affective computing[M]. USA：MIT Press，2000.

[57]　Principi R D P，Palmero C，Junior J C S J，et al. On the effect of observed subject biases in apparent personality analysis from audio-visual signals[J]. IEEE Transactions on Affective Computing，2019，12(3)：607-621.

[58]　Pumarola A，Agudo A，Martinez A M，et al. Ganimation：Anatomically-aware facial animation from a single image[C]//Proceedings of the European Conference on Computer Vision (ECCV). 2018：818-833.

[59]　Quintana D S，Guastella A J，Outhred T，et al. Heart rate variability is associated with emotion recognition：Direct evidence for a relationship between the autonomic nervous system and social cognition[J]. International Journal of Psychophysiology，2012，86(2)：168-172.

[60]　Rahulamathavan Y，Phan R C W，Chambers J A，et al. Facial expression recognition in the encrypted domain based on local fisher discriminant analysis[J]. IEEE Transactions on Affective Computing，2012，4(1)：83-92.

[61]　Rajoub B A，Zwiggelaar R. Thermal facial analysis for deception detection[J]. IEEE Transactions on Information Forensics and Security，2014，9(6)：1015-1023.

[62]　Robb A，Kopper R，Ambani R，et al. Leveraging virtual humans to effectively prepare learners for stressful interpersonal experiences[J]. IEEE Transactions on Visualization and Computer Graphics，2013，19(4)，662-670.

[63]　Schaefer A，Nils F，Sanchez X，et al. Assessing the effectiveness of a large database of emotion-eliciting films：A new tool for emotion researchers[J]. Cognition and Emotion，2010，24(7)：1153-1172.

[64]　Sun L，Lian Z，Liu B，et al. Efficient multimodal transformer with dual-level feature restoration for robust multimodal sentiment analysis[J]. IEEE Transactions on Affective Computing，2023.

[65]　Sun L，Liu B，Tao J，et al. Multimodal cross-and self-attention network for speech emotion recognition[C]//ICASSP 2021-2021 IEEE International Conference on Acoustics，Speech and Signal Processing (ICASSP). IEEE，2021：4275-4279.

[66]　Sun Z，Sarma P，Sethares W，et al. Learning relationships between text，audio，and video via deep canonical correlation for multimodal language analysis[C]//Proceedings of the AAAI Conference on Artificial Intelligence. 2020，34(05)：8992-8999.

[67]　Tao J，Huang J，Li Y，et al. Semi-supervised ladder networks for speech emotion recognition[J]. International Journal of Automation and Computing，2019，16：437-448.

[68]　Tao J，Kang Y. Features importance analysis for emotional speech classification[C]//International Conference on Affective Computing and Intelligent Interaction. Berlin，Heidelberg：Springer Berlin Heidelberg，2005：449-457.

[69]　Tao J，Kang Y，Li A. Prosody conversion from neutral speech to emotional speech[J]. IEEE Transactions on Audio，Speech，and Language Processing，2006，14(4)：1145-1154.

[70]　Tao J，Tan T. Affective information processing[M]. London：Springer，2009.

[71]　Tao J，Tan T，Picard R W. Affective Computing and Intelligent Interaction[C]//First International Conference，ACII 2005，Beijing，China，October 22-24，2005，Proceedings. (3784.)Springer，2005.

[72]　Tran L，Liu X，Zhou J，et al. Missing modalities imputation via cascaded residual autoencoder[C]//Proceedings of the IEEE Conference on Computer Vision and Pattern Recognition. 2017：1405-1414.

[73]　Tsiamyrtzis P，Dowdall J，Shastri D，et al. Imaging facial physiology for the detection of deceit[J]. International Journal of Computer Vision，2007，71(2)：197-214.

[74]　van Reekum C，Johnstone T，Banse R，et al. Psychophysiological responses to appraisal dimensions in a computer game[J]. Cognition and Emotion，2004，18(5)：663-688.

[75]　Wang S J，Yan W J，Li X，et al. Micro-expression recognition using color spaces [J]. IEEE

Transactions on Image Processing,2015,24(12):6034-6047.

[76] Wang S,Liu Z,Wang Z,et al. Analyses of a multimodal spontaneous facial expression database[J]. IEEE Transactions on Affective Computing,2012,4(1):34-46.

[77] Xiao T,Hong J,Ma J. Elegant:Exchanging latent encodings with GAN for transferring multiple face attributes[C]//Proceedings of the European Conference on Computer Vision (ECCV). 2018: 168-184.

[78] Yuan Z,Li W,Xu H,et al. Transformer-based feature reconstruction network for robust multimodal sentiment analysis[C]//Proceedings of the 29th ACM International Conference on Multimedia. 2021: 4400-4407.

[79] Zeng Z H,Pantic M,Roisman G I,et al. A survey of affect recognition methods:Audio,visual,and spontaneous expressions[J]. IEEE Trans. on Pattern Analysis and Machine Intelligence,2009,31(1): 39-58.

[80] Zeng Z,Hu Y,Liu M,et al. Training combination strategy of multi-stream fused hidden Markov model for audio-visual affect recognition[C]//Proceedings of the 14th ACM International Conference on Multimedia. 2006:65-68.

[81] Zeng Z,Tu J,Pianfetti B M,et al. Audio-visual affective expression recognition through multistream fused HMM[J]. IEEE Transactions on Multimedia,2008,10(4):570-577.

[82] Zhang S,Zhang S,Huang T,et al. Speech emotion recognition using deep convolutional neural network and discriminant temporal pyramid matching[J]. IEEE Transactions on Multimedia,2017, 20(6):1576-1590.

[83] Zheng W L,Lu B L. Investigating critical frequency bands and channels for EEG-based emotion recognition with deep neural networks[J]. IEEE Transactions on Autonomous Mental Development, 2015,7(3):162-175.

[84] Zheng W M. Multichannel EEG-based emotion recognition via group sparse canonical correlation analysis[J]. IEEE Transactions on Cognitive and Developmental Systems,2017,9(3):281-290.

[85] Zhu Y,Shang Y,Shao Z,et al. Automated depression diagnosis based on deep networks to encode facial appearance and dynamics[J]. IEEE Transactions on Affective Computing,2017,9(4):578-584.

[86] 陈俊杰,李海芳,相洁,等.图像情感语义分析技术[M].北京:电子工业出版社,2011.

[87] 傅小兰.情绪心理学[M].上海:华东师范大学出版社,2016.

[88] 郭德俊,刘海燕,王振宏.情绪心理学[M].北京:开明出版社,2012.

[89] 韩文静,李海峰,阮华斌,等.语音情感识别研究进展综述[J].软件学报,2014,25(1):37-50.

[90] 黄程韦,金赟,王青云,等.基于语音信号与心电信号的多模态情感识别[J].东南大学学报(自然科学版),2010,40(05):895-900.

[91] 李霞,卢官明,闫静杰,等.多模态维度情感预测综述[J].自动化学报,2018,044(012):2142-2159.

[92] 李晓明,傅小兰,邓国峰.中文简化版 PAD 情绪量表在京大学生中的初步试用[J].2008,(5): 327-329.

[93] 孟昭兰.情绪心理学[J].北京:北京大学出版社,2005.

[94] 特纳.人类情感:社会学的理论[M].孙俊才,文军,译.北京:东方出版社,2009.

[95] 权学良,曾志刚,蒋建华,等.基于生理信号的情感计算研究综述[J].自动化学报,2021,47(8): 1769-1784.

[96] 吴敏,刘振焘,陈略峰.情感计算与情感机器人系统[M].北京:科学出版社,2018.

[97] 赵思成,姚鸿勋.图像情感计算综述[J].智能计算机与应用,2017,7(1):1-5.